Dominio de la termodinámica para ingenieros químicos

Ejercicios avanzados con soluciones

Adriana Palacios Rosas
Ana Sofía García Montejano
Rosa Mari Darbra Román

UPCPOSTGRAU 24

UNIVERSITAT POLITÈCNICA
DE CATALUNYA
BARCELONATECH

Primera edición: octubre de 2025

© Las autoras, 2025
© Iniciativa Digital Politècnica, 2025
Oficina de Publicacions Acadèmiques Digitals de la UPC
Edificio K2M, Planta S1, Despacho S103-S104
Jordi Girona 1-3, 08034 Barcelona
Tel.: 934 015 885
www.upc.edu/idp
E-mail: info.idp@upc.edu

Producción: Service Point
              Pau Casals, 161-163
              08820 El Prat de Llobregat (Barcelona)

ISBN: 979-13-87613-78-5
ISBN digital: 979-13-87613-79-2
DL: B 18601-2025
DOI: 10.5821/ebook-9791387613792

En este libro se destacan los aspectos más relevantes de la termodinámica avanzada y se explica por qué la obra resulta de interés para estudiantes y profesionales de ingeniería química o de otros sectores relacionados con ella (p. ej., ingeniería industrial o ingeniería de materiales). A lo largo de nuestra trayectoria como catedráticos y estudiantes, hemos constatado la complejidad inherente a la enseñanza y el aprendizaje de estos cursos, los cuales suelen enfocarse a la teoría y la deducción de expresiones matemáticas. Aunque este enfoque es esencial para la comprensión científica, contribuye de manera limitada al desarrollo técnico de los estudiantes.

La motivación para esta obra surge de la necesidad de abordar los aspectos prácticos de la termodinámica avanzada mediante la resolución de problemas. El objetivo es mostrar cómo esta disciplina se aplica en los principales procesos de la industria química y asimismo facilitar un aprendizaje integral que combine teoría, técnica y práctica.

El libro se estructura en teoría y ejercicios, organizados en cuatro capítulos:

- **Capítulo 1. Compresores.** Incluye compresores ideales, con generación de entropía y acoplados. Se trabaja con diferentes compuestos y eficiencias, y, en algunos casos, reducciones y expansiones a la salida del compresor.

- **Capítulo 2. Turbinas.** Presenta turbinas ideales, con generación de entropía y acopladas. Se consideran efectos adiabáticos y no adiabáticos, cambios de energía cinética y potencial, diversas eficiencias y diferentes compuestos.

- **Capítulo 3. Intercambiadores de calor.** Analiza intercambiadores ideales y con generación de entropía. Se incluyen caídas de presión, cambios de fase y variaciones de energía cinética y potencial.

— **Capítulo 4. Ciclos termodinámicos.** Aborda ciclos de refrigeración y de potencia, ideales y con generación de entropía. Se incluyen casos en cascada, cambios de diámetro de tuberías y el uso de distintos compuestos en procesos industriales.

La resolución detallada de los ejercicios presenta una metodología sistemática que permite a los estudiantes comprender la termodinámica avanzada desde un enfoque técnico, matemático y lógico. Se enseña a identificar los datos relevantes, el sistema y sus fronteras y alrededores, a desarrollar balances de energía desde la ecuación general hasta su forma simplificada, y a analizar gráficamente el comportamiento de los sistemas mediante diagramas termodinámicos.

Además de la teoría y los procedimientos de resolución, se incorporan diagramas termodinámicos que facilitan la comprensión, así como pasos detallados que integran teoría, soluciones matemáticas y razonamiento lógico. Esperamos que esta obra y sus recursos contribuyan significativamente al desarrollo académico de los estudiantes y a su formación como profesionales.

Contenido

1

Compresores

En cada ejercicio, se debe identificar el sistema, las fronteras y el alrededor de los equipos, plantear los balances general y particular de energía y/o la entropía para cada equipo según lo requiera, y elaborar una tabla con los datos y las propiedades termodinámicas de cada corriente. De igual manera, se debe indicar la entropía generada y la energía degradada en los casos aplicables. En los ejercicios con energía cinética, los datos de velocidad solo le competen a la salida real. Los datos del diámetro de la tubería son fijos.

1.1. Compresores ideales

1.1.1. Balance de energía de un compresor que comprime refrigerante R-134a

En un compresor entra refrigerante R-134a a 100 kPa y 263.15 K con un flujo de 15 kg/min, y sale a 900 kPa con un volumen de 0.02863 m³/kg. Determine el trabajo que requiere el compresor. Grafique la trayectoria en un diagrama de presión-entalpía.

Datos del problema

Entrada:
— Temperatura: 263.15 K = −10 °C
— Presión: 100 kPa = 0.1 MPa
— Flujo másico: 15 kg/min = 0.25 kg/s

Salida:
— Presión: 900 kPa = 0.9 MPa
— Volumen específico: 0.02863 m³/kg

Generales:
- — Compuesto: R-134a.
- — El proceso es reversible
- — El sistema es adiabático, y las alturas y velocidades son negligibles.

Resolución del problema

Identificación del sistema, las fronteras y el alrededor

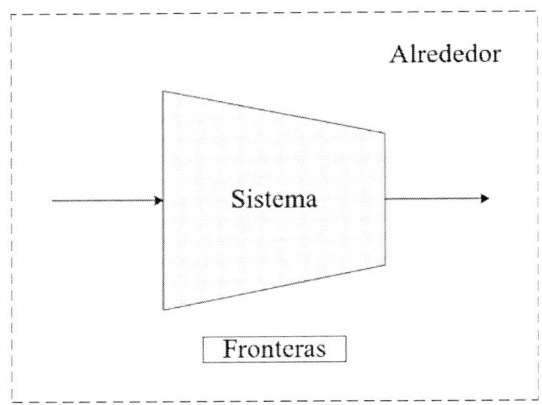

Figura 1.1. Identificación del sistema, las fronteras y el alrededor del compresor.

Planteamiento de los balances

$$\frac{dmU_{sis}}{dt} = \sum_{sal} \dot{m}_{sal} \ (U + PV + E_k + E_p)_{sal} - \sum_{ent} \dot{m}_{ent} \ (U + PV + E_k + E_p)_{ent} \pm \dot{Q} \pm \dot{W}$$

$$\dot{m}\left(H_{sal} - H_{ent}\right) = \dot{W}$$

$$\dot{m}\left(\Delta H\right) = \dot{W}$$

$$\dot{H} = \dot{W}$$

Entrada

Se observan los datos de equilibrio de la tabla A-11 (Çengel y Boles, 2018)[1] a una temperatura de -10 °C. La presión del sistema es menor que la presión de saturación,

---

[1] Çengel Y.A. y Boles M.A. *Termodinámica*. 2018. Octava Edición. McGraw Hill Education. Mexico.

por lo que la corriente sale en estado gaseoso y con una calidad de 1. La relación del volumen específico con la presión de 0.1 MPa se encuentra en la tabla A-13 (Çengel y Boles, 2018) en relación con la presión de 0.1 MPa, por lo que los datos se obtienen directamente de ella. Los resultados son los siguientes:

— Volumen específico (V_{esp}) = 0.2074 m^3/kg
— Energía interna (U) = 226.77 kJ/kg
— Entalpía (H) = 247.51 kJ/kg

Con estos datos y despejando la ecuación C-9 del apéndice C, se obtiene un flujo volumétrico de 0.0519 m^3/s.

Salida

Para la salida se observan los datos de equilibrio de la tabla A-12 (Çengel y Boles, 2018) a una presión de 0.9 MPa. El volumen específico del sistema es mayor que el volumen específico de la interfase gas-líquido, por lo que la corriente sale en estado gaseoso y con una calidad de 1. Se constata que el volumen específico se encuentra en la tabla A-13 (Çengel y Boles, 2018) en relación con la presión de 0.9 MPa, por lo que los datos se obtienen directamente de ella. Los resultados son los siguientes:

— Temperatura (T) = 80 °C
— Energía interna (U) = 289.880 kJ/kg
— Entalpía (H) = 315.650 kJ/kg

Con estos datos y despejando la ecuación C-9 del apéndice C, se obtiene un flujo volumétrico de 0.00716 m^3/s.

Una vez conseguidos estos valores, se calcula la potencia. De acuerdo con el balance de energía establecido anteriormente:

$$\dot{m}\left(H_{sal} - H_{ent}\right) = \dot{W}$$

$$0.25\,\frac{kg}{s}\left[315.650\,\frac{kJ}{kg} - 247.51\,\frac{kJ}{kg}\right] = \dot{W}$$

$$\dot{W} = 17.035\ kW$$

Estos valores se resumen en la siguiente tabla:

	Entrada	Salida
i	R-134a	R-134a
T (°C)	−10	80
P (MPa)	0.1	0.9
Fase	gas	gas
x	1	1
$\dot{m}$ (kg/s)	0.25	0.25
u (m³/s)	0.0518575	0.0071575
V_{esp} (m³/kg)	0.20743	0.0286
ρ_{esp} (kg/m³)	4.821	34.9284
U (kJ/kg)	226.77	289.88
H (kJ/kg)	247.511	315.65
ΔH (kJ/kg)	68.14	
$\dot{H}$ (kW)	17.035	
W (kW)	17.035	

Tabla 1.1. Resultados del balance de energía.

Gráfico de la trayectoria en un diagrama de presión-entalpía

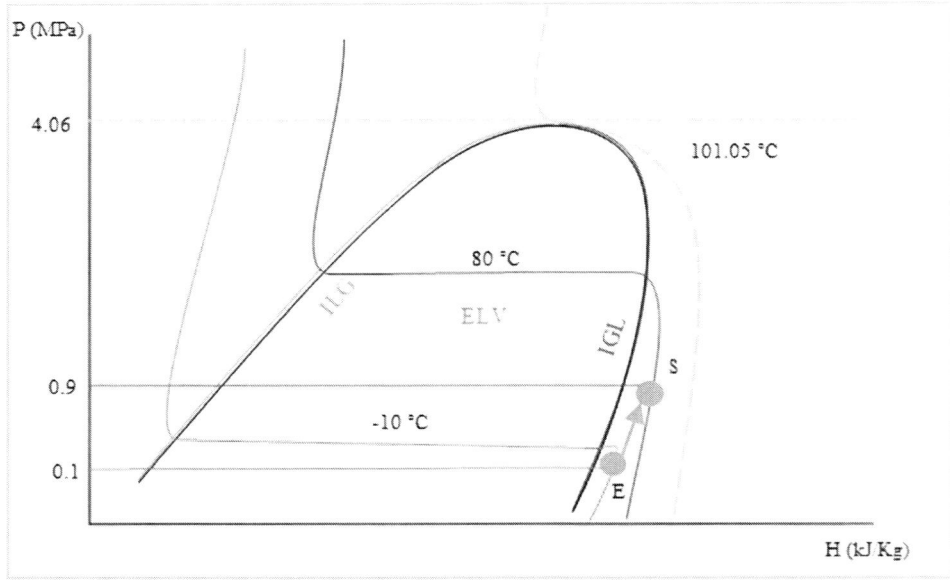

Figura 1.2. Trayectoria del compresor.

1.1.2. Compresor con reducción en la salida

En un compresor entra agua a 10 m/s a condiciones de 180 °C y 0.65 MPa con 35 cm de diámetro. La salida de dicho compresor tiene el diámetro reducido justo a la mitad y su presión es de 1120 kPa y 608 °F. Calcule la velocidad de salida y el trabajo del compresor. Grafique la trayectoria en un diagrama de temperatura-entalpía.

Datos del problema

Entrada:
— Temperatura: 180 °C
— Presión: 0.65 MPa
— Velocidad: 10 m/s
— Diámetro: 35 cm = 0.35 metros

Salida:
— Presión: 1120 kPa = 1.12 MPa
— Temperatura: 608 °F = 320 °C
— Diámetro: 17.5 cm = 0.175 metros

Generales:
— Compuesto: agua.
— El proceso es reversible.
— El sistema es adiabático y las alturas son negligibles.

Resolución del problema

Identificación del sistema, las fronteras y el alrededor

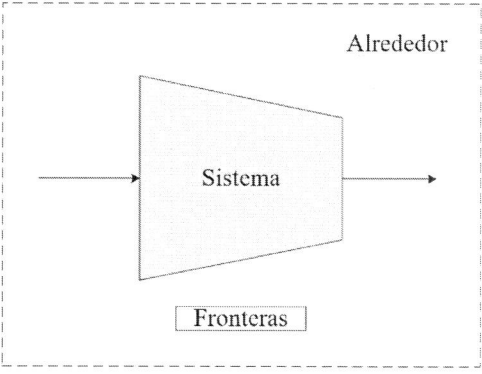

Figura 1.3. Identificación del sistema, las fronteras y el alrededor del compresor.

Planteamiento de los balances

$$\frac{dmU_{sis}}{dt} = \sum_{sal} \dot{m}_{sal} \left(U + PV + E_k + E_p\right)_{sal}$$

$$- \sum_{ent} \dot{m}_{ent} \left(U + PV + E_k + E_p\right)_{ent} \pm \dot{Q} \pm \dot{W}$$

$$\dot{m}\left[\left(H_{sal} - H_{ent}\right) + \left(Ek_{sal} - Ek_{ent}\right)\right] = \dot{W}$$

$$\dot{m}\left(\Delta H + \Delta Ek\right) = \dot{W}$$

$$\dot{H} + \dot{Ek} = \dot{W}$$

Entrada

Se observan los datos de equilibrio de la tabla A-4 (Çengel y Boles, 2018) a una temperatura de 180 °C. La presión del sistema es menor que la de saturación, por lo que la corriente sale en estado gaseoso y con una calidad de 1. Se constata que ni la presión ni la temperatura se encuentran en la tabla A-6 (Çengel y Boles, 2018), por lo que se debe llevar a cabo una interpolación triple. El valor a interpolar es la temperatura de 180 °C a las presiones de 0.6 y 0.8 MPa, por lo que los valores de la tabla utilizados son todas las propiedades termodinámicas correspondientes a las temperaturas de 158.83 y 200 °C, y 170.41 y 200 °C. Los resultados son los siguientes:

0.6 MPa

— Volumen específico (V_{esp}) = 0.3344 m³/kg
— Energía interna (U) = 2604.1316 kJ/kg
— Entalpía (H) = 2804.7414 kJ/kg

0.8 MPa

— Volumen específico (V_{esp}) = 0.2470 m³/kg
— Energía interna (U) = 2593.8577 kJ/kg
— Entalpía (H) = 2791.4729 kJ/kg

Estos resultados son los que deben ser interpolados para una presión de 0.65 MPa. Los resultados finales para la corriente de entrada son los siguientes:

— Volumen específico (V_{esp}) = 0.3125 m³/kg
— Energía interna (U) = 2601.5631 kJ/kg
— Entalpía (H) = 2801.4242 kJ/kg

A partir de la ecuación C-14 (véase el apéndice C), se calcula un área de tubería de 0.0962 m². Teniendo el área, la velocidad y la densidad (el inverso del volumen específico), se puede calcular el flujo másico, lo cual da como resultado 3.0784 kg/s. Con estos datos y despejando la ecuación C-9 del apéndice C, se obtiene un flujo volumétrico de 0.9621 m³/s.

De acuerdo con los datos de entrada, y utilizando las ecuaciones C-11 y C-10.1 del apéndice C, la energía cinética de la entrada es de 0.05 kJ/kg.

Salida

Para la salida se observan los datos de equilibrio de la tabla A-4 (Çengel y Boles, 2018) a una temperatura de 320 °C. La presión del sistema es menor que la presión de saturación, por lo que la corriente sale en estado gaseoso y con una calidad de 1. Se constata que ni la presión ni la temperatura se encuentran en la tabla A-6 (Çengel y Boles, 2018), por lo que se debe llevar a cabo una interpolación triple. El valor a interpolar es la temperatura de 320 °C a las presiones de 1 y 1.2 MPa, por lo que los valores de la tabla utilizados son todas las propiedades termodinámicas correspondientes a las temperaturas de 300 y 350 °C. Los resultados son los siguientes:

1.0 MPa

— Volumen específico (V_{esp}) = 0.2678 m³/kg
— Energía interna (U) = 2826.5 kJ/kg
— Entalpía (H) = 3094.24 kJ/kg

1.2 MPa

— Volumen específico (V_{esp}) = 0.2221 m³/kg
— Energía interna (U) = 2822.9 kJ/kg
— Entalpía (H) = 3089.46 kJ/kg

Estos resultados son los que deben ser interpolados para una presión de 1.12 MPa. Los resultados finales para la corriente son los siguientes:

— Volumen específico (V_{esp}) = 0.2404 m³/kg
— Energía interna (U) = 2824.34 kJ/kg
— Entalpía (H) = 3091.372 kJ/kg

El flujo másico a la salida es el mismo que el de la entrada, por lo que se obtiene un flujo volumétrico de 0.7401 m³/s despejando la ecuación C-9 del apéndice C.

De acuerdo con los datos de salida, es posible calcular la velocidad de esta corriente a partir de la densidad y el flujo másico utilizando la ecuación C-8 del apéndice C. El flujo másico ya se calculó; por lo tanto, solo queda calcular el área a partir del diámetro. Usando la ecuación C-14, se calcula un área de 0.0241 m², lo cual da un valor de

30.77 m/s. Finalmente, se calcula una energía cinética de 0.4733 kJ/kg a partir de las ecuaciones C-11 y C-10.1.

Una vez conseguidos estos valores, se calcula la potencia. De acuerdo con el balance de energía establecido anteriormente:

$$\dot{m}\left(\Delta H + \Delta EK\right) = \dot{W}$$

$$3.078\,\frac{kg}{s}\left[\left(3091.3720\,\frac{kJ}{kg} - 2801.4242\,\frac{kJ}{kg}\right) + \left(.4733\,\frac{kJ}{kg} - 0.05\,\frac{kJ}{kg}\right)\right] = \dot{W}$$

$$\dot{W} = 893.883\ kW$$

Estos valores se resumen en la siguiente tabla:

	Entrada	Salida
I	H_2O	H_2O
T (°C)	0.65	1.12
P (MPa)	180	320
Fase	gas	gas
X	1	1
$\dot{m}$ (kg/s)	3.078414861	3.078414861
u (m³/s)	0.96211275	0.74004847
d (m)	0.35	0.175
Área (m²)	0.096211275	0.024952819
V (m/s	10	30.76764006
V_{esp} (m³/kg)	0.313	0.2404
ρ_{esp} (kg/m³)	3.1996	4.15974762
U (kJ/kg)	2601.424239	2824.3400
H (kJ/kg)	1801.424239	3091.3720
E_k(kJ/kg)	0.05	0.473323838
ΔH (kJ/kg)	289.9478	
ΔEk (kJ/kg)	0.423323838	
$\dot{Ek}$ (kW)	1.303166393	
$\dot{H}$ (kW)	892.5794952	
W (kW)	893.8826616	

Tabla 1.2. Resultados del balance de energía.

Gráfico de la trayectoria en un diagrama de temperatura-entalpía

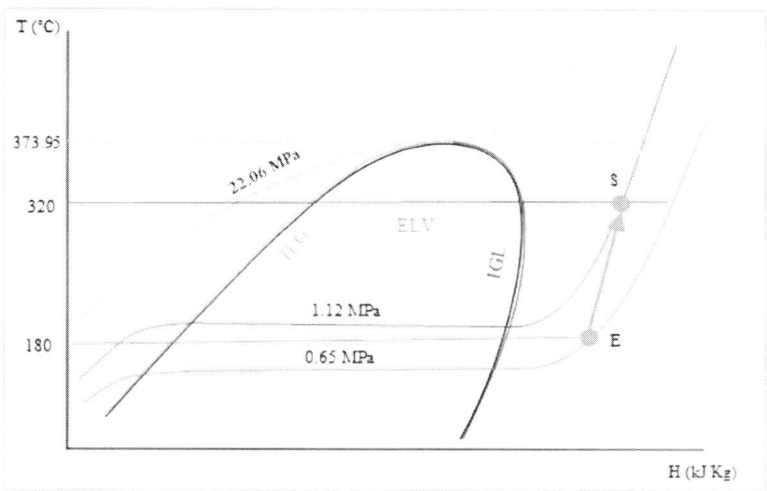

Figura 1.4. Resultados del balance de energía.

1.1.3. Compresor con reducción en la salida

En un compresor entra agua a 210 °C y 600 kPa. La entrada se encuentra a 1 metro del nivel del suelo, con velocidad de 5 m/s y un diámetro de 0.5 metros.Teniendo la la salida a 1.5 metros del suelo, una velocidad de 10 m/s y el mismo diámetro determina la temperatura de salida del compresor y el trabajo requerido. El aumento en la presión es de 0.2 MPa. Grafique la trayectoria en un diagrama de presión-entalpía.

Datos del problema

Entrada:
- Temperatura: 210 °C
- Presión: 600 kPa = 0.6 MPa
- Altura: 1 metro
- Velocidad: 5 m/s
- Diámetro: 0.5 metros

Salida:
- Presión: 0.8 MPa
- Altura: 1.5 metros
- Velocidad: 10 m/s
- Diámetro: 0.5 metros

19

Generales:
— Compuesto: agua.
— El proceso es reversible.
— El sistema es adiabático.

Resolución del problema

Identificación del sistema, las fronteras y el alrededor

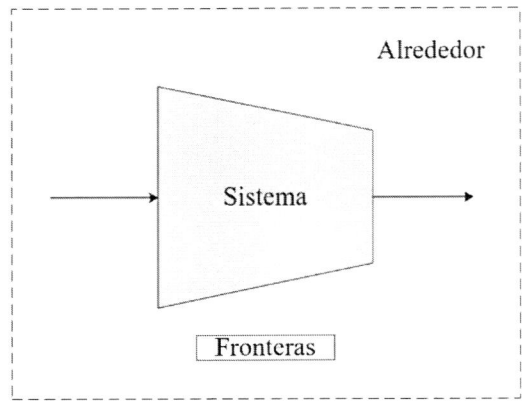

Figura 1.5. Identificación del sistema, las fronteras y el alrededor del compresor.

Planteamiento de los balances

$$\frac{dmU_{sis}}{dt} = \sum_{sal} \dot{m}_{sal}\ (U + PV + E_k + E_p)_{sal} - \sum_{ent} \dot{m}_{ent}\ (U + PV + E_k + E_p)_{ent} \pm \dot{Q} \pm \dot{W}$$

$$\dot{m}\left[\left(H_{sal} - H_{ent}\right) + \left(Ek_{sal} - Ek_{ent}\right) + \left(Ep_{sal} - Ep_{ent}\right)\right] = \dot{W}$$

$$\dot{m}\left(\Delta\text{H} + \Delta\text{Ek} + \Delta\text{Ep}\right) = \dot{W}$$

$$\dot{H} + \dot{E}k + \dot{E}p = \dot{W}$$

Entrada

Se observan los datos de equilibrio de la tabla A-4 (Çengel y Boles, 2018) a una temperatura de 210 °C. La presión del sistema es menor que la presión de saturación, por lo que la corriente sale en estado gaseoso y con una calidad de 1. Se constata que la temperatura en relación con la presión de 0.6 MPa no se encuentra en la tabla A-6 (Çengel y Boles, 2018), por lo que los datos se deben obtener por medio de una interpolación sencilla. Los resultados son los siguientes:

- Volumen específico (V_{esp}) = 0.360 m³/kg
- Energía interna (U) = 2655.76 kJ/kg
- Entalpía (H) = 2872 kJ/kg

A partir de la ecuación C-14 (véase el apéndice C), se calcula un área de tubería de 0.1963 m². Teniendo el área, la velocidad y la densidad (el inverso del volumen específico), se puede calcular el flujo másico, lo cual da como resultado 2.7235 kg/s. Con estos datos y despejando la ecuación C-9 del apéndice C, se obtiene un flujo volumétrico de 0.9818 m³/s.

A su vez, usando las ecuaciones C-10 y C-10.1 del apéndice C, se calcula una energía cinética de 0.0125 kJ/kg; finalmente, al utilizar las ecuaciones C-11 y C-11.1, se calcula una energía potencial de 0.00981 kJ/kg.

Salida

En este punto es necesario calcular la energía cinética y potencial de la salida. La energía potencial, usando las ecuaciones C-10 y C-10.1, es de 0.05 kJ/kg, mientras que la energía potencial, usando las ecuaciones C-11 y C-11.1, es de 0.0147 kJ/kg.

Partiendo de la ecuación C-8, es posible obtener la densidad de la corriente. Esta densidad tiene un valor de 1.3871 kg/m³, y al obtener su inverso se calcula el volumen específico de la corriente, lo cual da como resultado 0.7210 m³/kg.

Para la salida se observan los datos de equilibrio de la tabla A-5 (Çengel y Boles, 2018) a una presión de 0.8 MPa. El volumen específico del sistema es mayor que el volumen específico de la interfase gas-líquido, por lo que la corriente sale en estado gaseoso y con una calidad de 1. Se constata que el volumen específico en relación con la presión de 0.8 MPa no se encuentra en la tabla A-6 (Çengel y Boles, 2018), por lo que los datos se obtienen al hacer una interpolación sencilla. Los resultados son los siguientes:

- Temperatura (T) = 977.283 °C
- Energía interna (U) = 4008.138 kJ/kg
- Entalpía (H) = 4584.842 kJ/kg

Con estos datos y despejando la ecuación C-9 del apéndice C, se obtiene un flujo volumétrico de 0.1964 m³/s.

Una vez obtenidos estos valores, se calcula la potencia. De acuerdo con el balance de energía establecido anteriormente:

$$\dot{m}\left(\Delta H + \Delta EK + \Delta Ep\right) = \dot{W}$$

$$2.724 \frac{kg}{s} \left[\left(4584.84 \frac{kJ}{kg} - 2872 \frac{kJ}{kg} \right) + \left(0.05 \frac{kJ}{kg} - 0.0125 \frac{kJ}{kg} \right) \right.$$
$$\left. + \left(0.0147 \frac{kJ}{kg} - 0.0098 \frac{kJ}{kg} \right) \right] = \dot{W}$$

$$\dot{W} = 4665 \text{ kW}$$

Estos valores se resumen en la siguiente tabla:

	Entrada	Salida
i	H_2O	H_2O
T (°C)	0.6	0.8
P (MPa)	210	977.2824586
Fase	gas	gas
X	1	1
$\dot{m}$ (kg/s)	2.723475916	2.723475916
u (m³/s)	0.981747704	1.963495408
d (m)	0.5	0.5
Área (m²)	0.096211275	0.024952819
Vesp (m³/kg)	0.196349541	0.196349541
ρesp (kg/m³)	2.7741	1.387054894
U (kJ/kg)	2655.76	4008.1375
H (kJ/kg)	2872	4584.8420
V (m/s)	5	10
Z (m)	1	1.5
Ek (kJ/kg)	0.0125	0.05
Ep (kJ/kg)	0.00981	0.014715
ΔH (kJ/kg)	1712.8420	
$\dot{H}$ (kW)	4664.883999	
ΔEk (kJ/kg)	0.0375	
$\dot{Ek}$ (kW)	0.102130347	
ΔEp (kJ/kg)	0.004905	
$\dot{Ep}$ (kW)	0.013358649	
W (kW)	4664.999488	

Tabla 1.3. Resultados del balance de energía.

Gráfico de la trayectoria en un diagrama de presión-entalpía

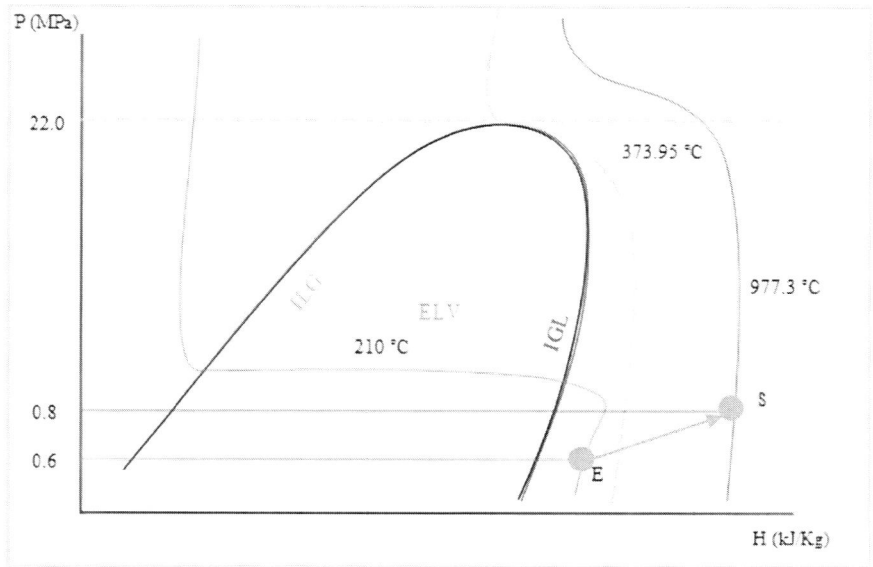

Figura 1.6. Trayectoria del compresor.

1.2. Compresores con generación de entropía

1.2.1. Balance de energía de un compresor que comprime refrigerante R-134a

En un compresor entra vapor saturado de R-134a a 0 °F. Considerando un proceso isoentrópico y la presión de 60 psia a la salida, determine la temperatura de salida del R-134a y su cambio en la entalpía. Si la eficiencia es del 70 %, determine la potencia real, la entropía generada y la energía degradada. Grafique un diagrama de temperatura-entropía.

Datos del problema

Entrada:
 — Temperatura: 0 °F
 — Fase: interfase gas-líquido

Salida:
 — Presión: 60 psia

Generales:

— Compuesto: R-134ª.
— El proceso no es reversible.
— El sistema es adiabático, y las alturas y velocidades negligibles.

Resolución del problema

Identificación del sistema, las fronteras y el alrededor

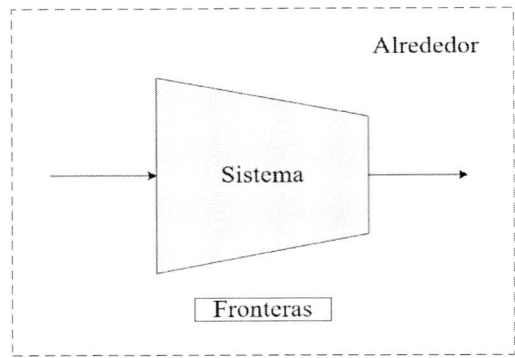

Figura 1.7. Identificación del sistema, las fronteras y el alrededor del compresor.

Planteamiento de los balances

Energía:

$$\frac{dmU_{sis}}{dt} = \sum_{sal} \dot{m}_{sal} \ (U + PV + E_k + E_p)_{sal}$$

$$- \sum_{ent} \dot{m}_{ent} \ (U + PV + E_k + E_p)_{ent} \pm \dot{Q} \pm \dot{W}$$

$$\dot{m}\left(H_{sal} - H_{ent}\right) = \dot{W}$$

$$\dot{m}\left(\Delta H\right) = \dot{W}$$

$$\dot{H} = \dot{W}$$

Entropía:

$$\frac{d\left(mS_{sis}\right)}{dt} = \sum_{ent} \dot{m}_{ent}\dot{S}_{ent} - \sum_{sal} \dot{m}_{sal}\dot{S}_{sal} + \sum \frac{Q}{T} + \dot{S}_{gen}$$

$$\dot{m}_{ent}S_{ent} - \dot{m}_{sal}S_{sal} + S_{gen} = 0$$

$$S_{gen} = \dot{m}\left(S_{sal} - S_{ent}\right)$$

Entrada

Se observan los datos de equilibrio de la tabla A-11E (Çengel y Boles, 2018) a una temperatura de 0 °F. Dado que el problema indica que la corriente viene en interfase gas-líquido, se sabe que viene como gas saturado y con una calidad de 1. La temperatura de 0 °F sí viene en la tabla, por lo que los datos se obtienen a partir de una lectura de datos. Los resultados son los siguientes:

- Presión (P)=21.185 psia
- Volumen específico (V_{esp}) = 0.360 ft³/lbm
- Energía interna (U) = 94.84 BTU/lbm
- Entalpía (H) = 103.1 BTU/lbm
- Entropía (S) = 0.2254 BTU/lbm R

El problema, al no proporcionar un valor de flujo másico, supondrá 1 lbm/s. Con estos datos y despejando la ecuación C-9 del apéndice C, se obtiene un flujo volumétrico de 2.1575 ft³/s.

Salida ideal

De acuerdo con el balance de entropía, no hay entropía generada. Entropía de entrada = entropía de salida:

entropía de entrada (S) = 0.2254 BTU/lbm R = entropía de salida (S)

Conseguido este valor, así como la presión de salida, es posible determinar la fase de la corriente. Esta corriente sale en fase gaseosa y con una calidad de 1. Al observar la tabla A-13E (Çengel y Boles, 2018), en relación con una presión de 60 psia, vemos que el valor de entropía no se encuentra en ella, por lo que se debe llevar a cabo una interpolación sencilla. El valor a interpolar es la entropía de 0.2254 BTU/lbm R. Los resultados son los siguientes:

- Temperatura (T) = 59.307 °F
- Volumen específico (V_{esp}) = 0.8163 ft³/lbm
- Energía interna (U) = 103.174 BTU/lbm
- Entalpía (H) = 112.236 BTU/lbm

Con estos datos y despejando la ecuación C-9, se calcula un flujo volumétrico de 0.8163 ft³/s.

Ahora se calcula la potencia. De acuerdo con el balance de energía establecido anteriormente:

$$\dot{m}\left(\Delta H\right) = \dot{W}$$

$$1\frac{lbm}{s}\left(112.236\frac{BTU}{lbm} - 103.2\frac{BTU}{lbm}\right) = \dot{W}$$

Considerando el 100% de eficiencia: $\dot{W} = 9.136$ BTU/s

Salida real

Para el caso real, la entropía generada no es igual a cero. Sin embargo, el problema ya está dando un valor de eficiencia, así que es posible determinar la potencia real de la turbina.

Considerando el 70 % de eficiencia:

$$\dot{W} = 13.051 \text{ BTU/s}$$

A partir de este valor y usando el balance de energía, se obtiene la entalpía de la corriente real:

$$H_{sal} = \frac{13.051 \text{ BTU/s}}{1 \text{ lbm/s}} + 103.1\frac{BTU}{lbm} = 116.151 \text{ BTU/lbm}$$

Se constata que la entalpía no se encuentra en la tabla A-13E (Çengel y Boles, 2018), por lo que se debe de llevar a cabo una interpolación sencilla. El valor a interpolar es la entalpía de 116.151 BTU/lbm. Los resultados son los siguientes:

  — Temperatura (T) = 76.98 °F
  — Volumen específico (V_{esp}) = 0.8567 ft³/lbm
  — Energía interna (U) = 106.647 BTU/lbm
  — Entropía (S) = 0.2328 BTU/lbm R

El flujo másico a la salida es el mismo que el de la entrada: 0.8567 ft³/s.

La entropía generada es:

$$S_{gen} = \dot{m}\left(S_{sal} - S_{ent}\right)$$

$$S_{gen} = 1\frac{lbm}{s}\left(0.2328\frac{BTU}{lbm\,R} - 0.2254\frac{BTU}{lbm\,R}\right) = 0.0074\frac{BTU}{lbm\,R}$$

Energía degradada del sistema:

$$0.0074\frac{BTU}{s\,R} \cdot 536.67 R = 3.9702\frac{BTU}{s}$$

Energía degradada del alrededor:

$$0.0074 \frac{BTU}{s\,R} \cdot 536.67R = 3.9702 \frac{BTU}{s}$$

Estos valores se resumen en la siguiente tabla:

	Entrada	Salida ideal	Salida real
i	R-134a	R-134a	R-134a
T (°F)	0	59.307	76.98103251
P (psia)	21.185	60	60
Fase	IGL	gas	gas
x	1	1	1
$\dot{m}$ (lbm/s)	1	1	1
u (ft^3/s)	2.1575	0.81631	0.856701659
V$_{esp}$ (ft^3/lbm)	2.1575	0.81631	0.856701659
ρ_{esp} (lbm/m^3)	0.463499421	1.22502	1.167267495
U (BTU/lbm)	94.64	103.17364	106.6467729
H (BTU/lbm)	103.100	112.23591	116.1512987
S (BTU/lbm)	0.22542	0.22542	0.232818072
W (BTU/s)		9.13591	13.0512987

Tabla 1.4. Resultados del balance de energía.

Gráfico de la trayectoria en un diagrama de temperatura-entalpía

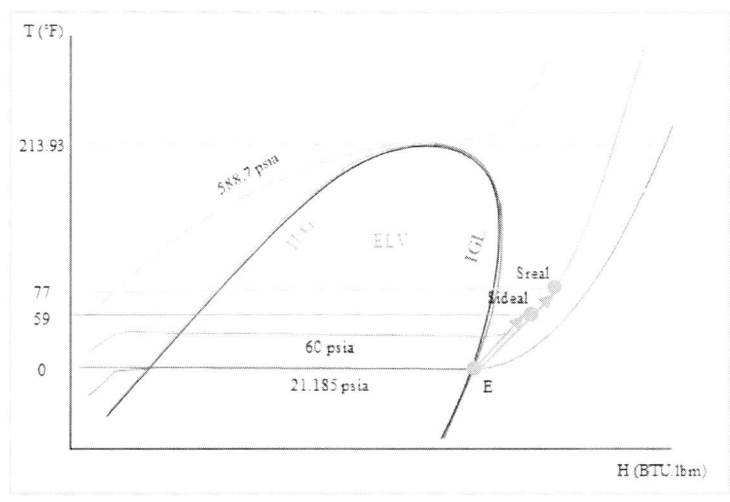

Figura 1.8. Trayectoria del compresor.

1.2.2. Compresión de vapor saturado de agua

En un compresor entra vapor saturado de agua a 122 °C. Considere un proceso isoentrópico y la presión de 700 kPa a la salida. Se debe determinar la temperatura de salida y su cambio en la entalpía. Dada una eficiencia del 0.85 %, se debe determinar la potencia real, la entropía generada y la energía degradada. Grafique un diagrama de presión-entalpía.

Datos del problema

Entrada:
— Temperatura: 122 °C
— Fase: interfase gas-líquido

Salida:
— Presión: 700 kPa $= 0.7$ MPa

Generales:
— Compuesto: agua.
— El proceso no es reversible.
— El sistema es adiabático, y las alturas y velocidades son negligibles

Resolución del problema

Identificación del sistema, las fronteras y el alrededor

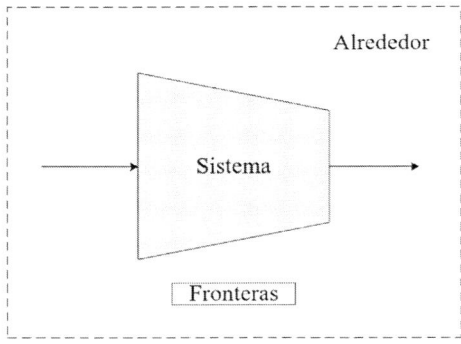

Alrededor

Sistema

Fronteras

Figura 1.9. Identificación del sistema, las fronteras y el alrededor del compresor.

Planteamiento de los balances

Energía:

$$\frac{dmU_{sis}}{dt} = \sum_{sal} \dot{m}_{sal} \left(U + PV + E_k + E_p\right)_{sal} - \sum_{ent} \dot{m}_{ent} \left(U + PV + E_k + E_p\right)_{ent} \pm \dot{Q} \pm \dot{W}$$

$$\dot{m}\left(H_{sal} - H_{ent}\right) = \dot{W}$$

$$\dot{m}\left(\Delta H\right) = \dot{W}$$

$$\dot{H} = \dot{W}$$

Entropía:

$$\frac{d\left(mS_{sis}\right)}{dt} = \sum_{ent} \dot{m}_{ent}\dot{S}_{ent} - \sum_{sal} \dot{m}_{sal}\dot{S}_{sal} + \sum \frac{Q}{T} + \dot{S}_{gen}$$

$$\dot{m}_{ent}S_{ent} - \dot{m}_{sal}S_{sal} + S_{gen} = 0$$

$$S_{gen} = \dot{m}\left(S_{sal} - S_{ent}\right)$$

Entrada

Se observan los datos de equilibrio de la tabla A-4 (Çengel y Boles, 2018) a una temperatura de 122 °C. Dado que se indica que la corriente viene en interfase gas-líquido, se sabe que viene como gas saturado (calidad de 1). La temperatura no viene en la tabla, por lo que los datos se obtienen a partir de una interpolación del equilibrio entre 120 y 125 °C. Los resultados son los siguientes:

— Presión (P) = 0.212 MPa
— Volumen específico (V_{esp}) = 0.8429 m³/kg
— Energía interna (U) = 2531.06 kJ/kg
— Entalpía (H) = 2708.84 kJ/kg
— Entropía (S) = 7.1084 kJ/kg K

Al no proporcionar un valor de flujo másico, se supondrá 1 kg/s. Con estos datos y despejando la ecuación C-9 del apéndice C, se obtiene un flujo volumétrico de 0.8429 m³/s.

Salida ideal

De acuerdo con el balance de entropía, no hay entropía generada. Entropía de entrada=Entropía de salida

entropía de entrada (S) = 7.1084 kJ/kg K = entropía de salida (S)

Teniendo este valor, así como la presión de salida, es posible determinar la fase de la corriente. Esta corriente sale en fase gaseosa y con una calidad de 1. Se constata que ni el valor de la entropía ni el el de la presión en relación con una presión de 0.7 MPa no se encuentra en la tabla A-6 (Çengel y Boles, 2018), por lo que se debe llevar a cabo una interpolación triple. El valor a interpolar es la entropía de 7.1084 kJ/kg K a las presiones de 0.6 y 0.8 MPa. Los resultados son los siguientes:

0.6 MPa
- — Temperatura (T) = 232.572 °C
- — Volumen específico (V_{esp}) = 0.3793 m³/kg
- — Energía interna (U) = 2692.688 kJ/kg
- — Entalpía (H) = 2920.304 kJ/kg

0.8 MPa
- — Temperatura (T) = 267.540 °C
- — Volumen específico (V_{esp}) = 0.3041 m³/kg
- — Energía interna (U) = 2744.525 kJ/kg
- — Entalpía (H) = 2987.760 kJ/kg

Estos resultados son los que deben ser interpolados para una presión de 0.7 MPa. Los resultados finales para la corriente son los siguientes:

- — Temperatura (T) = 250.056 °C
- — Volumen específico (V_{esp}) = 0.3417 m³/kg
- — Energía interna (U) = 2718.607 kJ/kg
- — Entalpía (H) = 2954.032 kJ/kg

Con estos datos y despejando la ecuación C-9, se calcula un flujo volumétrico de 0.3417 m³/s.

Una vez teniendo estos valores, se calcula la potencia. De acuerdo con el balance de energía establecido anteriormente:

$$\dot{m}\left(\Delta H\right) = \dot{W}$$

$$1\,\frac{kg}{s}\left(2954.032\,\frac{kJ}{kg} - 2708.84\,\frac{kJ}{kg}\right) = \dot{W}$$

Considerando el 100 % de eficiencia: $\dot{W} = 245.192$ kW

Salida real

Para el caso real, la entropía generada no es igual a cero. Sin embargo, el problema ya está dando un valor de eficiencia, así que es posible determinar la potencia real de la turbina.

Considerando el 75 % de eficiencia:
$$\dot{W} = 326.923 \text{ kW}$$

A partir de este valor y usando como referencia el balance de energía, es posible obtener la entalpía de la corriente real.

$$H_{sal} = \frac{326.923 \text{ kW}}{1 \text{ kg/s}} + 2708.84 \frac{\text{kJ}}{\text{kg}} = 3035.763 \text{ kJ/kg}$$

Se constata que ni la entalpía ni la presión se encuentran en la tabla A-6 (Çengel y Boles, 2018), por lo que se debe llevar a cabo una interpolación triple. El valor a interpolar es la entalpía de 3035.763 kJ/kg a las presiones de 0.6 y 0.8 MPa. Los resultados son los siguientes:

0.6 MPa

- — Temperatura (T) = 287.434 °C
- — Volumen específico (V_{esp}) = 0.4242 m³/kg
- — Energía interna (U) = 2781.245 kJ/kg
- — Entropía (S) = 7.3261 kJ/kg K

0.8 MPa

- — Temperatura (T) = 290.076 °C
- — Volumen específico (V_{esp}) = 0.3180 m³/kg
- — Energía interna (U) = 2781.305 kJ/kg
- — Entropía (S) = 7.1959 kJ/kg K

Estos resultados son los que deben ser interpolados para una presión de 0.7 MPa. Los resultados finales para la corriente son los siguientes:

- — Temperatura (T)=288.755 °C
- — Volumen específico (V_{esp}) = 0.3711 m³/kg
- — Energía interna (U) = 2781.275 kJ/kg
- — Entropía (S) = 7.2610 kJ/kg K

El flujo másico a la salida es el mismo que el de la entrada, por lo que se obtiene un flujo volumétrico de 0.3711 m³/s.

La entropía generada es:

$$S_{gen} = \dot{m}\left(S_{sal} - S_{ent}\right)$$

$$S_{gen} = 1 \frac{\text{kg}}{\text{s}} \left(7.2610 \frac{\text{kJ}}{\text{kg} \cdot \text{K}} - 7.1084 \frac{\text{kJ}}{\text{kg} \cdot \text{K}}\right) = 0.1527 \frac{\text{kJ}}{\text{kg} \cdot \text{K}}$$

Energía degradada del sistema:

$$0.1527 \frac{\text{kJ}}{\text{kg} \cdot \text{K}} \cdot 561.905 \ K = 85.773 \frac{\text{kJ}}{\text{s}}$$

Energía degradada del alrededor:

$$0.1527 \frac{\text{kJ}}{\text{kg} \cdot \text{K}} \cdot 298.15 \ K = 45.511 \frac{\text{kJ}}{\text{s}}$$

Estos valores se resumen en la siguiente tabla:

	Entrada	**Salida ideal**	**Salida real**
i	H_2O	H_2O	H_2O
T (°C)	122	250.0559899	288.7553735
P (MPa)	0.212094	0.7	0.7
Fase	IGL	gas	gas
x	1	1	1
$\dot{m}$ (kg/s)	1	1	1
u (m³/s)	0.842846	0.341702	0.371127
V_{esp} (m³/kg)	0.842846	0.341702	0.371127
ρ_{esp} (kg/m³)	1.186456	2.926525	2.694495
U (kJ/kg)	2531.06	2718.6065	2781.2747
H (kJ/kg)	2708.84	2954.0321	3035.7628
S (kJ/kg K)	7.10836	7.10836	7.26101
W (kW)		245.1921	326.9228

Tabla 1.5. Resultados del balance de energía.

Gráfico de la trayectoria en un diagrama de presión-entropía

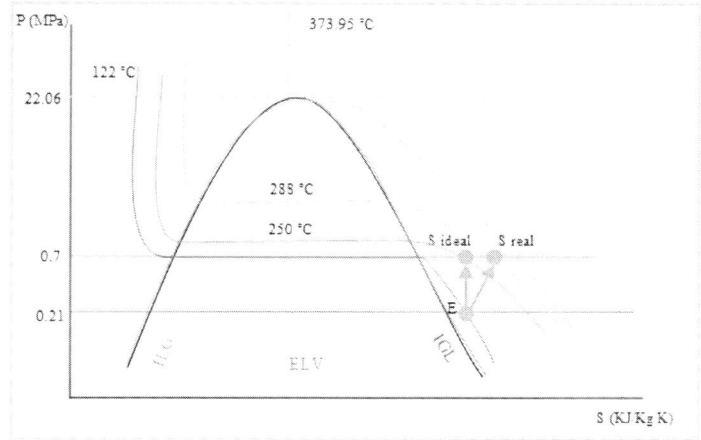

Figura 1.10 Trayectoria del compresor.

1.2.3. Temperatura de salida del agua que sale de un compresor

En un compresor entra agua a 210 °F y 7 psia. Considerando un proceso isoentrópico y la presión de 20 psia a la salida, determinar la temperatura de salida del agua y su cambio en la entalpía. Si la eficiencia del compresor es de 0.85 %, determine la potencia real, la entropía generada y la energía degradada. El flujo es de 1.133981 kg/s. Grafique un diagrama de presión-volumen.

Datos del problema

Entrada:

— Temperatura: 210 °F
— Presión: 7 psia
— Flujo másico: 1.133981 kg/s = 2.5 lbm/s

Salida:

— Presión: 20 psia

Generales:

— Compuesto: agua.
— El proceso no es reversible.
— El sistema es adiabático, y las alturas y velocidades son negligibles.

Resolución del problema

Identificación del sistema, las fronteras y el alrededor

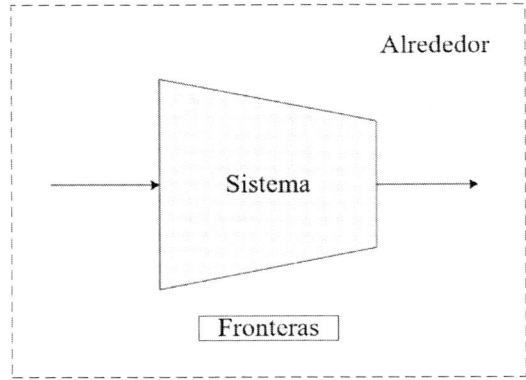

Figura 1.11. Identificación del sistema, las fronteras y el alrededor del compresor.

Planteamiento de los balances

Energía:

$$\frac{dmU_{sis}}{dt} = \sum_{sal} \dot{m}_{sal}\ (U + PV + E_k + E_p)_{sal} - \sum_{ent} \dot{m}_{ent}\ (U + PV + E_k + E_p)_{ent} \pm \dot{Q} \pm \dot{W}$$

$$\dot{m}\left(H_{sal} - H_{ent}\right) = \dot{W}$$

$$\dot{m}\left(\Delta H\right) = \dot{W}$$

$$\dot{H} = \dot{W}$$

Entropía:

$$\frac{d\left(mS_{sis}\right)}{dt} = \sum_{ent} \dot{m}_{ent}\dot{S}_{ent} - \sum_{sal} \dot{m}_{sal}\dot{S}_{sal} + \sum \frac{Q}{T} + \dot{S}_{gen}$$

$$\dot{m}_{ent}S_{ent} - \dot{m}_{sal}S_{sal} + S_{gen} = 0$$

$$S_{gen} = \dot{m}\left(S_{sal} - S_{ent}\right)$$

Entrada

Al observar los datos de equilibrio de la tabla A-4E (Çengel y Boles, 2018), a una temperatura de 210 °F, se constata que la presión del sistema es menor que la presión de saturación, por lo que la corriente viene en estado gaseoso y con una calidad de 1. También se constata que ni la presión ni la temperatura se encuentran en la tabla A-6E (Çengel y Boles, 2018), por lo que se debe llevar a cabo una interpolación triple. El valor a interpolar es la temperatura de 210 °F a las presiones de 5 y 10 psia, por lo que los valores de la tabla utilizados son todas las propiedades termodinámicas correspondientes a las temperaturas de 200 y 240 °F. Los resultados son los siguientes:

5 psia
— Volumen específico (V_{esp}) = 79.367 ft³/lbm
— Energía interna (U) = 1079.725 BTU/lbm
— Entalpía (H) = 1153.15 BTU/lbm
— Entropía (S) = 1.8784 BTU/lbm R

10 psia
— Volumen específico (V_{esp}) = 39.4683 ft³/lbm
— Energía interna (U) = 1078.15 BTU/lbm
— Entalpía (H) = 1151.175BTU/lbm
— Entropía (S) = 1.996 BTU/lbm R

Estos resultados son los que deben ser interpolados para una presión de 7 psia. Los resultados finales para la corriente son los siguientes:

— Volumen específico (V_{esp}) = 63.4075 ft³/lbm
— Energía interna (U) = 1079.095 BTU/lbm
— Entalpía (H) = 1152.36 BTU/lbm
— Entropía (S) = 1.8469 BTU/lbm R

Con estos datos y despejando la ecuación C-9 del apéndice C, se obtiene un flujo volumétrico de 158.519 ft³/s.

Salida ideal

De acuerdo con el balance de entropía, no hay entropía generada. Entropía de entrada = entropía de salida:

entropía de entrada (S) = 158.519 BTU/lbm R = entropía de salida (S)

Conseguido este valor, así como la presión de salida, es posible determinar la fase de la corriente. Esta corriente sale en fase gaseosa y con una calidad de 1.Se constata que el valor de la entropía en relación a una presión de 20 psia no se encuentra en la tabla A-6E (Çengel y Boles, 2018), por lo que se debe llevar a cabo una interpolación sencilla. El valor a interpolar es la entropía de 1.8469 BTU/lbm R. Los resultados son los siguientes:

— Temperatura (T) = 413.517 °F
— Volumen específico (V_{esp}) = 25.829 ft³/lbm
— Energía interna (U) = 1149.903 BTU/lbm

—   Entalpía (H) = 1245.550 BTU/lbm

Con estos datos y despejando la ecuación C-9, se calcula un flujo volumétrico de 64.572 ft³/s.

Se calcula la potencia. De acuerdo con el balance de energía establecido anteriormente:

$$\dot{m}\left(\Delta H\right) = \dot{W}$$

$$2.5\,\frac{\text{lbm}}{\text{s}}\left(1245.550\,\frac{\text{BTU}}{\text{lbm}} - 1152.36\,\frac{\text{BTU}}{\text{lbm}}\right) = \dot{W}$$

Considerando el 100 % de eficiencia: $\dot{W} = 232.974$ BTU/s

Salida real

Para el caso real, la entropía generada no es igual a cero. Sin embargo, el problema ya está dando un valor de eficiencia, así que es posible determinar la potencia real de la turbina.

Considerando el 85 % de eficiencia:

$$\dot{W} = 274.088\ \text{BTU/s}$$

A partir de este valor y usando el balance de energía, se obtiene la entalpía de la corriente real.

$$H_{sal} = \frac{274.088\ \text{BTU/s}}{2.5\ \text{lbm/s}} + 1152.36\,\frac{\text{BTU}}{\text{lbm}} = 1261.995\ \text{BTU/lbm}$$

Se observa que la entalpía no se encuentra en la tabla A-6E (Çengel y Boles, 2018), por lo que se debe de llevar a cabo una interpolación sencilla. El valor a interpolar es la entalpía de 1261.995 BTU/lbm. Los resultados son los siguientes:

    —   Temperatura (T) = 447.752 °F
    —   Volumen específico (V_{esp}) = 26.878 ft³/lbm
    —   Energía interna (U) = 1162.529 BTU/lbm
    —   Entropía (S) = 1.8654 BTU/lbm R

El flujo másico a la salida es el mismo que el de la entrada: 067.196 ft³/s.

La entropía generada es:

$$S_{gen} = \dot{m}\left(S_{sal} - S_{ent}\right)$$

$$S_{gen} = 2.5\,\frac{\text{lbm}}{\text{s}}\left(1.8654\,\frac{\text{BTU}}{\text{lbm R}} - 1.8469\,\frac{\text{BTU}}{\text{lbm R}}\right) = 0.0462\,\frac{\text{BTU}}{\text{lbm R}}$$

Energía degradada del sistema:

$$0.0462\,\frac{\text{BTU}}{\text{s}\cdot\text{R}}\cdot 907.422R = 41.910\,\frac{\text{BTU}}{\text{s}}$$

Energía degradada en el alrededor:

$$0.0462\,\frac{\text{BTU}}{\text{s}\cdot\text{R}}\cdot 536.67R = 24.787\,\frac{\text{BTU}}{\text{s}}$$

Estos valores se resumen en la siguiente tabla:

	Entrada	Salida ideal	Salida real
i	H_2O	H_2O	H_2O
T (°F)	210	413.1574074	447.751794
P (psia)	7	20	20
Fase	gas	gas	gas
x	1	1	1
$\dot{m}$ (lbm/s)	2.5	2.5	2.5
u (ft³/s)	158.51875	64.57164	67.19591
V_{esp} (ft³/lbm)	63.40750	25.82866	26.87836
ρ_{esp} (lbm/m³)	0.01577	0.03872	0.03720
U (BTU/lbm)	1079.09500	1149.90245	1162.52940
H (BTU/lbm)	1152.36000	1245.54977	1261.99502
S (BTU/lbm)	1.84691	1.84691	1.86538
W (BTU/s)		232.97442	274.08755

Tabla 1.6. Resultados del balance de energía.

Gráfico de la trayectoria en un diagrama de presión-volumen específico

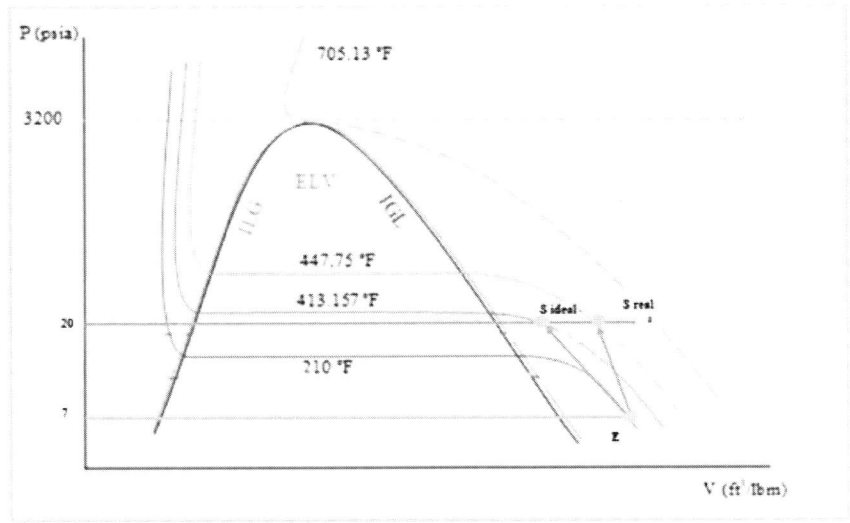

Figura 1.12. Trayectoria del compresor.

1.2.4. Compresión de agua en estado gaseoso

En un compresor entra vapor de agua a 553.15 K y 0.55 MPa. Se comprime a 1.30 MPa. El compresor produce un trabajo de 2650 kW con eficiencia del 60 %. Determine la entalpía real de la salida, la entropía generada y la energía degradada. Posteriormente grafique un diagrama de temperatura-volumen específico.

Datos del problema

Entrada:
— Temperatura: 553.15 K = 280 °C
— Presión: 0.55 MPa

Salida:
— Presión: 1.3 MPa

Generales:
— Compuesto: agua.
— Trabajo: 2650 kW.
— Eficiencia 60 %.
— El proceso no es reversible.
— El sistema es adiabático, y las alturas y velocidades son negligibles.

Resolución del problema

Identificación del sistema, las fronteras y el alrededor

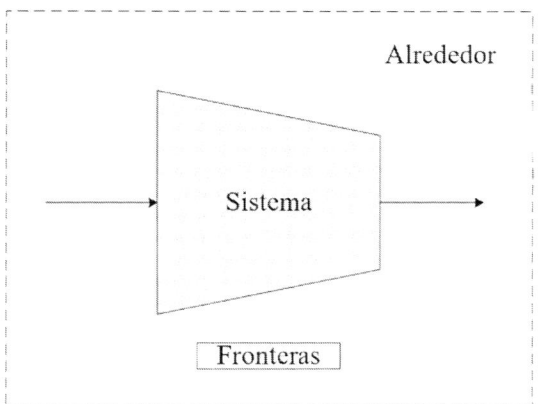

Figura 1.13. Identificación del sistema, las fronteras y el alrededor del compresor.

Planteamiento de los balances

Energía:

$$\frac{dmU_{sis}}{dt} = \sum_{sal} \dot{m}_{sal} \ (U + PV + E_k + E_p)_{sal} - \sum_{ent} \dot{m}_{ent} \ (U + PV + E_k + E_p)_{ent} \pm \dot{Q} \pm \dot{W}$$

$$\dot{m}\left(H_{sal} - H_{ent}\right) = \dot{W}$$

$$\dot{m}\left(\Delta H\right) = \dot{W}$$

$$\dot{H} = \dot{W}$$

Entropía:

$$\frac{d\left(mS_{sis}\right)}{dt} = \sum_{ent} \dot{m}_{ent} \dot{S}_{ent} - \sum_{sal} \dot{m}_{sal} \dot{S}_{sal} + \sum \frac{Q}{T} + \dot{S}_{gen}$$

$$\dot{m}_{ent} S_{ent} - \dot{m}_{sal} S_{sal} + S_{gen} = 0$$

$$S_{gen} = \dot{m}\left(S_{sal} - S_{ent}\right)$$

Entrada

Se observan los datos de equilibrio de la tabla A-4 (Çengel y Boles, 2018) a una temperatura de 280 °C. La presión del sistema es menor que la presión de saturación, por lo que la corriente viene en estado gaseoso y con una calidad de 1. Ni la temperatura ni la presión constan en la tabla, por lo que los datos se obtienen a partir de una interpolación triple. El valor a interpolar es la temperatura de 280 °C a las presiones de 0.5 y 0.6 MPa, por lo que los valores de la tabla utilizados son todas las propiedades termodinámicas correspondientes a las temperaturas de 250 y 300 °C. Los resultados son los siguientes:

0.5 MPa
— Volumen específico (V_{esp}) = 0.5033 m³/kg
— Energía interna (U) = 2771.5 kJ/kg
— Entalpía (H) = 3023.16 kJ/kg
— Entropía (S) = 7.3858 kJ/kg K

0.6 MPa
— Volumen específico (V_{esp}) = 0.4182 m³/kg
— Energía interna (U) = 2769.32 kJ/kg
— Entalpía (H) = 3020.24 kJ/kg
— Entropía (S) = 7.2977 kJ/kg K

Estos resultados son los que deben ser interpolados para una presión de 0.55 MPa. Los resultados finales para la corriente son los siguientes:

— Volumen específico (V_{esp}) = 0.4608 m³/kg
— Energía interna (U) = 2770.41 kJ/kg
— Entalpía (H) = 3021.7 kJ/kg
— Entropía (S) = 7.3418 kJ/kg K

Salida ideal

De acuerdo con el balance de entropía, no hay entropía generada. Entropía de entrada = entropía de salida:

$$\text{entropía de entrada (S)} = 7.3418 \text{ kJ/kg K} = \text{entropía de salida (S)}$$

Teniendo este valor, así como la presión de salida, es posible determinar la fase de la corriente. Esta corriente sale en fase gaseosa y con una calidad de 1. Al observar la tabla A-6 (Çengel y Boles, 2018), vemos que ni el valor de entropía ni el de presión se encuentran en ella, por lo que se debe llevar a cabo una interpolación triple. El valor a interpolar es la entropía de 7.3418 kJ/kg K a las presiones de 1.2 y 1.4 MPa. Los resultados son los siguientes:

1.2 MPa
- Temperatura (T) = 388.658 °C
- Volumen específico (V_{esp}) = 0.0026 m³/kg
- Energía interna (U) = 2936.717 kJ/kg
- Entalpía (H) = 3237.005 kJ/kg

1.4 MPa
- Temperatura (T) = 412.389 °C
- Volumen específico (V_{esp}) = 0.0024 m³/kg
- Energía interna (U) = 2974.001 kJ/kg
- Entalpía (H) = 3284.947 kJ/kg

Estos resultados son los que deben ser interpolados para una presión de 1.3 MPa. Los resultados finales para la corriente son los siguientes:

- Temperatura (T) = 400.524 °C
- Volumen específico (V_{esp}) = 0.0025 m³/kg
- Energía interna (U) = 2955.359 kJ/kg
- Entalpía (H) = 3260.976 kJ/kg

Conseguidos estos valores, se calcula la potencia. De acuerdo con los datos establecidos:

$$\dot{W}real\left[\eta\right] = \dot{W}ideal$$

$$2650\ kW\left[0.6\right] = \dot{W}ideal$$

Considerando el 100 % de eficiencia: $\dot{W} = 1590$ kW

Los datos obtenidos ya son suficientes para calcular el flujo másico. Partiendo del balance de energía:

$$\dot{m}\left(H_{sal} - H_{ent}\right) = \dot{W}$$

$$\dot{m} = \frac{1590\,\text{kW}}{3260.976\,\dfrac{\text{kJ}}{\text{kg}} - 3021.7\,\dfrac{\text{kJ}}{\text{kg}}}$$

$$\dot{m} = 6.645\,\text{kg/s}$$

Con estos datos y despejando la ecuación C-9 del apéndice C, se calcula un flujo volumétrico de 3.0619 m³/s para la entrada y de 1.5692 m³/s para la salida ideal.

Salida real

Para el caso real, la entropía generada no es igual a cero. Sin embargo, el problema ya está dando un valor de trabajo requerido por el compresor. A partir de este valor y usando como referencia el balance de energía, es posible obtener la entalpía de la corriente real.

$$H_{sal} = \frac{2650 \text{ kW}}{6.645 \text{ kg/s}} + 3021 \frac{\text{kJ}}{\text{kg}} - 7 \frac{\text{kJ}}{\text{kg}} = 3420.494 \text{ kJ/kg}$$

Se constata que ni la entalpía ni la presión se encuentran en la tabla A-6 (Çengel y Boles, 2018), por lo que se debe de llevar a cabo una interpolación triple. El valor a interpolar es la entalpía de 3420.494 kJ/kg a las presiones de 1.2 y 1.4 MPa. Los resultados son los siguientes:

1.2 MPa
  — Temperatura (T) = 473.803 °C
  — Volumen específico (V_{esp}) = 0.2842 m³/kg
  — Energía interna (U) = 3079.416 kJ/kg
  — Entropía (S) = 7.5997 kJ/kg K

1.4 MPa
  — Temperatura (T) = 474.939 °C
  — Volumen específico (V_{esp}) = 0.2436 m³/kg
  — Energía interna (U) = 3079.5228 kJ/kg
  — Entropía (S) = 7.5295 kJ/kg K

Estos resultados son los que deben ser interpolados para una presión de 1.3 MPa. Los resultados finales para la corriente son los siguientes:

  — Temperatura (T) = 474.371 °C
  — Volumen específico (V_{esp}) = 0.2639 m³/kg
  — Energía interna (U) = 3079.469 kJ/kg
  — Entropía (S) = 7.5646 kJ/kg K

El flujo másico a la salida es el mismo que el de la entrada, por lo que se obtiene un flujo volumétrico de 1.7535 m³/s.

La entropía generada es:

$$S_{gen} = \dot{m}\left(S_{sal} - S_{ent}\right)$$

$$S_{gen} = 6.645 \frac{kg}{s} \left(7.5646 \frac{kJ}{kg \cdot K} - 7.3418 \frac{kJ}{kg \cdot K} \right) = 1.4805 \frac{kJ}{kg \cdot K}$$

Energía degradada del sistema:

$$1.4805 \frac{kJ}{kg \cdot K} \cdot 561.905 \, K = 1106.741 \frac{kJ}{s}$$

Energía degradada del alrededor:

$$1.4805 \frac{kJ}{kg \cdot K} \cdot 298.15 \, K = 441.425 \frac{kJ}{s}$$

Estos valores se resumen en la siguiente tabla:

	Entrada	Salida ideal	Salida real
i	H_2O	H_2O	H_2O
T (°C)	280	400.5235014	474.371339
P (MPa)	0.55	1.3	1.3
Fase	gas	gas	gas
x	1	1	1
$\dot{m}$ (kg/s)	6.64504	6.64504	6.64504
u (m³/s)	3.06187	1.56921	1.75350
V_{esp} (m³/kg)	0.46078	0.23615	0.26388
ρ_{esp} (kg/m³)	2.17026	4.23463	3.78958
U (kJ/kg)	2770.41000	2955.35895	3079.46924
H (kJ/kg)	3021.70000	3260.97621	3420.49368
S (kJ/kg K)	7.34178	7.34178	7.56458
W (kW)		1590	2650

Tabla 1.7. Resultados del balance de energía.

Gráfico de la trayectoria en un diagrama de temperatura-volumen específico

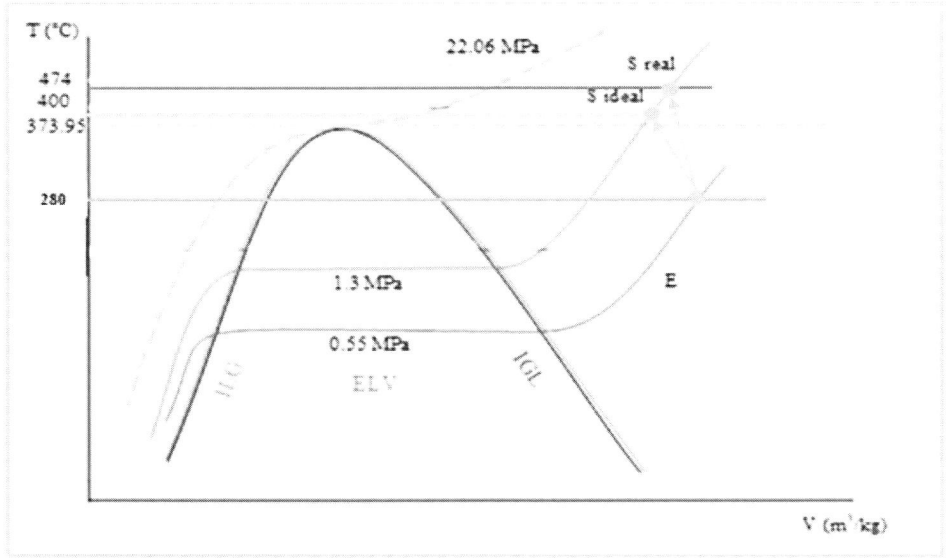

Figura 1.14. Trayectoria del compresor.

1.2.5. Compresión de agua en estado gaseoso

En un compresor entra agua en interfase gas-líquido a 1450 kPa con un diámetro de 0.5 metros y a una velocidad de 15 m/s. El diámetro de salida es el doble que el de la entrada y su velocidad real es 20 % mayor a la velocidad de salida ideal. La presión de salida del compresor es de 2 MPa. Determine la eficiencia de este compresor. Elabore un diagrama de temperatura-volumen específico.

Datos del problema

Entrada:
— Fase: interfase gas-líquido
— Presión: 1450 kPa = 1.45 MPa
— Diámetro: 0.5 metros
— Velocidad: 15 m/s

Salida:
— Diámetro: 1 m
— Velocidad real: 20 % mayor que la velocidad de salida ideal
— Presión: 2 MPa

Generales:

- Compuesto: agua.
- Trabajo: 2650 kW.
- Eficiencia: 60 %.
- El proceso es irreversible, el sistema es adiabático y las alturas son negligibles.

Resolución del problema

Identificación del sistema, las fronteras y el alrededor

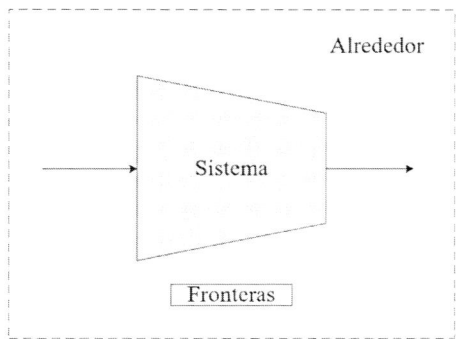

Figura 1.15. Identificación del sistema, las fronteras y el alrededor del compresor.

Planteamiento de los balances

Energía:

$$\frac{dmU_{sis}}{dt} = \sum_{sal} \dot{m}_{sal} \left(U + PV + E_k + E_p\right)_{sal} - \sum_{ent} \dot{m}_{ent} \left(U + PV + E_k + E_p\right)_{ent} \pm \dot{Q} \pm \dot{W}$$

$$\dot{m}\left[\left(H_{sal} - H_{ent}\right) + \left(Ek_{sal} - Ek_{ent}\right)\right] = \dot{W}$$

$$\dot{m}\left(\Delta H + \Delta Ek\right) = \dot{W}$$

$$\dot{H} + \dot{Ek} = \dot{W}$$

Entropía:

$$\frac{d\left(mS_{sis}\right)}{dt} = \sum_{ent} \dot{m}_{ent}\dot{S}_{ent} - \sum_{sal} \dot{m}_{sal}\dot{S}_{sal} + \sum \frac{Q}{T} + \dot{S}_{gen}$$

$$\dot{m}_{ent}S_{ent} - \dot{m}_{sal}S_{sal} + S_{gen} = 0$$

$$S_{gen} = \dot{m}\left(S_{sal} - S_{ent}\right)$$

Entrada

El problema establece que la entrada del compresor se encuentra en interfase gas-líquido, por lo que se sabe que la corriente tiene una calidad de 1. Para obtener las propiedades, se observan los datos de equilibrio de la tabla A-5 (Çengel y Boles, 2018). Las presiones encontradas en la tabla son 1400 y 1500 kPa; sin embargo, no consta la presión del sistema: 1450 kPa. Debido a esto, se debe llevar a cabo una interpolación sencilla para una presión de 1450 kPa de las propiedades en la interfase gas-líquido a 1400 y 1500 kPa, respectivamente. Los datos calculados son los siguientes:

— Temperatura (T): 196.665 °C
— Volumen específico (V_{esp}) = 0.136245 m³/kg
— Energía interna (U) = 2592.6 kJ/kg
— Entalpía (H) = 2789.95 kJ/kg
— Entropía (S) = 6.4553 kJ/kg K

Con el diámetro de entrada se obtiene un área de 0.196350 m². Al tener datos de velocidad, área y densidad (el dato inverso del volumen específico), es posible calcular el flujo másico. Si multiplicamos estas propiedades, se obtiene un flujo másico de 21.6173 kg/s. A partir de este valor, se calcula un flujo volumétrico de 2.9452 m³/s. Utilizando la ecuación pertinente, la energía cinética de la entrada es de 0.1125 kJ/kg.

Salida ideal

De acuerdo con el balance de entropía, no hay entropía generada. Entropía de entrada = entropía de salida:

$$\text{entropía de entrada (S)} = 6.4553 \text{ kJ/kg K} = \text{entropía de salida (S)}$$

Al tener el valor de entropía y la presión, se puede determinar la fase. Esta corriente sale en fase gaseosa y con una calidad de 1. Al observar la tabla A-6 (Çengel y Boles, 2018), en relación con una presión de 2 MPa, se llega a la conclusión de que se necesita interpolar entre los valores de entropía de 6.416 y 6.5475 kJ/kg K. Los valores obtenidos son los siguientes:

— Temperatura (T) = 232.4620 °C
— Volumen específico (V_{esp}) = 0.1061 m³/kg
— Energía interna (U) = 2643.9612 kJ/kg
— Entalpía (H) = 2856.1578 kJ/kg

El flujo másico a la salida es el mismo que el de la entrada, por lo que se obtiene un flujo volumétrico de 2.2937 m³/s. Como ya se cuenta con un flujo másico y con un valor reportado de diámetro de salida, es posible obtener la velocidad a la salida, lo cual da como resultado 2.9204 m/s y un área de 0.7854 m². Finalmente, se calcula una energía cinética de 0.0043 kJ/kg.

De acuerdo con el balance de energía:

$$\dot{m}\left(\Delta H + \Delta Ek\right) = \dot{W}$$

$$21.6173\,\frac{kg}{s}\left[\left(2856.1578\,\frac{kJ}{kg} - 2789.95\,\frac{kJ}{kg}\right) + \left(0.0043\,\frac{kJ}{kg} + 0.1125\,\frac{kJ}{kg}\right)\right] = \dot{W}$$

Considerando el 100 % de eficiencia: $\dot{W} = 1428.8911\,kW$

Salida real

Para el caso real, la entropía generada no es igual a cero. Teniendo los valores de flujo másico, velocidad y área, es posible despejar para la densidad, lo cual da como resultado 7.8538 kg/m³. Como se sabe, la densidad es el inverso del volumen específico, por lo que podemos conocer este valor. El volumen específico obtenido es de 0.12733 m³/kg. Debido a que ya se conoce el valor específico y la presión, se puede determinar el estado de la corriente. La corriente de salida real también está en fase gas y con una calidad de 1. Revisando la tabla A-6 (Çengel y Boles, 2018), en relación con una presión de 2 MPa, se sabe que se debe interpolar entre los valores de volumen específico de 0.12551 y 0.1386 m³/kg. Esto da como resultado las siguientes propiedades termodinámicas:
 — Temperatura (T) = 306.938 °C
 — Energía interna (U) = 278.314 kJ/kg
 — Entalpía (H) = 3039.949 kJ/kg
 — Entropía (S) = 6.7948 kJ/kg K

El flujo másico a la salida es el mismo que el de la entrada, por lo que se obtiene un flujo volumétrico de 2.7525 m³/s. Como ya se cuenta con un flujo másico y con un valor reportado de diámetro de salida, es posible obtener la velocidad a la salida, lo cual da como resultado 3.5045 m/s y un área de 0.7854 m². Finalmente, se calcula una energía cinética de 0.0061 kJ/kg.

De acuerdo con el balance de energía:

$$\dot{m}\left(\Delta H + \Delta Ek\right) = \dot{W}$$

$$21.6173\,\frac{kg}{s}\left[\left(3039.949\,\frac{kJ}{kg} - 2789.95\,\frac{kJ}{kg}\right) + \left(0.0061\,\frac{kJ}{kg} + 0.1125\,\frac{kJ}{kg}\right)\right] = \dot{W}$$

$$\dot{W} = 5401.998\,kW$$

Al dividir la potencia ideal generada entre este valor, se puede obtener una eficiencia del 26.45 %.

La entropía generada es:

$$S_{gen} = \dot{m}\left(S_{sal} - S_{ent}\right)$$

$$S_{gen} = 121.617\,\frac{kg}{s}\left(6.7948\,\frac{kJ}{kg\,K} - 6.4553\,\frac{kJ}{kg\,K}\right) = 7.3391\,\frac{kJ}{kg\,K}$$

Energía degradada del sistema:

$$7.3391\,\frac{kJ}{s\,K}\cdot 580.088\,K = 7.3391\,\frac{kJ}{s}$$

Energía degradada del alrededor:

$$7.3391\,\frac{kJ}{s\,K}\cdot 298.15\,K = 2188.143\,\frac{kJ}{s}$$

Estos valores se resumen en la siguiente tabla:

	Entrada	Salida ideal	Salida real
i	H_2O	H_2O	H_2O
T (°C)	196.66500	232.46198	306.93799
P (MPa)	1.45	2	2
Fase	IGL	gas	gas
x	1	1	1
$\dot{m}$ (kg/s)	21.61726	21.61726	21.61726
u (m³/s)	2.94524	2.29371	2.75245
d (m)	0.5	1	1
Área (m²)	0.1963	0.78540	0.78540
V (m/s)	15	2.92044	3.50452
V_{esp} (m³/kg)	0.13625	0.10611	0.12733
ρ_{esp} (kg/m³)	7.33972	9.42460	7.85383
U (kJ/kg)	2592.60000	2643.96122	2785.31373
H (kJ/kg)	2789.95000	2856.15779	3039.94923
S (kJ/kg K)	6.45525	6.45525	6.79475
Ek (kW)	0.11250	0.00426	0.00614
$\dot{E}k$ (kW)		−2.33976	−2.29919

	Entrada	Salida ideal	Salida real
$\dot{H}$ (kW)		1431.23088	5404.29750
W (kW)		1428.89113	5401.99830

Tabla 1.8. Resultados del balance de energía.

Gráfico de la trayectoria en un diagrama de temperatura-volumen específico

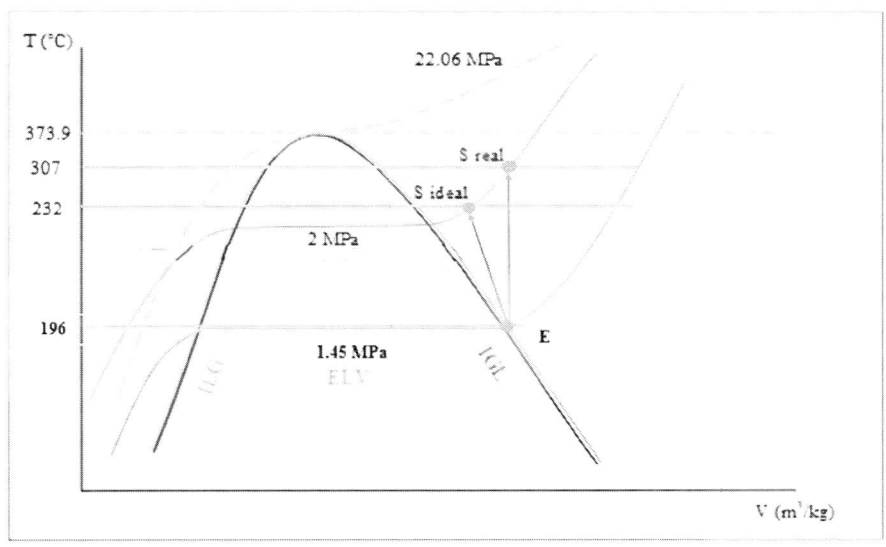

Figura 1.16. Trayectoria del compresor.

1.2.6. Compresión de agua a altas temperaturas

En un compresor entra agua en fase gas a 1500 °C y 7 MPa. El compresor cuenta con las siguientes características: un flujo de 4 kg/s, una eficiencia del 78 % y una presión de salida de 10 MPa. Determine la potencia real requerida, la entropía generada y la energía degradada. Grafique un diagrama de presión-entalpía.

Datos del problema

Entrada:
— Temperatura: 1500 °C
— Presión: 7 MPa
— Flujo másico: 4 kg/s

Salida:

— Presión: 10 MPa

Generales:
- Compuesto: agua.
- El proceso no es reversible, con eficiencia del 78 %.
- El sistema es adiabático, y las alturas y velocidades son negligibles.

Resolución del problema

Identificación del sistema, las fronteras y el alrededor

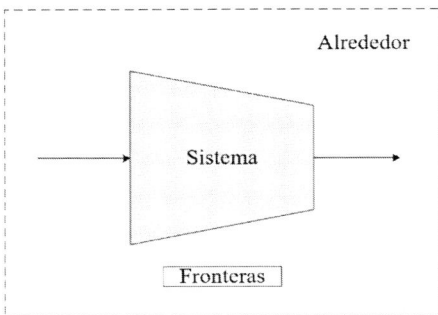

Figura 1.17. Identificación del sistema, las fronteras y el alrededor del compresor.

Planteamiento de los balances

Energía:

$$\frac{dmU_{sis}}{dt} = \sum_{sal} \dot{m}_{sal} \ (U + PV + E_k + E_p)_{sal} - \sum_{ent} \dot{m}_{ent} \ (U + PV + E_k + E_p)_{ent} \pm \dot{Q} \pm \dot{W}$$

$$\dot{m}\left(H_{sal} - H_{ent}\right) = \dot{W}$$

$$\dot{m}\left(\Delta H\right) = \dot{W}$$

$$\dot{H} = \dot{W}$$

Entropía:

$$\frac{d\left(mS_{sis}\right)}{dt} = \sum_{ent} \dot{m}_{ent}\dot{S}_{ent} - \sum_{sal} \dot{m}_{sal}\dot{S}_{sal} + \sum \frac{Q}{T} + \dot{S}_{gen}$$

$$\dot{m}_{ent}S_{ent} - \dot{m}_{sal}S_{sal} + S_{gen} = 0$$

$$S_{gen} = \dot{m}\left(S_{sal} - S_{ent}\right)$$

Entrada

La temperatura de entrada sobrepasa la temperatura crítica del compuesto, por lo que se sabe que la corriente viene en fase gaseosa (calidad de 1). Para conocer las propiedades termodinámicas, se consulta la tabla A-6 (Çengel y Boles, 2018). El último valor reportado en la tabla para 7 MPa es de 1300 °C, por lo que se requiere extrapolar. Al hacer una correlación lineal de cada propiedad con la temperatura, y usando la temperatura de 1500 °C, los datos calculados son los siguientes:

- Volumen específico (V_{esp}) = 0.1200 m³/kg
- Energía interna (U) = 5057.091 kJ/kg
- Entalpía (H) = 58988.363 kJ/kg
- Entropía (S) = 9.3312 kJ/kg K

Con estos datos y despejando la ecuación C-9, se obtiene un flujo volumétrico de 0.4818 m³/s.

Salida ideal

De acuerdo con el balance de entropía, no hay entropía generada. Entropía de entrada = entropía de salida:

$$\text{entropía de entrada (S)} = 9.3312 \text{ kJ/kg K} = \text{entropía de salida (S)}$$

Teniendo este valor, así como la presión de salida, es posible determinar la fase de la corriente, que es gaseosa y tiene una calidad de 1. Al observar nuevamente la tabla A-6 (Çengel y Boles, 2018), en relación con una presión de 10 MPa, vemos que el valor de entropía es mayor que el último valor de la tabla, por lo que nuevamente se debe extrapolar. Sin embargo, en esta ocasión la correlación lineal se hace con los valores de entropía. Los valores obtenidos son los siguientes:

- Temperatura (T) = 1538.264 °C
- Volumen específico (V_{esp}) = 0.0883 m³/kg
- Energía interna (U) = 5170.425 kJ/kg
- Entalpía (H) = 6049.585 kJ/kg

Con estos datos y despejando la ecuación C-9, se calcula un flujo volumétrico de 0.3533 m³/s.

Se calcula la potencia. De acuerdo con el balance de energía establecido anteriormente:

$$\dot{m}\left(\Delta \text{H}\right) = \dot{W}$$

$$4\,\frac{\text{kg}}{\text{s}}\left(6049.585\,\frac{\text{kJ}}{\text{kg}} - 5898.363\,\frac{\text{kJ}}{\text{kg}}\right) = \dot{W}$$

Considerando el 100% de eficiencia: $\dot{W} = 604.889$ kW

Salida real

El problema ya da un valor de eficiencia, así que es posible determinar la potencia real de la turbina.

Considerando el 78 % de eficiencia:

$$\dot{W} = 775.499 \text{ kW}$$

A partir de este valor y usando el balance de energía, se obtiene la entalpía de la corriente real:

$$H_{sal} = \frac{775.499 \text{ kW}}{4 \text{ kg/s}} + 5898.363\,\frac{\text{kJ}}{\text{kg}} = 6092.238 \text{ kJ/kg}$$

La fase de salida real del vapor de agua continúa siendo gas, por lo que las propiedades termodinámicas se obtuvieron de la tabla A-6 (Çengel y Boles, 2018). Se lleva a cabo de nuevo una extrapolación de los datos, pero ahora con una correlación lineal entre la entalpía y el resto de las propiedades. Se obtienen los siguientes resultados:

— Temperatura (T) = 1559.726 °C
— Volumen específico (V_{esp}) = 0.0848 m³/kg
— Energía interna (U) = 5207.843 kJ/kg
— Entropía (S) = 9.3762 kJ/kg K

El flujo másico a la salida es el mismo que el de la entrada: 0.3390 m³/s.

La entropía generada es:

$$S_{gen} = \dot{m}\left(S_{sal} - S_{ent}\right)$$

$$S_{gen} = 4\,\frac{\text{kg}}{\text{s}}\left(9.3762\,\frac{\text{kJ}}{\text{kg K}} - 9.3312\,\frac{\text{kJ}}{\text{kg K}}\right) = 0.1802\,\frac{\text{kJ}}{\text{kg K}}$$

Energía degradada del sistema:

$$0.1802\,\frac{\text{kJ}}{\text{s K}} \cdot 1832.88 \text{ K} = 330.246\,\frac{\text{kJ}}{\text{s}}$$

Energía degradada del alrededor:

$$0.1802\,\frac{kJ}{s\,K}\cdot 298.15\ K = 53.7204\,\frac{kJ}{s}$$

Estos valores se resumen en la siguiente tabla:

	Entrada	**Salida ideal**	**Salida real**
i	H_2O	H_2O	H_2O
T (°C)	1500	1538.25404	1559.72552
P (MPa)	7	10	10
Fase	gas	gas	gas
x	1	1	1
$\dot{m}$ (kg/s)	4	4	4
u (m³/s)	0.48179	0.35330	0.33898
V_{esp} (m³/kg)	0.12045	0.08832	0.08474
ρ_{esp} (kg/m³)	8.30239	11.32196	11.80014
U (kJ/kg)	5057.09135	5170.42513	5207.84325
H (kJ/kg)	3021.70000	3260.97621	3420.49368
S (kJ/kg K)	9.33116	9.33116	9.37621
W (kW)		604.88895	775.49865

Tabla 1.9. Resultados del balance de energía.

Gráfico de la trayectoria en un diagrama de presión-entalpía

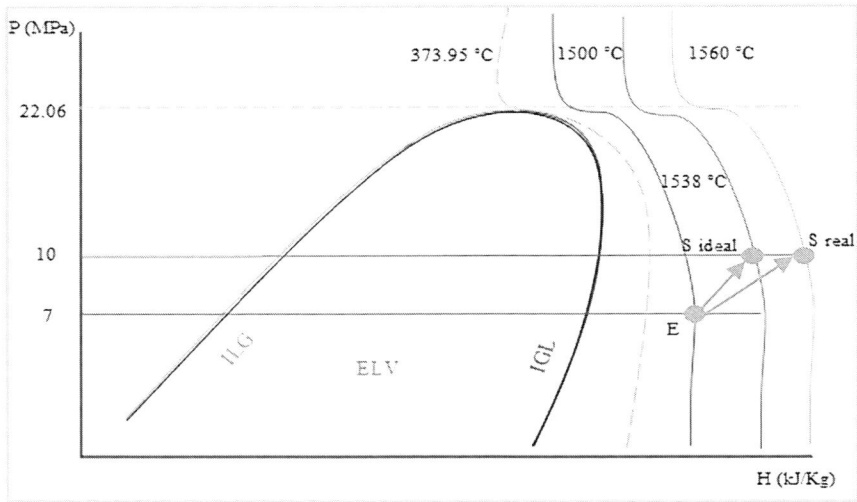

Figura 1.18. Trayectoria del compresor.

1.2.7. Agua comprimida a alta presión

En un compresor entra agua a condiciones de 15 MPa y 1400 °C con un diámetro de 0.3 metros y 5 m/s. La salida de este compresor se encuentra a 17.5 MPa y tiene una salida de 18 m/s y un diámetro de 0.15 metros. Determine la velocidad ideal de salida y la eficiencia de este compresor. Grafique un diagrama de presión-entalpía.

Datos del problema

Entrada:
— Temperatura: 1400 °C
— Presión: 15 MPa
— Diámetro: 0.3 metros
— Velocidad: 5 m/s

Salida:
— Diámetro: 0.1 metros
— Velocidad: 18 m/s
— Presión: 17.5 MPa

Generales:
— Compuesto: agua.
— El proceso es irreversible, el sistema es adiabático y las alturas negligibles.

Resolución del problema

Identificación del sistema, las fronteras y el alrededor

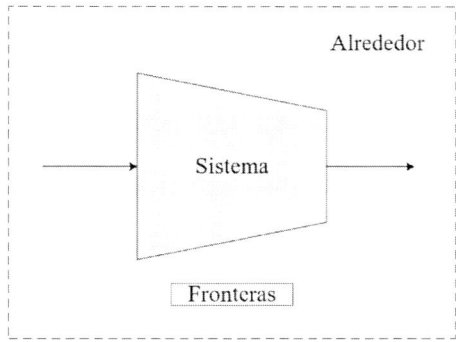

Figura 1.19. Identificación del sistema, las fronteras y el alrededor del compresor.

Planteamiento de los balances

Energía:

$$\frac{dmU_{sis}}{dt} = \sum_{sal} \dot{m}_{sal} \ (U + PV + E_k + E_p)_{sal} - \sum_{ent} \dot{m}_{ent} \ (U + PV + E_k + E_p)_{ent} \pm \dot{Q} \pm \dot{W}$$

$$\dot{m}\left[\left(H_{sal} - H_{ent}\right) + \left(Ek_{sal} - Ek_{ent}\right)\right] = \dot{W}$$

$$\dot{m}\left(\Delta H + \Delta Ek\right) = \dot{W}$$

$$\dot{H} + \dot{E}k = \dot{W}$$

Entropía:

$$\frac{d\left(mS_{sis}\right)}{dt} = \sum_{ent} \dot{m}_{ent}\dot{S}_{ent} - \sum_{sal} \dot{m}_{sal}\dot{S}_{sal} + \sum \frac{Q}{T} + \dot{S}_{gen}$$

$$\dot{m}_{ent}S_{ent} - \dot{m}_{sal}S_{sal} + S_{gen} = 0$$

$$S_{gen} = \dot{m}\left(S_{sal} - S_{ent}\right)$$

Entrada

La temperatura de entrada sobrepasa la temperatura crítica, por lo que se sabe que la corriente viene en fase gaseosa con una calidad de 1. Para conocer las propiedades termodinámicas se procede a consultar la tabla A-6 (Çengel y Boles, 2018). El último valor reportado en la tabla para 15 MPa es de 1300 °C, por lo que se debe extrapolar. Al hacer una correlación lineal de cada propiedad con la temperatura, y usando la temperatura de 1400 °C, los datos calculados son los siguientes:

— Volumen específico (V_{esp}) = 0.054 m³/kg
— Energía interna (U) = 4914.232 kJ/kg
— Entalpía (H) = 5726.733 kJ/kg
— Entropía (S) = 8.8299 kJ/kg K

Con el diámetro se obtiene un área de 0.0707 m². Al tener datos de velocidad, área y densidad, es posible calcular el flujo másico. Si multiplicamos estas propiedades, se obtiene un flujo másico de 6.512 kg/s. A partir de este valor, se calcula un flujo volumétrico de 0.3534 m³/s. Utilizando la ecuación pertinente del apéndice C, la energía cinética es de 0.0125 kJ/kg.

Salida ideal

De acuerdo con el balance de entropía, no hay entropía generada. Entropía de entrada = entropía de salida:

entropía de entrada (S) = 8.8299 kJ/kg K = entropía de salida (S)

Esta corriente sale en fase gaseosa y con una calidad de 1. Al observar nuevamente la tabla A-6 (Çengel y Boles, 2018), en relación con una presión de 17.5 MPa, vemos que el valor de entropía es mayor que el último valor de la tabla, por lo que nuevamente se debe extrapolar. Sin embargo, en esta ocasión la correlación lineal se hace con los valores de entropía. Los valores obtenidos son los siguientes:

— Temperatura (T) = 1461.222 °C
— Volumen específico (V_{esp}) = 0.0489 m³/kg
— Energía interna (U) = 5057.689 kJ/kg
— Entalpía (H) = 5904.761 kJ/kg

El flujo másico a la salida es el mismo que el de la entrada, por lo que se obtiene un flujo volumétrico de 0.3103 m³/s. Como ya se cuenta con un flujo másico y con un valor reportado de diámetro de salida, es posible obtener la velocidad a la salida ideal, lo cual da como resultado de 17.557 m/s y un área de 0.0177 m². Finalmente, se calcula una energía cinética de 0.1541 kJ/kg.

De acuerdo con el balance de energía:

$$\dot{m}\left(\Delta H + \Delta Ek\right) = \dot{W}$$

$$6.512\,\frac{kg}{s}\left[\left(5904.761\,\frac{kJ}{kg} - 5726.733\,\frac{kJ}{kg}\right) + \left(0.0125\,\frac{kJ}{kg} + 0.1541\,\frac{kJ}{kg}\right)\right] = \dot{W}$$

Considerando el 100 % de eficiencia: $\dot{W} = 1160.228\,kW$

Salida real

Para el caso real, la entropía generada no es igual a cero. Teniendo los valores de flujo másico, velocidad y área, es posible despejar para la densidad, lo cual da como resultado 20.743 kg/m³. El volumen específico obtenido es de 0.0489 m³/kg. La corriente de salida real está en fase gas y tiene una calidad de 1. Al observar la tabla A-6 (Çengel y Boles, 2018), en relación con una presión de 17.5 MPa, vemos que el valor del volumen es mayor que el último valor de la tabla, por lo que nuevamente se debe extrapolar. Sin embargo, en esta ocasión la correlación lineal se hace con los valores de volumen específico. Los valores obtenidos son los siguientes:

- Temperatura (T) = 1467.055 °C
- Energía interna (U) = 5075.438 kJ/kg
- Entalpía (H) = 5930.320 kJ/kg
- Entropía (S) = 8.9346 kJ/kg K

Se obtiene un flujo volumétrico de 0.3181 m³/s y se calcula una energía cinética de 0.162 kJ/kg.

De acuerdo con el balance de energía:

$$\dot{m}\left(\Delta H + \Delta Ek\right) = \dot{W}$$

$$6.512\,\frac{kg}{s}\left[\left(5930.320\,\frac{kJ}{kg} - 5726.733\,\frac{kJ}{kg}\right) + \left(0.1620\,\frac{kJ}{kg} + 0.0125\,\frac{kJ}{kg}\right)\right] = \dot{W}$$

$$\dot{W} = 1326.692\ kW$$

Al dividir la potencia ideal generada entre este valor, se puede obtener una eficiencia del 87.45 %.

La entropía generada es:

$$S_{gen} = \dot{m}\left(S_{sal} - S_{ent}\right)$$

$$S_{gen} = 6.512\,\frac{kg}{s}\left(8.9346\,\frac{kJ}{kg\,K} - 8.8299\,\frac{kJ}{kg\,K}\right) = 0.6813\,\frac{kJ}{kg\,K}$$

Energía degradada del sistema:

$$0.6813\,\frac{kJ}{s\,K}\cdot 1740.205\ K = 1185.645\,\frac{kJ}{s}$$

Energía degradada del alrededor:

$$0.6813 \frac{kJ}{s\,K} \cdot 298.15\ K = 203.137 \frac{kJ}{s}$$

Estos valores se resumen en la siguiente tabla:

	Entrada	Salida ideal	Salida real
i	H_2O	H_2O	H_2O
T (°C)	1400	1461.22200	1467.05481
P (MPa)	15	17.5	17.5
Fase	gas	gas	gas
x	1	1	1
$\dot{m}$ (kg/s)	6.51181	6.51181	6.51181
u (m³/s)	0.35343	0.31393	0.31809
d (m)	0.3	0.15	0.15
Área (m²)	0.07069	0.01767	0.01767
V (m/s)	5	17.76505	18
V_{esp} (m³/kg)	0.05428	0.04821	0.04885
ρ_{esp} (kg/m³)	18.42465	20.74258	20.47184
U (kJ/kg)	4914.23237	5057.68870	5075.43826
H (kJ/kg)	5726.73322	5904.76080	5930.32003
S (kJ/kg K)	8.82994	8.82994	8.93457
E_k (kW)	0.01250	0.15780	0.16200
$\dot{Ek}$ (kW)		0.94616	0.97352
$\dot{H}$ (kW)		1159.28174	1325.71859
W (kW)		1160.22790	1326.69211

Tabla 1.10. Resultados del balance de energía.

Gráfico de la trayectoria en un diagrama de presión-entalpía

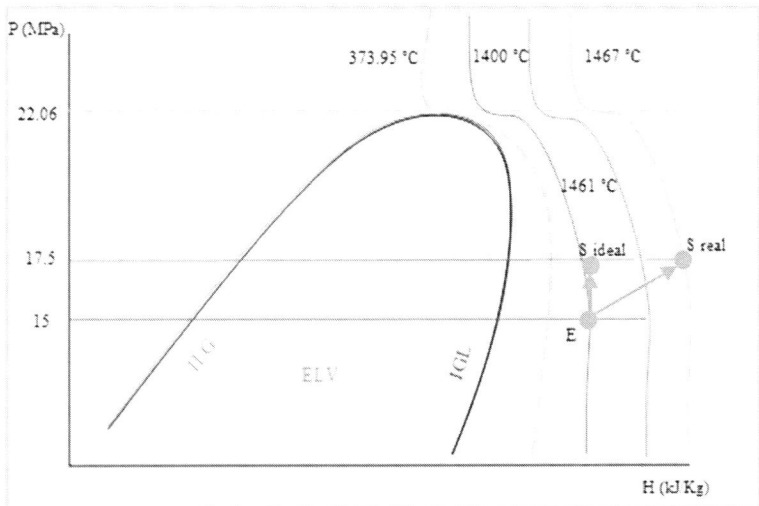

Figura 1.20. Trayectoria del compresor.

1.3. Compresores acoplados

1.3.1. Sistema de compresión doble

En un primer compresor entra agua a 300 kPa en interfase gas-líquido. La presión de salida del primer compresor es 4 veces mayor a la de entrada. La eficiencia es de 85 %. La salida de este primer compresor está unida a un segundo compresor con una presión de salida de 1.8 MPa y una energía interna de 2928.079023 kJ/kg. Calcule la eficiencia del segundo compresor. Grafique las trayectorias en un diagrama de presión-entropía.

Datos del problema

Entrada:

Primer compresor

— Fase: interfase gas-líquido

— Presión: 300 kPa = 0.3 MPa

Segundo compresor

— Salida real del primer compresor

Salida:

Primer compresor

— Presión: 1.2 MPa

Segundo compresor

— Presión: 1.8 MPa

— Energía interna: 2928.079 kJ/kg

Generales:

— Compuesto: agua.

— El proceso no es reversible y la eficiencia del primer compresor es de 85 %.

— El sistema es adiabático, y las alturas y las velocidades son negligibles.

Resolución del problema

Identificación del sistema, las fronteras y el alrededor

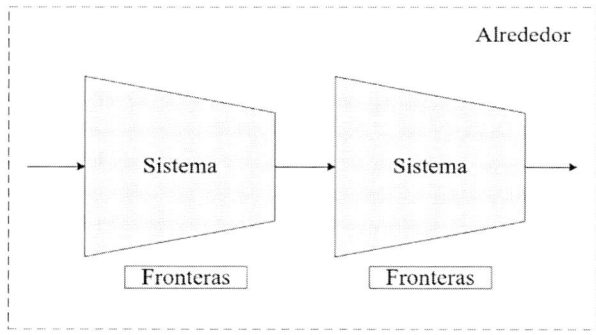

Figura 1.21. Identificación del sistema, las fronteras y el alrededor del compresor.

Planteamiento de los balances

Energía:

$$\frac{dmU_{sis}}{dt} = \sum_{sal} \dot{m}_{sal} \ (U + PV + E_k + E_p)_{sal} - \sum_{ent} \dot{m}_{ent} \ (U + PV + E_k + E_p)_{ent} \pm \dot{Q} \pm \dot{W}$$

$$\dot{m}\left(H_{sal} - H_{ent}\right) = \dot{W}$$

$$\dot{m}\left(\Delta \mathrm{H}\right) = \dot{W}$$

$$\dot{H} = \dot{W}$$

Entropía:

$$\frac{d\left(mS_{sis}\right)}{dt} = \sum_{ent}\dot{m}_{ent}\dot{S}_{ent} - \sum_{sal}\dot{m}_{sal}\dot{S}_{sal} + \sum \frac{\dot{Q}}{T} + \dot{S}_{gen}$$

$$\dot{m}_{ent}S_{ent} - \dot{m}_{sal}S_{sal} + S_{gen} = 0$$

$$S_{gen} = \dot{m}\left(S_{sal} - S_{ent}\right)$$

Primer compresor

Entrada:

El problema indica que la corriente viene en interfase gas-líquido, por lo que se sabe que viene en estado gaseoso y con una calidad de 1. Al darnos un valor de presión, se consulta la tabla A-5 (Çengel y Boles, 2018) con datos de equilibrio. Como se puede observar, los datos vienen en la tabla, por lo que no se requiere obtenerlos por medio de cálculos. Son los siguientes:

— Volumen específico (V_{esp}) = 0.606 m³/kg
— Energía interna (U) = 2543.2 kJ/kg
— Entalpía (H) = 2724.9 kJ/kg
— Entropía (S) = 6.9917 kJ/kg K

Al no proporcionar un dato de flujo másico, se supone un valor de 1 kg/s. Con estos datos y despejando la ecuación C-9 del apéndice C, se obtiene un flujo volumétrico de 0.60582 m³/s.

Salida ideal:

De acuerdo con el balance de entropía no hay entropía generada. Entropía de entrada = entropía de salida:

entropía de entrada (S) = 6.9917 kJ/kg K = entropía de salida (S)

Teniendo este valor, así como la presión, es posible determinar la fase de la corriente. Esta corriente sale en fase gaseosa y con una calidad de 1. Al observar nuevamente la tabla A-6 (Çengel y Boles, 2018), en relación con una presión de 1.2 MPa, vemos que el valor de entropía no se encuentra en ella, por lo que se debe llevar a cabo una interpolación sencilla. Los valores obtenidos son los siguientes:

— Temperatura (T) = 289.6637 °C
— Volumen específico (V_{esp}) = 0.2094 m³/kg
— Energía interna (U) = 2772.1283 kJ/kg
— Entalpía (H) = 3023.415 kJ/kg

Con estos datos y despejando la ecuación C-9, se calcula un flujo volumétrico de 0.2094 m³/s.

Una vez obtenidos estos valores, se calcula la potencia. De acuerdo con el balance de energía establecido anteriormente:

$$\dot{m}\left(\Delta \text{H}\right) = \dot{W}$$

$$1\frac{\text{kg}}{\text{s}}\left(3023.415\frac{\text{kJ}}{\text{kg}} - 2724.9\frac{\text{kJ}}{\text{kg}}\right) = \dot{W}$$

Considerando el 100% de eficiencia : $\quad \dot{W} = 298.515\,\text{kW}$

Salida real:

Para el caso real, la entropía generada no es igual a cero. Sin embargo, el problema ya está dando un valor de eficiencia, así que es posible determinar la potencia real de la turbina.

Considerando el 85 % de eficiencia:

$$\dot{W} = 351.195\,\text{kW}$$

A partir de este valor y usando como referencia el balance de energía, es posible obtener la entalpía:

$$H_{sal} = \frac{351.195\ \text{kW}}{1\ \text{kg/s}} + 2724.9\frac{\text{kJ}}{\text{kg}} = 3076.095\ \text{kJ/kg}$$

La fase de salida real continúa siendo gas, por lo que las propiedades termodinámicas se obtienen de la tabla A-6 (Çengel y Boles, 2018). Se efectúa nuevamente una interpolación sencilla, puesto que el valor de entalpía no se encuentra en la tabla. Los resultados son los siguientes:

— Temperatura (T) = 313.807 °C
— Volumen específico (V_{esp}) = 0.2196 m³/kg
— Energía interna (U) = 2812.619 kJ/kg
— Entropía (S) = 7.0833 kJ/kg K

El flujo másico a la salida es el mismo que el de la entrada, por lo que se obtiene un flujo volumétrico de 0.2196 m³/s.

La entropía generada es:

$$S_{gen} = \dot{m}\left(S_{sal} - S_{ent}\right)$$

$$S_{gen} = 1\,\frac{kg}{s}\left(7.0833\,\frac{kJ}{kg\,K} - 6.9917\,\frac{kJ}{kg\,K}\right) = 0.0916\,\frac{kJ}{kg\,K}$$

Energía degradada del sistema:

$$0.0916\,\frac{kJ}{s\,K}\cdot 586.957\;K = 53.773\,\frac{kJ}{s}$$

Energía degradada del alrededor:

$$0.0916\,\frac{kJ}{s\,K}\cdot 298.15\;K = 27.315\,\frac{kJ}{s}$$

Segundo compresor

Entrada:

De acuerdo con el problema, la entrada del segundo compresor es la salida real del primer compresor. Los datos recabados son los siguientes:

- Temperatura (T) = 313.807 °C
- Presión (P) = 1.2 MPa
- Flujo volumétrico = 0.2196 m³/s
- Volumen específico (V_{esp}) = 0.22 m³/kg
- Energía interna (U) = 2812.619 kJ/kg
- Entalpía (H) = 3076.095 kJ/kg
- Entropía (S) = 7.0833 kJ/kg K

Salida ideal:

De acuerdo con el balance de entropía, no hay entropía generada. Entropía de entrada = entropía de salida:

entropía de entrada (S) = 7.0833 kJ/kg K = entropía de salida (S)

Teniendo este valor, así como la presión, es posible determinar la fase de la corriente. Esta corriente sale en fase gaseosa y con una calidad de 1. Al observar nuevamente la tabla A-6 (Çengel y Boles, 2018), en relación con una presión de 1.8 MPa, vemos que el valor de entropía no se encuentra en ella, por lo que se debe llevar a cabo una interpolación sencilla. Los valores obtenidos son los siguientes:

- — Temperatura (T) = 371.049 °C
- — Volumen específico (V_{esp}) = 0.1604 m³/kg
- — Energía interna (U) = 2899.3 kJ/kg
- — Entalpía (H) = 3188.082 kJ/kg

Con estos datos y despejando la ecuación C-9, se calcula un flujo volumétrico de 0.1604 m³/s.

Una vez obtenidos estos valores, se calcula la potencia. De acuerdo con el balance de energía establecido anteriormente:

$$\dot{m}\left(\Delta H\right) = \dot{W}$$

$$1\,\frac{kg}{s}\left(3188.082\,\frac{kJ}{kg} - 3076.095\,\frac{kJ}{kg}\right) = \dot{W}$$

Considerando el 100% de eficiencia : $\dot{W} = 111.987\,kW$

Salida real

Debido a que ya se proporcionó un valor de energía interna y la presión, se puede determinar el estado de la corriente. La corriente de salida real también está en fase gas y tiene una calidad de 1. Al observar la tabla A-6 (Çengel y Boles, 2018), en relación con una presión de 1.8 MPa, vemos que el valor de la energía interna no viene en ella, así que se deberá lleva a cabo otra interpolación sencilla. Los valores obtenidos son los siguientes:

- — Temperatura (T) = 388.063 °C
- — Volumen específico (V_{esp}) = 0.1652 m³/kg
- — Entalpía (H) = 3225.411 kJ/kg
- — Entropía (S) = 7.1210 kJ/kg K

El flujo másico a la salida es el mismo que el de la entrada, por lo que se obtiene un flujo volumétrico de 0.1652 m³/s.

De acuerdo con el balance de energía:

$$\dot{m}\left(\Delta H\right) = \dot{W}$$

$$1\,\frac{kg}{s}\left[3225.411\,\frac{kJ}{kg} - 3188.082\,\frac{kJ}{kg}\right] = \dot{W}$$

$$\dot{W} = 149.316\ kW$$

Al dividir la potencia ideal generada entre este valor, se puede obtener una eficiencia del 75 %.

La entropía generada es:

$$S_{gen} = \dot{m}\left(S_{sal} - S_{ent}\right)$$

$$S_{gen} = 1\,\frac{\text{kg}}{\text{s}}\left(7.1410\,\frac{\text{kJ}}{\text{kg K}} - 7.0833\,\frac{\text{kJ}}{\text{kg K}}\right) = 0.0576\,\frac{\text{kJ}}{\text{kg K}}$$

Energía degradada del sistema:

$$0.0576\,\frac{\text{kJ}}{\text{s K}}\cdot 661.2132\;K = 38.1149\,\frac{\text{kJ}}{\text{s}}$$

Energía degradada del alrededor:

$$0.0576\,\frac{\text{kJ}}{\text{s K}}\cdot 298.15\;\text{K} = 17.1865\,\frac{\text{kJ}}{\text{s}}$$

Estos valores se resumen en las siguientes tablas:

	Entrada	Salida ideal	Salida real
i	H_2O	H_2O	H_2O
T (°C)	133.52	289.66370	313.80659
P (MPa)	0.3	1.2	1.2
Fase	IGL	gas	gas
x	1	1	1
$\dot{m}$ (kg/s)	1	1	1
u (m³/s)	0.60582	0.20943	0.21957
V_{esp} (m³/kg)	0.60582	0.20943	0.21957
ρ_{esp} (kg/m³)	1.65066	4.77496	4.55429
U (kJ/kg)	2543.20000	2772.12829	2812.61894
H (kJ/kg)	2724.90000	3023.41543	3076.09462
S (kJ/kg K)	6.99170	6.99170	7.08331
W (kW)		298.51543	351.19462

Tabla 1.11. Resultados del balance de energía.

	Entrada	Salida ideal	Salida real
i	H$_2$O	H$_2$O	H$_2$O
T (°C)	1.2	1.8	1.8
P (MPa)	313.8065912	371.0490499	388.0631781
Fase	Gas	Gas	Gas
x	1	1	1
$\dot{m}$ (kg/s)	1	1	1
u (m³/s)	0.219573167	0.160447426	0.165173951
V$_{esp}$ (m³/kg)	0.219573167	0.160447426	0.165173951
ρ$_{esp}$ (kg/m³)	4.554290543	6.232571158	6.054223409
U (kJ/kg)	2812.618941	2899.257091	2928.079024
H (kJ/kg)	3076.094624	3188.081616	3225.410613
S (kJ/kg K)	7.083314181	7.083314181	7.140958047
W (kW)		111.9869917	149.3159889

Tabla 1.12. Resultados del balance de energía.

Gráfico de la trayectoria en un diagrama de presión-entropía

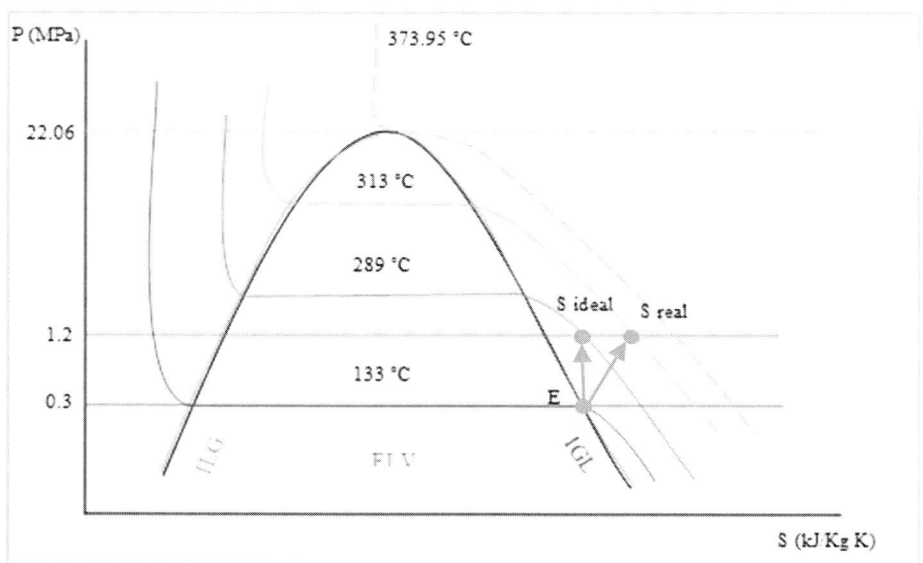

Figura 1.22. Trayectoria del compresor 1.

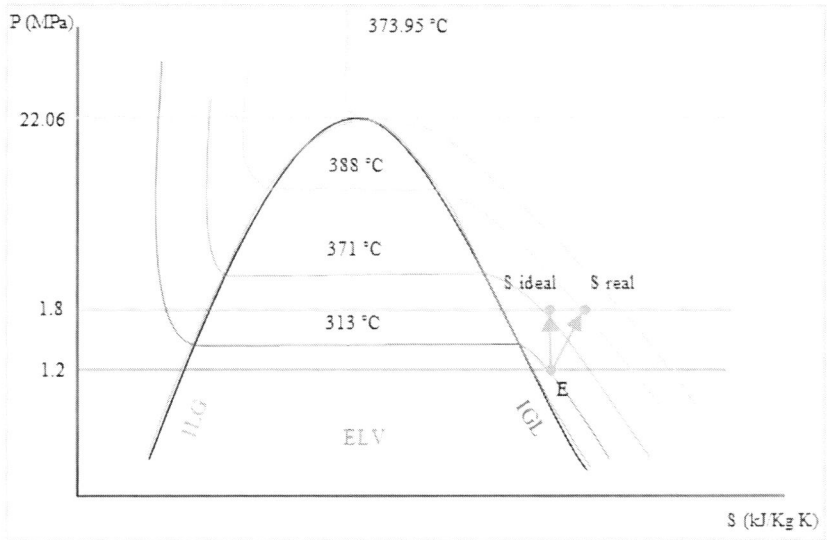

Figura 1.23. Trayectoria del compresor 2.

1.3.2. Sistema de compresión doble con reducción de diámetro en la conexión intermedia

En un compresor entra agua a 420 kPa en interfase gas-líquido con un diámetro de 0.8 metros y una velocidad de 15 m/s. A la salida del primer compresor, la presión aumenta a 1400 kPa y el diámetro de salida se reduce a la mitad; la velocidad de salida del primer compresor es de 25.4 m/s. Para el segundo compresor, tenemos un diámetro de entrada de 1.2 metros y la salida es de 0.6 metros. La velocidad de salida del segundo compresor es de 10 m/s y tenemos una presión de 1.9 MPa. Calcule las eficiencias de ambos compresores. Grafique las trayectorias en un diagrama de temperatura-entropía.

Datos del problema

Entrada:

Primer compresor

— Fase: interfase gas-líquido
— Presión: 420 kPa = 0.420 MPa
— Diámetro: 0.8 metros
— Velocidad: 15 m/s

Segundo compresor

— Salida real del primer compresor
— Diámetro: 1.2 metros

Salida:

Primer compresor

— Presión: 1400 kPa = 1.4 MPa
— Diámetro: 0.4 metros
— Velocidad: 25.4 m/s

Segundo compresor

— Presión: 1.9 MPa
— Diámetro: 0.6 metros
— Velocidad: 10 m/s

Generales:

— Compuesto: agua.
— El proceso no es reversible.

— La eficiencia del primer compresor es de 78 %.
— El sistema es adiabático y las alturas son negligibles.

Resolución del problema

Identificación del sistema, las fronteras y el alrededor

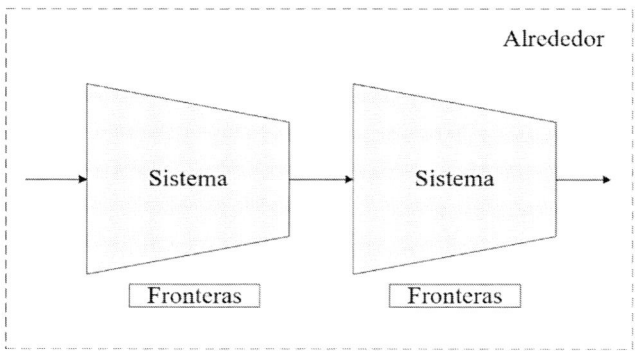

Figura 1.24. Identificación del sistema, las fronteras y el alrededor del compresor.

Planteamiento de los balances

Energía:

$$\frac{dmU_{sis}}{dt} = \sum_{sal} \dot{m}_{sal} \ (U + PV + E_k + E_p)_{sal} - \sum_{ent} \dot{m}_{ent} \ (U + PV + E_k + E_p)_{ent} \pm \dot{Q} \pm \dot{W}$$

$$\dot{m}\left[\left(H_{sal} - H_{ent}\right) + \left(Ek_{sal} - Ek_{ent}\right)\right] = \dot{W}$$

$$\dot{m}\left(\Delta H + \Delta Ek\right) = \dot{W}$$

$$\dot{H} + \dot{Ek} = \dot{W}$$

Entropía:

$$\frac{d\left(mS_{sis}\right)}{dt} = \sum_{ent} \dot{m}_{ent}\dot{S}_{ent} - \sum_{sal} \dot{m}_{sal}\dot{S}_{sal} + \sum \frac{Q}{T} + \dot{S}_{gen}$$

$$\dot{m}_{ent}S_{ent} - \dot{m}_{sal}S_{sal} + S_{gen} = 0$$

$$S_{gen} = \dot{m}\left(S_{sal} - S_{ent}\right)$$

Primer compresor

Entrada:

Se observan los datos de equilibrio de la tabla A-5 (Çengel y Boles, 2018) a una presión de 420 kPa. Dado que se indica que la corriente viene en interfase gas-líquido, se sabe que viene como gas saturado (calidad de 1). La presión no viene en la tabla, por lo que los datos se obtienen a partir de una interpolación de los datos de equilibrio entre 400 y 450 kPa. Los resultados son los siguientes:

— Temperatura (T) = 145. 326 °C
— Volumen específico (V_{esp}) = 0.4430 m³/kg
— Energía interna (U) = 2554.7 kJ/kg
— Entalpía (H) = 2740.22 kJ/kg
— Entropía (S) = 6.8797 kJ/kg K

Con el diámetro de entrada se obtiene un área de 0.5027 m². Al tener datos de velocidad, área y densidad, es posible calcular el flujo másico. Si multiplicamos estas propiedades, se obtiene un flujo másico de 17.019 kg/s. A partir de este valor, se calcula un flujo volumétrico de 7.5398 m³/s.

Usando la ecuación pertinente del apéndice C, la energía cinética de la entrada es de 0.1125 kJ/kg.

Salida ideal:

Según el balance de entropía, no hay entropía generada. Entropía entrada = entropía de salida:

entropía entrada (S) = 6.8797 kJ/kg K = entropía de salida (S)

Esta corriente sale en fase gaseosa (calidad de 1). Al observar nuevamente la tabla A-6 (Çengel y Boles, 2018), en relación con una presión de 1.4 MPa, vemos que el valor de entropía no se encuentra en ella, por lo que se debe llevar a cabo una interpolación sencilla. Los valores obtenidos son los siguientes:

— Temperatura (T) = 281.705 °C
— Volumen específico (V_{esp}) = 0.1755 m³/kg
— Energía interna (U) = 2753.939 kJ/kg
— Entalpía (H) = 2999.552 kJ/kg

Se obtiene un flujo volumétrico de 2.9862 m³/s. Como ya se cuenta con un flujo másico y con un valor reportado de diámetro, es posible obtener la velocidad a la salida ideal, lo cual da como resultado 23.764 m/s y un área de 0.1257 m². Finalmente, se calcula una energía cinética de 0.2824 kJ/kg.

De acuerdo con el balance de energía:

$$\dot{m}\left(\Delta H + \Delta Ek\right) = \dot{W}$$

$$17.019\,\frac{kg}{s}\left[\left(2999.552\,\frac{kJ}{kg} - 2740.22\,\frac{kJ}{kg}\right) + \left(0.2824\,\frac{kJ}{kg} + 0.1125\,\frac{kJ}{kg}\right)\right] = \dot{W}$$

Considerando el 100% de eficiencia : $\dot{W} = 14416.507\,kW$

Salida real

Para el caso real, la entropía generada no es igual a cero. Teniendo los valores de flujo másico, velocidad y área, es posible despejar para conseguir la densidad, lo cual da como resultado 5.3320 kg/m³. Como se sabe, la densidad es el inverso del volumen específico, por lo que podemos conocer este valor. El volumen específico obtenido es de 0.1876 m³/kg. Debido a que ya se conoce el valor del volumen específico y la presión, se puede determinar el estado de la corriente. La corriente de salida real también está en fase gas y tiene una calidad de 1. Al observar la tabla A-6 (Çengel y Boles, 2018), en relación con una presión de 1.8 MPa, vemos que el valor de la energía interna no viene en la tabla, así que se deberá llevar a cabo otra interpolación sencilla. Los valores obtenidos son los siguientes:

- Temperatura (T) = 314.519 °C
- Energía interna (U) = 2810.09 kJ/kg
- Entalpía (H) = 3072.609 kJ/kg
- Entropía (S) = 7.0833 kJ/kg K

El flujo másico a la salida es el mismo que el de la entrada, por lo que se obtiene un flujo volumétrico de 3.1919 m³/s. Finalmente, se calcula una energía cinética de 0.3226 kJ/kg.

$$\dot{m}\left(\Delta H + \Delta Ek\right) = \dot{W}$$

$$17.019\,\frac{kg}{s}\left[\left(3072.609\,\frac{kJ}{kg} - 2740.22\,\frac{kJ}{kg}\right) + \left(0.3226\,\frac{kJ}{kg} + 0.1125\,\frac{kJ}{kg}\right)\right] = \dot{W}$$

$$\dot{W} = 5660.552\,kW$$

Al dividir la potencia ideal generada entre este valor, se puede obtener una **eficiencia del 78.02 %.**

La entropía generada es:

$$S_{gen} = \dot{m}\left(S_{sal} - S_{ent}\right)$$

$$S_{gen} = 17.019\,\frac{kg}{s}\left(7.0833\,\frac{kJ}{kg\,K} - 6.8797\,\frac{kJ}{kg\,K}\right) = 2.1884\,\frac{kJ}{kg\,K}$$

Energía degradada del sistema:

$$2.1884\,\frac{kJ}{s\,K} \cdot 587.6687\,K = 1286.033\,\frac{kJ}{s}$$

Energía degradada del alrededor:

$$2.1884\,\frac{kJ}{s\,K} \cdot 298.15\,K = 652.461\,\frac{kJ}{s}$$

Segundo compresor

Entrada:

De acuerdo con el problema, la entrada del segundo compresor es la salida real del primer compresor. Los datos recabados son los siguientes:

- Temperatura (T) = 314.519 °C
- Presión (P) = 1.4 MPa
- Flujo másico: 17.019 kg/s

- Flujo volumétrico: 3.1919 m³/s
- Volumen específico (V_{esp}) = 0.19 m³/kg
- Energía interna (U) = 2810.092 kJ/kg
- Entalpía (H) = 3072.609 kJ/kg
- Entropía (S) = 7.0083 kJ/kg K
- Diámetro (d) = 1.2 metros
- Velocidad (V) = 2.822 m/s
- Energía cinética (Ek) = 0.0040 kJ/kg

Salida ideal:

De acuerdo con el balance de entropía, no hay entropía generada. Entropía de entrada = entropía de salida:

entropía de entrada (S) = 7.0083 kJ/kg K = entropía de salida (S)

Teniendo este valor, así como la presión, es posible determinar la fase de la corriente. Esta corriente sale en fase gaseosa y con una calidad de 1. Se observa que ni la presión ni la entropía se encuentran la tabla A-6 (Çengel y Boles, 2018), por lo que se debe de llevar a cabo una interpolación triple. El valor a interpolar es la entropía de 7.0083 kJ/kg K a las presiones de 1.8 y 2.0 MPa. Los resultados son los siguientes:

1.8 MPa
- Temperatura (T) = 348.915 °C
- Volumen específico (V_{esp}) = 0.1543 m³/kg
- Energía interna (U) = 2861.8 kJ/kg
- Entalpía (H) = 3139.518 kJ/kg

2.0 MPa
- Temperatura (T) = 364.635 °C
- Volumen específico (V_{esp}) = 0.1423 m³/kg
- Energía interna (U) = 2885.5 kJ/kg
- Entalpía (H) = 3170.102kJ/kg

Estos resultados son los que deben ser interpolados para una presión de 1.9 MPa. Los resultados finales para la corriente son los siguientes:

- Temperatura (T) = 356.775 °C
- Volumen específico (V_{esp}) = 0.1483 m³/kg
- Energía interna (U) = 2873.6 kJ/kg
- Entalpía (H) = 3154.81 kJ/kg

El flujo másico a la salida es el mismo que el de la entrada, por lo que se obtiene un flujo volumétrico de 2.5239 m³/s. Como ya se cuenta con un flujo másico y con un valor reportado de diámetro de salida, es posible obtener la velocidad a la salida ideal, lo cual da como resultado 8.926 m/s y un área de 0.2827 m². Finalmente, se calcula una energía cinética de 0.0398 kJ/kg.

De acuerdo con el balance de energía:

$$\dot{m}\left(\Delta H + \Delta Ek\right) = \dot{W}$$

$$17.019\,\frac{kg}{s}\left[\left(315.810\,\frac{kJ}{kg} - 3072.609\,\frac{kJ}{kg}\right) + \left(0.0398\,\frac{kJ}{kg} + 0.0040\,\frac{kJ}{kg}\right)\right] = \dot{W}$$

Considerando el 100 % de eficiencia: $\dot{W} = 1399.606\,kW$

Salida real:

Para el caso real, la entropía generada no es igual a cero. Teniendo los valores de flujo másico, velocidad y área, es posible despejar para conseguir la densidad, lo cual da como resultado 6.0193 kg/m³. Como se sabe, la densidad es el inverso del volumen específico, por lo que podemos conocer este valor. El volumen específico obtenido es de 0.1661 m³/kg. Debido a que ya se conoce este valor y la presión, se puede determinar el estado de la corriente. La corriente de salida real está en fase gas y tiene calidad de 1. Se observa que ni la presión ni el volumen se encuentran en la tabla A-6 (Çengel y Boles, 2018), por lo que se debe hacer una interpolación triple. El valor a interpolar es el volumen de 0.1661 m³/kg a las presiones de 1.8 y 2.0 MPa. Los resultados son los siguientes:

1.8 MPa

— Temperatura (T) = 391.514 °C
— Energía interna (U) = 2933.924 kJ/kg
— Entalpía (H) = 3232.98 kJ/kg
— Entropía (S) = 7.1526 kJ/kg K

2.0 MPa

— Temperatura (T) = 460.967 °C
— Energía interna (U) = 3050.153 kJ/kg
— Entalpía (H) = 3382.47 kJ/kg
— Entropía (S) = 7.3148 kJ/kg K

Estos resultados son los que deben ser interpolados para una presión de 1.9 MPa. Los resultados finales para la corriente son los siguientes:

— Temperatura (T) = 426.240 °C
— Energía interna (U) = 2992.039 kJ/kg
— Entalpía (H) = 3307.7 kJ/kg
— Entropía (S) = 7.2338 kJ/kg K

Se obtiene un flujo volumétrico de 2.8274 m³/s y se calcula una energía cinética de 0.05 kJ/kg.

De acuerdo con el balance de energía:

$$\dot{m}\left(\Delta H + \Delta Ek\right) = \dot{W}$$

$$17.019\,\frac{kg}{s}\left[\left(3307.724\,\frac{kJ}{kg} - 3072.609\,\frac{kJ}{kg}\right) + \left(0.05\,\frac{kJ}{kg} + 0.0040\,\frac{kJ}{kg}\right)\right] = \dot{W}$$

$$\dot{W} = 4002.2340\,kW$$

Al dividir la potencia ideal generada entre este valor, se puede obtener una **eficiencia del 34.97 %.**

La entropía generada es:

$$S_{gen} = \dot{m}\left(S_{sal} - S_{ent}\right)$$

$$S_{gen} = 17.019\,\frac{kg}{s}\left(7.2338\,\frac{kJ}{kg\,K} - 7.0083\,\frac{kJ}{kg\,K}\right) = 3.8365\,\frac{kJ}{kg\,K}$$

Energía degradada del sistema:

$$3.8365\,\frac{kJ}{s\,K} \cdot 699.390\ K = 2683.225\,\frac{kJ}{s}$$

Energía degradada del alrededor:

$$3.8365\,\frac{kJ}{s\,K} \cdot 298.15\ K = 1143.859\,\frac{kJ}{s}$$

Estos valores se resumen en las siguientes tablas:

	Entrada	Salida ideal	Salida real
i	H_2O	H_2O	H_2O
T (°C)	145.32600	281.70460	314.51875
P (MPa)	0.42	1.4	1.4
Fase	IGL	gas	gas
x	1	1	1
$\dot{m}$ (kg/s)	17.01915	17.01915	17.01915
u (m³/s)	7.53982	2.98621	3.19186
d (m)	0.8	0.4	0.4
Área (m²)	0.50265	0.12566	0.12566
V (m/s)	15	23.76352	25.4
V_{esp} (m³/kg)	0.44302	0.17546	0.18755
ρ_{esp} (kg/m³)	2.25723	5.69924	5.33205
U (kJ/kg)	2554.70000	2753.93919	2810.09149
H (kJ/kg)	2740.22000	2999.55240	3072.60894
S (kJ/kg K)	6.87974	6.87974	7.00832
E_k (kW)	0.11250	0.28235	0.32258
$\dot{Ek}$ (kW)		2.89074	3.57538
$\dot{H}$ (kW)		4413.61611	5656.97613
W (kW)		4416.50685	5660.55151

Tabla 1.13. Resultados del balance de energía.

	Entrada	Salida ideal	Salida real
i	H_2O	H_2O	H_2O
T (°C)	314.51875	356.77477	426.24028
P (MPa)	1.4	1.9	1.9
Fase	gas	gas	gas
x	1	1	1
$\dot{m}$ (kg/s)	17.01915	17.01915	17.01915
u (m³/s)	3.19186	2.52387	2.82743
d (m)	1.2	0.6	0.6
Área (m²)	1.13097	0.28274	0.28274
V (m/s)	2.82222	8.92638	10
V_{esp} (m³/kg)	0.18755	0.14830	0.16613
ρ_{esp} (kg/m³)	5.33205	6.74326	6.01929
U (kJ/kg)	2810.09149	2873.62891	2992.03877
H (kJ/kg)	3072.60894	3154.81020	3307.72360
S (kJ/kg K)	7.00832	7.00832	7.23375
E_k (kW)	0.00398	0.03984	0.05
$\dot{Ek}$ (kW)		0.61027	0.78318
$\dot{H}$ (kW)		1398.99536	4001.45081
W (kW)		1399.60563	4002.23399

Tabla 1.14. Resultados del balance de energía.

Gráfico de la trayectoria en un diagrama de temperatura-entropía

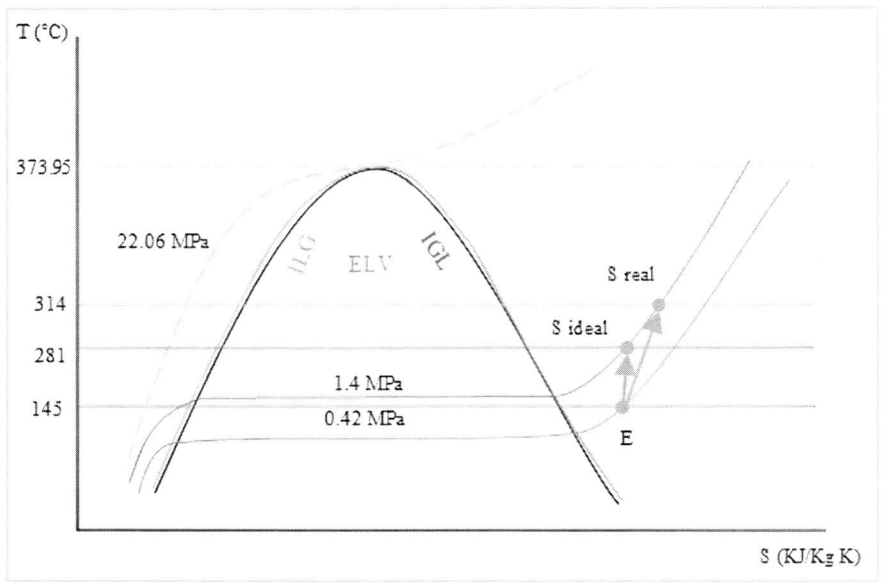

Figura 1.25. Trayectoria del compresor 1.

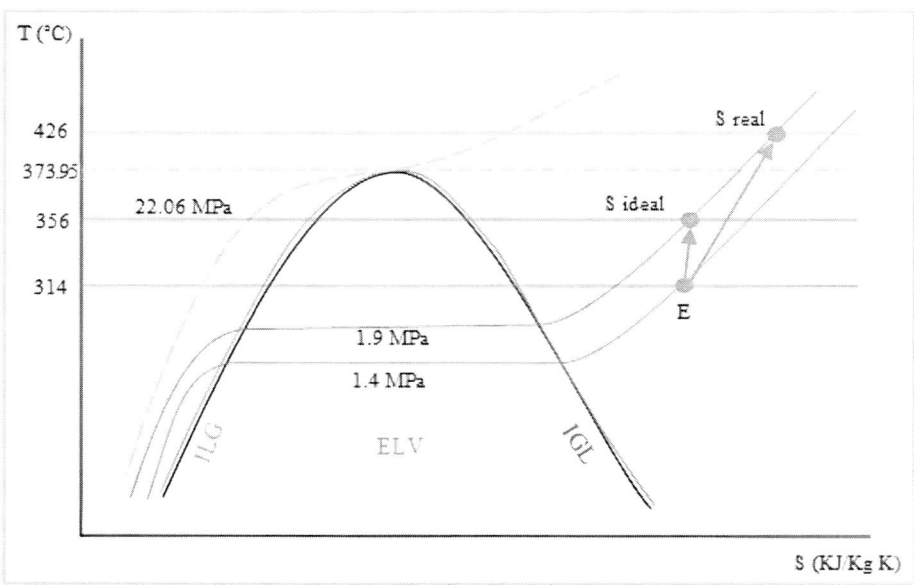

Figura 1.26. Trayectoria del compresor 2.

2

Turbinas

En cada ejercicio, se debe identificar el sistema, las fronteras y el alrededor de cada equipo, plantear los balances general y particular de energía y/o entropía para cada equipo según lo requiera, y elaborar una tabla con los datos y las propiedades termodinámicas de cada corriente. De igual manera, se debe indicar la entropía generada y la energía degradada en los casos aplicables. Para los ejercicios con energía cinética, los datos de velocidad le competen tanto a la salida ideal como a la real. Los valores cambiantes son los diámetros de la tubería.

2.1. Turbinas ideales

2.1.1. Turbina ideal de vapor de agua

En una turbina entra vapor de agua a unas condiciones de 1.2 MPa y 500 °C. Considerando que la turbina es adiabática, que es un proceso reversible, que el flujo másico es de 32 kg/s y que el vapor de agua sale a 0.05 MPa y 150 °C, calcule la potencia de salida. Considere velocidades y alturas negligibles. Posteriormente, grafique la trayectoria en un diagrama de presión-entalpía.

Datos del problema

Entrada:
- — Temperatura: 500 °C
- — Presión: 1.2 MPa
- — Flujo másico: 32 kg/s

Salida:
- — Temperatura:150 °C
- — Presión: 0.05 MPa

Generales:
— Compuesto: agua.
— El proceso es reversible.
— El sistema es adiabático, y las alturas y velocidades son negligibles.

Resolución del problema

Identificación del sistema, las fronteras y el alrededor

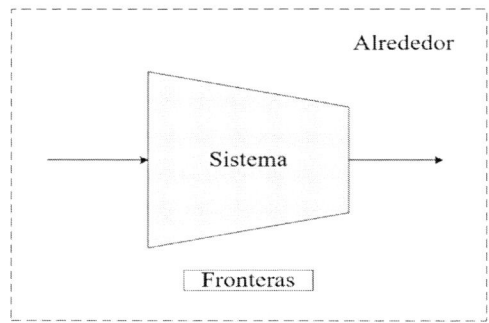

Figura 2.1. Identificación del sistema, las fronteras y el alrededor de la turbina (ejercicio 2.1.1).

Planteamiento de los balances

$$\frac{dmU_{sis}}{dt} = \sum_{sal} \dot{m}_{sal} \ (U + PV + E_k + E_p)_{sal} - \sum_{ent} \dot{m}_{ent} \ (U + PV + E_k + E_p)_{ent} \pm \dot{Q} \pm \dot{W}$$

$$\dot{m}\left(H_{sal} - H_{ent} \right) = -\dot{W}$$

$$\dot{m}\left(\Delta\mathrm{H} \right) = -\dot{W}$$

$$\dot{H} = -\dot{W}$$

Entrada

Al observar la temperatura de la entrada, se constata que sobrepasa la temperatura crítica del agua, por lo que la corriente viene en estado gaseoso y con una calidad de 1. Para obtener las propiedades termodinámicas, se consulta la tabla A-6, de vapor de agua sobrecalentado (Çengel y Boles, 2018). Como se puede observar, los datos vienen en la tabla, por lo que no se requiere obtenerlos por medio de cálculos. Son los siguientes:

- Volumen específico (V_{esp}) = 0.29464 m³/kg
- Energía interna (U) = 3123.4 kJ/kg
- Entalpía (H) = 3477 kJ/kg

Con estos datos y despejando la ecuación C-9 del apéndice C, se obtiene un flujo volumétrico de 9.429 m³/s.

Salida

Para la salida se observan los datos de equilibrio de la tabla A-4 (Çengel y Boles, 2018) en relación con una temperatura de 150 °C. La presión del sistema es menor que la presión de saturación, por lo que la corriente sale en estado gaseoso y con una calidad de 1. En la tabla A-6 se encuentra la temperatura en relación con la presión de 0.05 MPa, por lo que los datos se obtienen directamente de la tabla. Son los siguientes:

- Volumen específico (V_{esp}) = 3.8897 m³/kg
- Energía interna (U) = 2585.7 kJ/kg
- Entalpía (H) = 2780.2 kJ/kg

Con estos datos y despejando la ecuación C-9 del apéndice C, se obtiene un flujo volumétrico de 124.4704 m³/s.

Una vez conseguidos estos valores, se calcula la potencia. De acuerdo con el balance de energía establecido anteriormente:

$$\dot{m}\left(H_{sal} - H_{ent} \right) = -\dot{W}$$

$$32\frac{kg}{s}\left[2780.2\frac{kJ}{kg} - 3477\frac{kJ}{kg} \right] = -\dot{W}$$

$$\dot{W} = 22,297.6\, kW$$

Estos valores se resumen en la siguiente tabla:

	Entrada	**Salida**
i	H_2O	H_2O
T (°C)	500	150
P (MPa)	1.2	0.05
Fase	gas	gas
X	1	1
$\dot{m}$ (kg/s)	32	32

	Entrada	Salida
u (m³/s)	9.42848	124.4704
V$_{esp}$ (m³/kg)	0.29464	3.8897
ρ$_{esp}$ (kg/m³)	3.3939723	0.2570892
U (kJ/kg)	3123.4	2585.7
H (kJ/kg)	3477	2780.2
ΔH (kJ/kg)	−696.8	
$\dot{H}$ (kW)	−22297.6	
W (kW)	22297.6	

Tabla 2.1. Resultados del balance de energía.

Gráfico de la trayectoria en un diagrama de presión-entalpía

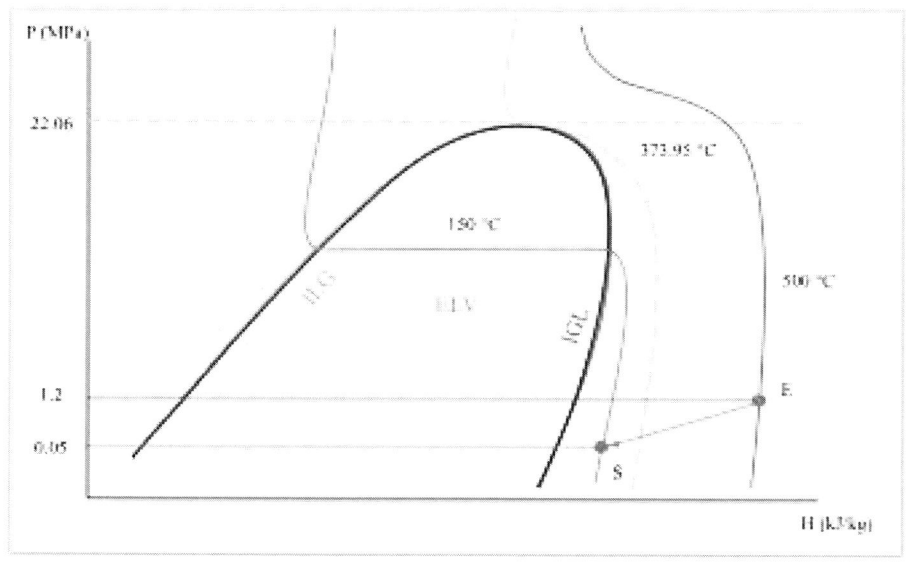

Figura 2.2. Trayectoria de la turbina (ejercicio 2.1.1).

2.1.2. Turbina ideal de refrigerante

En una turbina entra vapor de refrigerante R-134a a velocidades y alturas negligibles, a una razón de 99.076 ft³/s. Este se expande de 80 °F y 50 psia a 0 °F y 10 psia. El proceso es reversible y adiabático. Calcule la potencia de salida. Posteriormente, grafique la trayectoria en un diagrama de presión-volumen específico.

Datos del problema

Entrada:
- — Temperatura: 80 °F
- — Presión: 50 psia
- — Flujo volumétrico: 99.076 ft³/s

Salida:
- — Temperatura: 0 °F
- — Presión: 10 psia

Generales:
- — Compuesto: R-134a.
- — El proceso es reversible.
- — El sistema es adiabático.
- — Las alturas y las velocidades son negligibles.

Resolución del problema

Identificación del sistema, las fronteras y el alrededor

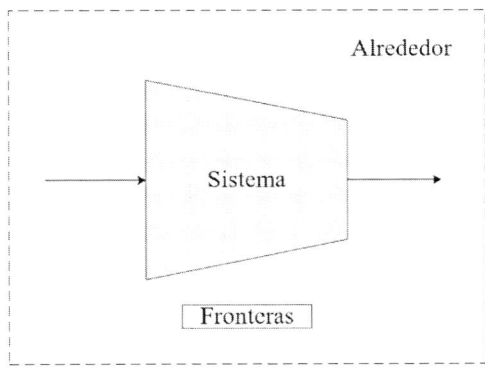

Figura 2.3. Identificación del sistema, las fronteras y el alrededor de la turbina (ejercicio 2.1.2).

Planteamiento de los balances

$$\frac{dmU_{sis}}{dt} = \sum_{sal} \dot{m}_{sal} \ (U + PV + E_k + E_p)_{sal} - \sum_{ent} \dot{m}_{ent} \ (U + PV + E_k + E_p)_{ent} \pm \dot{Q} \pm \dot{W}$$

$$\dot{m}\left(H_{sal} - H_{ent}\right) = -\dot{W}$$

$$\dot{m}\left(\Delta H\right) = -\dot{W}$$

$$\dot{H} = -\dot{W}$$

Entrada

Al observar los datos de equilibrio de la tabla A-11E (Çengel y Boles, 2018) en relación con una temperatura de 80 °F, se constata que la presión del sistema es menor que la presión de saturación, por lo que la corriente viene en estado gaseoso y con una calidad de 1. Para obtener las propiedades termodinámicas se consulta la tabla A-13E, de refrigerante R-134a sobrecalentado (Çengel y Boles, 2018). Como se puede observar, los datos vienen en la tabla, por lo que no se requiere obtenerlos por medio de cálculos. Son los siguientes:

— Volumen específico (V_{esp}) = 1.054 ft³/lbm
— Energía interna (U) = 107.68 BTU/lbm
— Entalpía (H) = 117.43 BTU/lbm

Con estos datos y despejando la ecuación C-9 del apéndice C, se obtiene un flujo volumétrico de 94 ft³/s.

Salida

Para la salida se observan los datos de equilibrio de la tabla A-11E (Çengel y Boles, 2018) en relación con una temperatura de 0 °F. La presión del sistema es menor que la presión de saturación, por lo que la corriente sale en estado gaseoso y con una calidad de 1. Se constata que la temperatura se encuentra en la tabla A-13E (Çengel y Boles, 2018) en relación con la presión de 10 psia, por lo que los datos se obtienen directamente de ella. Son los siguientes:

— Volumen específico (V_{esp}) = 4.7135 ft³/lbm
— Energía interna (U) = 95.41 BTU/lbm
— Entalpía (H) = 104.14 BTU/lbm

Con estos datos y despejando la ecuación C-9 del apéndice C, se obtiene un flujo volumétrico de 443.069 ft³/s.

Una vez conseguidos estos valores, se calcula la potencia. De acuerdo con el balance de energía establecido anteriormente, para este caso el trabajo solo depende del flujo entálpico, por lo que se debe obtener la diferencia de entalpías restando la entalpía de salida de la entalpía de entrada. Después se multiplica el resultado por el flujo másico para obtener el flujo entálpico. Finalmente, de acuerdo con el balance, este valor debe ser multiplicado por menos uno para calcular la potencia.

$$\dot{m}\left(H_{sal} - H_{ent}\right) = -\dot{W}$$

$$94\,\frac{\text{lbm}}{\text{s}}\left[104.14\,\frac{\text{kJ}}{\text{kg}} - 117.43\,\frac{\text{kJ}}{\text{kg}}\right] = -\,\dot{W}$$

$$\dot{W} = 1,249.26\,\text{BTU/s}$$

Estos valores se resumen en la siguiente tabla:

	Entrada	**Salida**
i	R-134a	R-134a
T (°F)	80	0
P (psia)	50	10
Fase	gas	gas
X	1	1
$\dot{m}$ (kg/s)	94	94
u (ft³/s)	99.076	443.069
V_{esp} (ft³/lbm)	1.054	4.7135
ρ_{esp} (lbm/ft³)	0.948766603	0.212156572
U (BTU/lbm)	107.68	95.41
H (BTU/lbm)	117.43	104.14
ΔH (BTU/lbm)	−13.29	
$\dot{H}$ (BTU/s)	−1249.26	
W (BTU/s)	1249.26	

Tabla 2.2. Resultados del balance de energía.

Gráfico de la trayectoria en un diagrama de presión-volumen

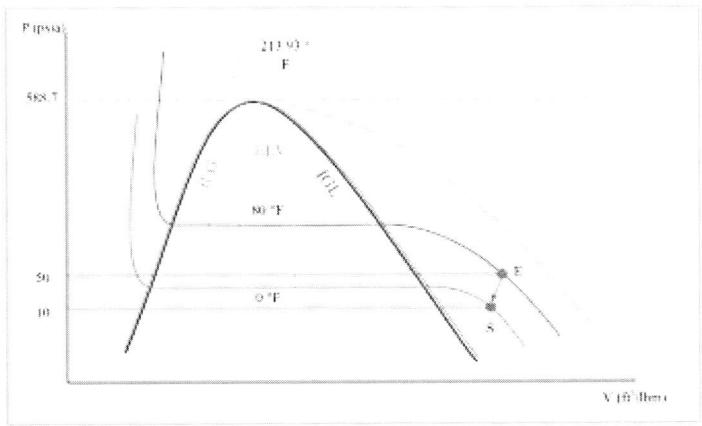

Figura 2.4. Trayectoria de la turbina (ejercicio 2.1.2).

2.1.3. Turbina adiabática

En una turbina adiabática entra vapor de refrigerante R-134a con un flujo másico de 22 kg/s a 353.15 K y 1.2 MPa. El vapor se expande hasta una temperatura de 34 °C y 200 kPa. Las alturas y velocidades son negligibles y el proceso es reversible. Calcule la potencia generada. Posteriormente, grafique la trayectoria en un diagrama de temperatura-entalpía.

Datos del problema

Entrada:
  — Temperatura: 353.15 K = 80 °C
  — Presión: 1.2 MPa
  — Flujo másico: 22 kg/s

Salida:
  — Temperatura: 34 °C
  — Presión: 200 kPa = 0.2 MPa

Generales:
  — Compuesto: R-134a.
  — El proceso es reversible.
  — El sistema es adiabático, y las alturas y las velocidades son negligibles.

Resolución del problema

Identificación del sistema, las fronteras y el alrededor

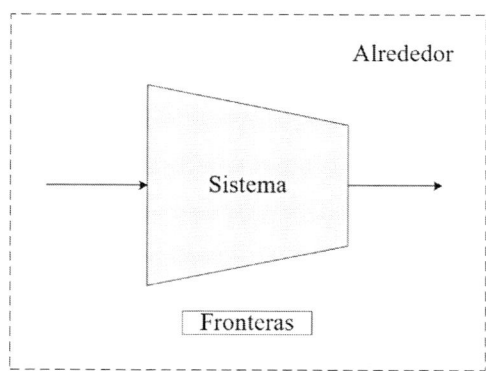

Figura 2.5. Identificación del sistema, las fronteras y el alrededor de la turbina (ejercicio 2.1.3).

Planteamiento de los balances

$$\frac{dmU_{sis}}{dt} = \sum_{sal} \dot{m}_{sal} \ (U + PV + E_k + E_p)_{sal} - \sum_{ent} \dot{m}_{ent} \ (U + PV + E_k + E_p)_{ent} \pm \dot{Q} \pm \dot{W}$$

$$\dot{m}\left(H_{sal} - H_{ent}\right) = -\dot{W}$$

$$\dot{m}\left(\Delta H\right) = -\dot{W}$$

$$\dot{H} = -\dot{W}$$

Entrada

Al observar los datos de equilibrio de la tabla A-11 (Çengel y Boles, 2018) en relación con una temperatura de 80 °C, se constata que la presión del sistema es menor que la de saturación, por lo que la corriente viene en estado gaseoso y con una calidad de 1. Para obtener las propiedades termodinámicas se consulta la tabla A-13, de refrigerante R-134a sobrecalentado (Çengel y Boles, 2018). Como se puede observar, los datos vienen en la tabla, por lo que no se requiere obtenerlos por medio de cálculos. Son los siguientes:

— Volumen específico (V_{esp}) = 0.020529 m³/kg
— Energía interna (U) = 286.75 kJ/kg
— Entalpía (H) = 311.38 kJ/kg

Con estos datos y despejando la ecuación C-9 del apéndice C, se obtiene un flujo volumétrico de 0.451638 m³/s.

Salida

Nuevamente, se observan los datos de equilibrio de la tabla A-11 (Çengel y Boles, 2018) en relación con una temperatura de 34 °C. La presión del sistema es menor que la de saturación, por lo que la corriente sale en estado gaseoso y con una calidad de 1 La temperatura para una presión de 0.2 MPa no se encuentra en la tabla A.-13, por lo que se debe llevar a cabo una interpolación sencilla. El valor a interpolar es la temperatura de 34 °C, por lo que los valores de la tabla utilizados son todas las propiedades termodinámicas correspondientes a las temperaturas de 30 y 40 °C. Los resultados son los siguientes:

— Volumen específico (V_{esp}) = 0.120532 m³/kg
— Energía interna (U) = 258.316 kJ/kg
— Entalpía (H) = 282.422 kJ/kg

Con estos datos y despejando la ecuación C-9 del apéndice C, se obtiene un flujo volumétrico de 2.651704 m³/s.

Una vez conseguidos estos valores, se calcula la potencia. De acuerdo con el balance de energía establecido anteriormente:

$$\dot{m}\left(H_{sal} - H_{ent}\right) = -\dot{W}$$

$$22\frac{\text{kg}}{\text{s}}\left[282.422\frac{\text{kJ}}{\text{kg}} - 311.39\frac{\text{kJ}}{\text{kg}}\right] = -\dot{W}$$

$$\dot{W} = 637.296 \text{ kW}$$

Estos valores se resumen en la siguiente tabla:

	Entrada	Salida
i	R-134a	R-134a
T (°C)	80	34
T (K)	353.15	307.15
P (MPa)	1.2	0.2
Fase	gas	gas
X	1	1
$\dot{m}$ (kg/s)	22	22
u (m³/s)	0.451638	2.651704
V_{esp} (m³/kg)	0.020529	0.120532
ρ_{esp} (kg/m³)	48.711579	8.296552
U (kJ/kg)	286.75	258.316
H (kJ/kg)	311.39	282.422
ΔH (kJ/kg)	−28.968	
$\dot{H}$ (kW)	−637.296	
W (kW)	637.296	

Tabla 2.3. Resultados del balance de energía.

Gráfico de la trayectoria en un diagrama de temperatura-entalpía

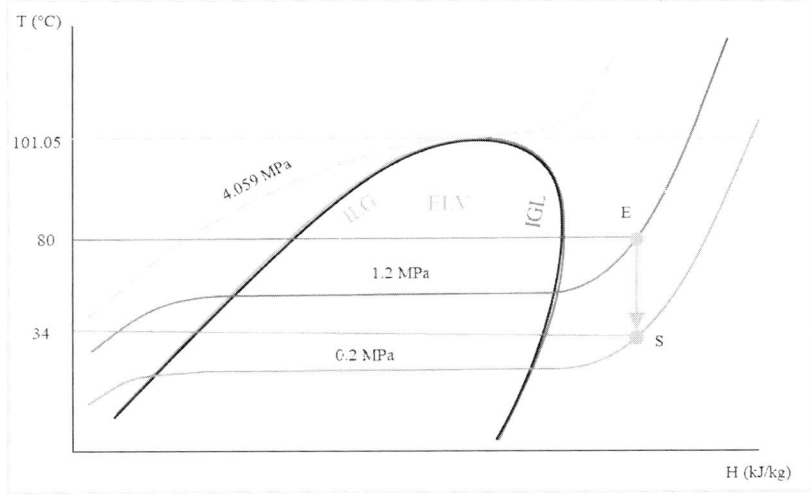

Figura 2.6. Trayectoria de la turbina (ejercicio 2.1.3).

2.1.4. Turbina con vapor de agua crítico

En una turbina adiabática entra vapor de agua. El flujo másico es de 55 kg/s y entra a 1642 °C y 10000 kPa. El vapor se expande hasta una temperatura 0.966 veces la de la entrada y 6 MPa. Las velocidades y las alturas son negligibles y el proceso es reversible. Calcule la potencia generada. Posteriormente, grafique la trayectoria en un diagrama de presión-entalpía.

Datos del problema

Entrada:
— Temperatura: 1642 °C
— Presión: 10000 kPa = 10 MPa
— Flujo másico: 55 kg/s

Salida:
— Temperatura: 1586 °C
— Presión: 6 MPa

Generales:
— Compuesto: agua.
— El proceso es reversible.
— El sistema es adiabático, y las alturas y las velocidades son negligibles.

Resolución del problema

Identificación del sistema, las fronteras y el alrededor

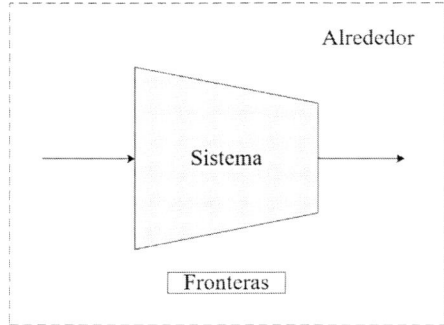

Figura 2.7. Identificación del sistema, las fronteras y el alrededor de la turbina (ejercicio 2.1.4).

Planteamiento de los balances

$$\frac{dmU_{sis}}{dt} = \sum_{sal} \dot{m}_{sal} \ (U + PV + E_k + E_p)_{sal} - \sum_{ent} \dot{m}_{ent} \ (U + PV + E_k + E_p)_{ent} \pm \dot{Q} \pm \dot{W}$$

$$\dot{m}\left(H_{sal} - H_{ent}\right) = -\dot{W}$$

$$\dot{m}\left(\Delta H\right) = -\dot{W}$$

$$\dot{H} = -\dot{W}$$

Entrada

Al observar la temperatura de la entrada se constata que sobrepasa la temperatura crítica del agua, por lo que la corriente viene en estado gaseoso y con una calidad de 1. Para obtener las propiedades termodinámicas, se consulta la tabla A-6, de vapor de agua sobrecalentado (Çengel y Boles, 2018). El último valor reportado en la tabla para 10 MPa es de 1300 °C, por lo que se requiere extrapolar las propiedades termodinámicas. Al hacer una correlación lineal de cada propiedad con la temperatura, y usando la temperatura de 1642 °C, los datos calculados son los siguientes:

— Volumen específico (V_{esp}) = 0.0927 m³/kg
— Energía interna (U) = 5373.47 kJ/kg
— Entalpía (H) = 6300.45 kJ/kg

Con estos datos y despejando la ecuación C-9 del apéndice C, se obtiene un flujo volumétrico de 5.0986 m³/s.

Salida

Nuevamente la temperatura se encuentra muy por encima del punto crítico del agua, por lo que la corriente sale en estado gaseoso y con una calidad de 1. Se observa que la última temperatura reportada para 6 MPa en la tabla A-6 es también 1300 °C, por lo que se requiere extrapolar las propiedades termodinámicas. Al hacer una correlación lineal de cada propiedad con la temperatura, y usando la temperatura de 1586 °C, los datos calculados son los siguientes:

  — Volumen específico (V_{esp}) = 0.14691 m³/kg
  — Energía interna (U) = 5216.131 kJ/kg
  — Entalpía (H) = 6097.577 kJ/kg

Con estos datos y despejando la ecuación C-9 del apéndice C, se obtiene un flujo volumétrico de 8.0802 m³/s.

Una vez conseguidos estos valores, se puede calcular la potencia. De acuerdo con el balance de energía establecido anteriormente, para este caso el trabajo solo depende del flujo entálpico, por lo que se debe obtener la diferencia de entalpías restando la entalpía de salida de la de entrada. Después se multiplica el resultado por el flujo másico para obtener el flujo entálpico. Finalmente, de acuerdo con el balance, este valor debe ser multiplicado por menos uno:

$$\dot{m}\left(H_{sal} - H_{ent} \right) = -\dot{W}$$

$$55\frac{\text{kg}}{\text{s}} \left[6097.577\frac{\text{kJ}}{\text{kg}} - 6300.454\frac{\text{kJ}}{\text{kg}} \right] = -\dot{W}$$

$$\dot{W} = 11{,}158.204\,\text{kW}$$

Estos valores se resumen en la siguiente tabla:

	Entrada	Salida
i	H_2O	H_2O
T (°C)	1642	1586
P (MPa)	10	6
Fase	gas	gas
X	1	1
$\dot{m}$ (kg/s)	55	55

	Entrada	Salida
u (m³/s)	5.0985852	8.0801445
V_{esp} (m³/kg)	0.0927015	0.1469117
ρ_{esp} (kg/m³)	10.787306	6.806809
U (kJ/kg)	5373.4648	5216.1313
H (kJ/kg)	6300.4535	6097.5771
ΔH (kJ/kg)	−202.8764412	
$\dot{H}$ (kW)	−11158.20427	
W (kW)	11158.20427	

Tabla 2.4. Resultados del balance de energía.

Gráfico de la trayectoria en un diagrama de presión-entalpía

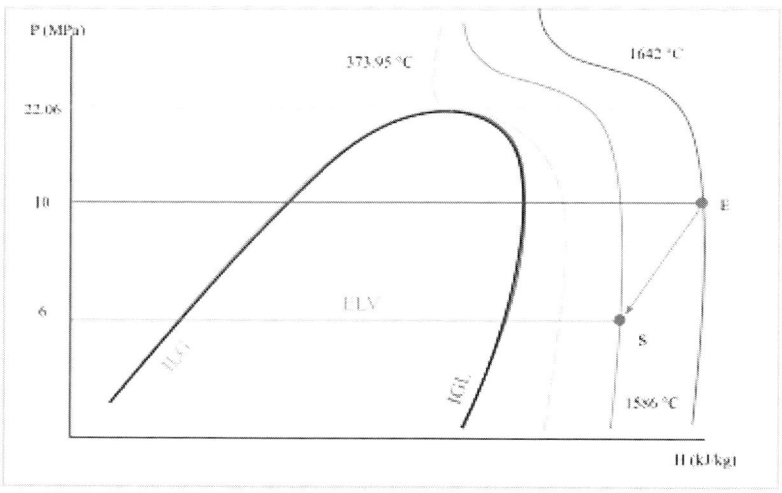

Figura 2.8. Trayectoria de la turbina (ejercicio 2.1.4).

2.1.5. Turbina con extrapolación

En una turbina adiabática entra vapor de agua. El flujo másico es de 16.3293 kg/s y entra a 1485.372 K y 13392.15 lbf/ft². El vapor se expande hasta una temperatura de 1856 °F y 36.6411 inHg. Las velocidades y las alturas son negligibles y el proceso es reversible. Calcule la potencia generada. Posteriormente, grafique la trayectoria en un diagrama de temperatura-entalpía.

Datos del problema

Entrada:
- — Temperatura: 1485.372 K = 2214 °F
- — Presión: 13392.15 lbf/ft² = 93 psia
- — Flujo másico: 16.3293 kg/s = 35.99 lbm/s

Salida:
- — Temperatura: 1856 °F
- — Presión: 36.6411 inHg = 18 psia

Generales:
- — Compuesto: agua.
- — El proceso es reversible.
- — El sistema es adiabático, y las alturas y las velocidades son negligibles.

Resolución del problema

Identificación del sistema, las fronteras y el alrededor

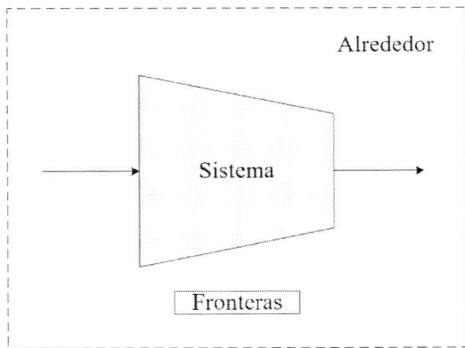

Figura 2.9. Identificación del sistema, las fronteras y el alrededor de la turbina (ejercicio 2.1.5).

Planteamiento de los balances

$$\frac{dmU_{sis}}{dt} = \sum_{sal} \dot{m}_{sal} \ (U + PV + E_k + E_p)_{sal} - \sum_{ent} \dot{m}_{ent} \ (U + PV + E_k + E_p)_{ent} \pm \dot{Q} \pm \dot{W}$$

$$\dot{m}\left(H_{sal} - H_{ent}\right) = -\dot{W}$$

$$\dot{m}\left(\Delta H\right) = -\dot{W}$$

$$\dot{H} = -\dot{W}$$

Entrada

Al observar la temperatura de la entrada se constata que sobrepasa la temperatura crítica del agua, por lo que la corriente viene en estado gaseoso y con una calidad de 1. Para obtener las propiedades termodinámicas se consulta la tabla A-6E, de vapor de agua sobrecalentado (Çengel y Boles, 2018). Como se puede observar, no se encuentran datos para la presión de 93 psia, solo para 80 o 100 psia, por lo que se sabe que se deberá hacer una interpolación.

Sin embargo, los últimos datos para las presiones de 80 y 100 psia están reportados a 2000 °F, así que se deberá realizar primero una extrapolación para cada presión. Al hacer una correlación lineal de cada propiedad con la temperatura, y usando la temperatura de 2214 °F, se obtienen las siguientes propiedades:

80 psia
— Volumen específico (V_{esp}) = 19.992 ft³/lbm
— Energía interna (U) = 1895.287 BTU/lbm
— Entalpía (H) = 2191.234 BTU/lbm

100 psia
— Volumen específico (V_{esp}) = 16 ft³/lbm
— Energía interna (U) = 1896.936 BTU/lbm
— Entalpía (H) = 2193.002 BTU/lbm

Estos resultados son los que deben ser interpolados para una presión de 93 psia. Los resultados finales para la corriente de entrada son los siguientes:

— Volumen específico (V_{esp}) = 17.397 ft³/lbm
— Energía interna (U) = 1896.359 BTU/lbm
— Entalpía (H) = 2192.383 BTU/lbm

Con estos datos y despejando la ecuación C-9 del apéndice C, se obtiene un flujo volumétrico de 626.297 ft³/s.

Salida

Nuevamente la temperatura se encuentra muy por encima del punto crítico del agua, por lo que la corriente sale en estado gaseoso y con una calidad de 1. La salida presenta el mismo caso que la entrada: en la tabla A-6E (Çengel y Boles, 2018) no se encuentran datos para la presión de 18 psia, solo para 15 o 20 psia, por lo que se sabe que se deberá hacer una interpolación.

Sin embargo, los últimos datos para las presiones de 15 y 20 psia están reportados a 1600 °F, así que se deberá llevar a cabo primero una extrapolación para cada presión.

Al hacer una correlación lineal de cada propiedad con la temperatura, y usando la temperatura de 1856 °F, se obtienen las siguientes propiedades:

15 psia

- Volumen específico (V_{esp}) = 92.095 ft³/lbm
- Energía interna (U) = 1721.348 BTU/lbm
- Entalpía (H) = 1976.962 BTU/lbm

20 psia

- Volumen específico (V_{esp}) = 69.080 ft³/lbm
- Energía interna (U) = 1711.444 BTU/lbm
- Entalpía (H) = 1967.403 BTU/lbm

Estos resultados son los que deben ser interpolados para una presión de 18 psia. Los resultados finales para la corriente de salida son los siguientes:

- Volumen específico (V_{esp}) = 78.286 ft³/lbm
- Energía interna (U) = 1715.406 BTU/lbm
- Entalpía (H) = 1971.227 BTU/lbm

Con estos datos y despejando la ecuación C-9 del apéndice C, se obtiene un flujo volumétrico de 2818.297 ft³/s.

Una vez conseguidos estos valores, se puede calcular la potencia. De acuerdo con el balance de energía establecido anteriormente:

$$\dot{m}\left(H_{sal} - H_{ent}\right) = -\dot{W}$$

$$36\frac{lbm}{s}\left[1971.227\frac{kJ}{kg} - 2192.383\frac{kJ}{kg}\right] = -\dot{W}$$

$$\dot{W} = 7961.640 \text{ BTU/s}$$

Estos valores se resumen en la siguiente tabla:

	Entrada	**Salida**
i	H_2O	H_2O
T (°F)	2214	1856
P (psia)	93	18
Fase	gas	gas
X	1	1
$\dot{m}$ (lbm/s)	36	36
u (ft³/s)	626.2968	2818.2972
V_{esp} (ft³/lbm)	17.397133	78.286032
ρ_{esp} (lbm/ft³)	0.0574807	0.0127737
U (BTU/lbm)	1896.3587	1715.4056
H (BTU/lbm)	2192.3833	1971.2267
ΔH (BTU/lbm)	−221.1566522	
$\dot{H}$ (BTU/s)	−7961.63948	
W (BTU/s)	7961.63948	

Tabla 2.5. Resultados del balance de energía.

Gráfico de la trayectoria en un diagrama de temperatura-entalpía

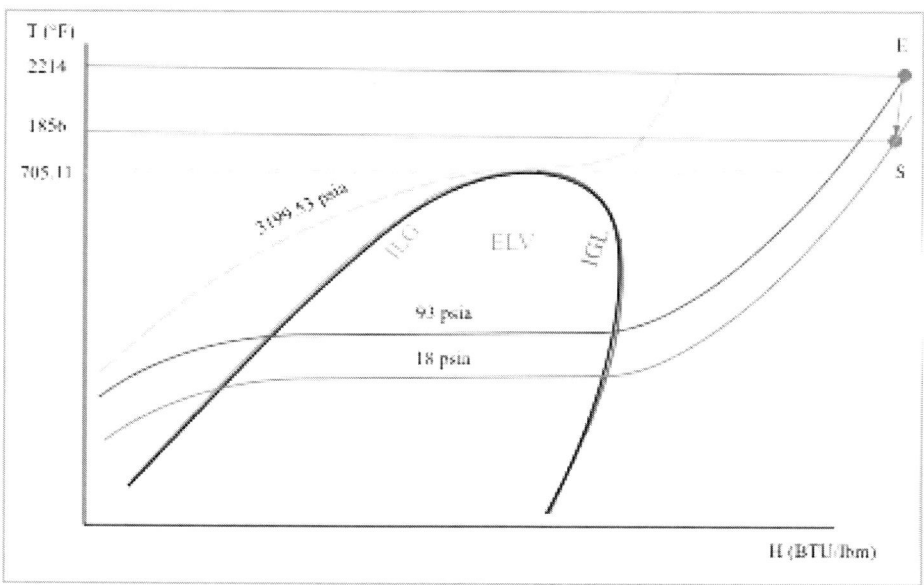

Figura 2.10. Trayectoria de la turbina (ejercicio 2.1.5).

2.1.6. Turbina con vapor de agua crítico

En una turbina adiabática entra vapor de agua con un flujo másico de 2380.99 lbm/min a 945.15 K y 75018.755 mmHg. La velocidad de entrada es de 324.356 mi/h y la de salida es de 282.152 ft/s. El vapor se expande hasta una temperatura de 604.4 °F y 261.072 psia. Las alturas son negligibles y el proceso es reversible. Calcule la potencia generada. Posteriormente, grafique la trayectoria en un diagrama de temperatura-entalpía.

Datos del problema

Entrada:
— Temperatura: 945.15 K = 672 °C
— Presión: 75018.755 mmHg = 10 MPa
— Flujo másico: 2380.99 lbm/min = 18 kg/s
— Velocidad: 324.356 mi/h = 145 m/s

Salida:
— Presión: 261.072 psia = 1.8 Mpa
— Temperatura: 604.4 °F = 318 °C
— Velocidad: 282.152 ft/s = 86 m/s

Generales:
— Compuesto: agua.
— El proceso es reversible.
— El sistema es adiabático y las alturas son negligibles.

Resolución del problema

Identificación del sistema, las fronteras y el alrededor

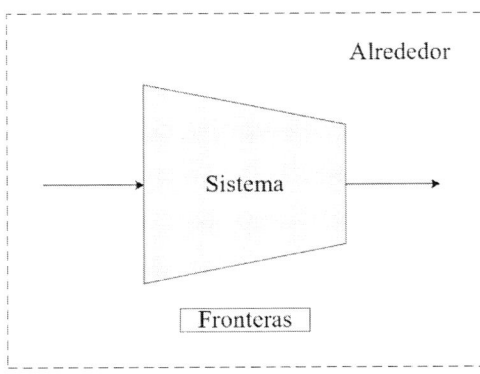

Figura 2.11. Identificación del sistema, las fronteras y el alrededor de la turbina (ejercicio 2.1.6).

Planteamiento de los balances

$$\frac{dmU_{sis}}{dt} = \sum_{sal} \dot{m}_{sal} \ (U + PV + E_k + E_p)_{sal} - \sum_{ent} \dot{m}_{ent} \ (U + PV + E_k + E_p)_{ent} \pm \dot{Q} \pm \dot{W}$$

$$\dot{m}\left[\left(H_{sal} - H_{ent}\right) + \left(Ek_{sal} - Ek_{ent}\right)\right] = -\dot{W}$$

$$\dot{m}\left(\Delta H + \Delta Ek\right) = -\dot{W}$$

$$\dot{H} + \dot{E}k = -\dot{W}$$

Entrada

Al observar la temperatura de la entrada se constata que sobrepasa la temperatura crítica del agua, por lo que la corriente viene en estado gaseoso y con una calidad de 1. En la tabla A-6, la temperatura no se encuentra en relación a la presión de 10 MPa, por lo que se debe llevar a cabo una interpolación sencilla. El valor a interpolar es la temperatura de 672 °C, por lo que los valores de la tabla utilizados son todas las propiedades termodinámicas correspondientes a las temperaturas de 650 y 700 °C. Los resultados son los siguientes:

— Volumen específico (V_{esp}) = 0.0422 m³/kg
— Energía interna (U) = 3380.24 kJ/kg
— Entalpía (H) = 3801.736 kJ/kg

Con estos datos y despejando la ecuación C-9 del apéndice C, se obtiene un flujo volumétrico de 0.7585 m³/s. A su vez, usando las ecuaciones C-10 y C-10.1 del apéndice C, se calcula una energía cinética de 10.5125 kJ/kg.

Salida

Se observan los datos de equilibrio de la tabla A-4 (Çengel y Boles, 2018) para una temperatura de 318 °C. La presión del sistema es menor que la presión de saturación, por lo que la corriente sale en estado gaseoso y con una calidad de 1 En la tabla A-6, la temperatura no se encuentra en relación a la presión de 10 MPa, por lo que se debe llevar a cabo una interpolación sencilla. El valor a interpolar es la temperatura de 318 °C, por lo que los valores de la tabla utilizados son todas las propiedades termodinámicas correspondientes a las temperaturas de 300 y 350 °C. Los resultados son los siguientes:

— Volumen específico (V_{esp}) = 0.1454 m³/kg
— Energía interna (U) = 2808.432 kJ/kg
— Entalpía (H) = 3070.22 kJ/kg

Con estos datos y despejando la ecuación C-9 del apéndice C, se obtiene un flujo volumétrico de 2.6175 m³/s. A su vez, usando las ecuaciones C-10 y C-10.1 del apéndice C, se calcula una energía cinética de 3.698 kJ/kg.

Una vez conseguidos estos valores, se puede calcular la potencia. De acuerdo con el balance de energía:

$$\dot{m}\left(\Delta H + \Delta EK\right) = \dot{W}$$

$$18\frac{kg}{s}\left[\left(3070.22\frac{kJ}{kg} - 3801.736\frac{kJ}{kg}\right) + \left(3.698\frac{kJ}{kg} - 10.5125\frac{kJ}{kg}\right)\right] = \dot{W}$$

$$\dot{W} = 13,289.949\,kW$$

Estos valores se resumen en la siguiente tabla:

	Entrada	**Salida**
i	H_2O	H_2O
T (°C)	672	318
P (MPa)	10	1.8
Fase	gas	gas
X	1	1
$\dot{m}$ (kg/s)	18	18
u (m³/s)	0.7587497	2.617488
V_{esp} (m³/kg)	0.0421528	0.145416
ρ_{esp} (kg/m³)	23.723239	6.8768224
U (kJ/kg)	3380.24	2808.432
H (kJ/kg)	3801.736	3070.22
V (m/s)	145	86
Ek (kJ/kg)	10.5125	3.698
ΔH (kJ/kg)	−731.516	
$\dot{H}$ (kW)	−13167.288	
ΔEk (kJ/kg)	−6.8145	
$\dot{Ek}$ (kW)	−122.661	
W (kW)	13289.949	

Tabla 2.6. Resultados del balance de energía.

Gráfico de la trayectoria en un diagrama de temperatura-entalpía

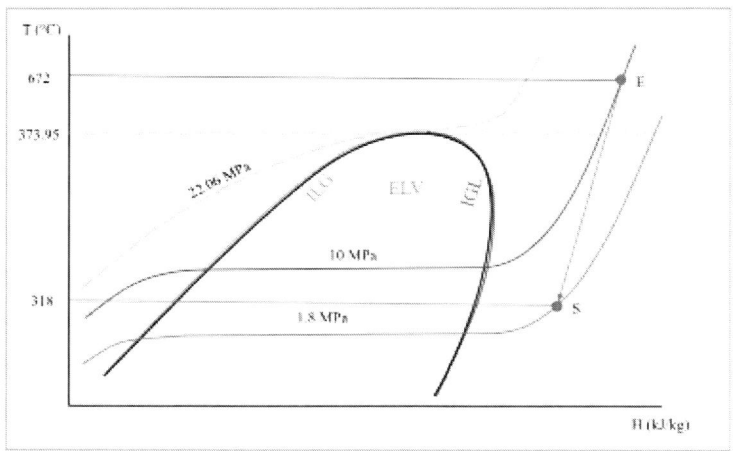

Figura 2.12. Trayectoria de la turbina (ejercicio 2.1.6).

2.1.7. Turbina operando en equilibrio líquido-vapor

En una turbina adiabática entra vapor de refrigerante R-134a con un flujo másico de 61 kg/s a 380.15 K y 0.3 MPa. La velocidad y la altura de la entrada y la salida son negligibles. La diferencia de presiones entre la entrada y la salida (tomando en cuenta que la presión de salida es menor) es de 0.18 MPa. El vapor se expande hasta una temperatura de saturación y un volumen de 0.1576 m³/kg. Considerando que el proceso es reversible, calcule la potencia generada. Posteriormente, grafique la trayectoria en un diagrama de temperatura-volumen.

Datos del problema

Entrada:
  — Temperatura: 380.15 K = 107 °C
  — Presión: 0.3 MPa
  — Flujo másico: 61 kg/s

Salida:
  — Presión: 0.12 Mpa
  — Temperatura: −22.32 °C
  — Volumen: 0.1576 m³/kg

Generales:
  — Compuesto: R-134a.
  — El proceso es reversible.
  — El sistema es adiabático, y las alturas y las velocidades son negligibles.

Resolución del problema

Identificación del sistema, las fronteras y el alrededor

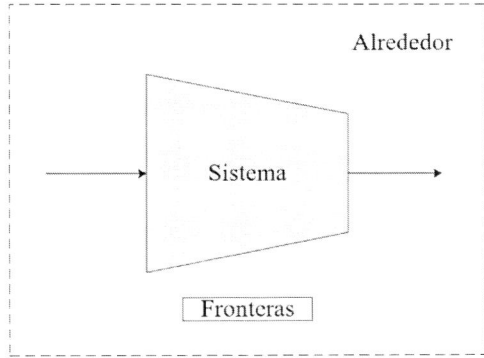

Figura 2.13. Identificación del sistema, las fronteras y el alrededor de la turbina (ejercicio 2.1.7).

Planteamiento de los balances

$$\frac{dmU_{sis}}{dt} = \sum_{sal} \dot{m}_{sal}\ (U + PV + E_k + E_p)_{sal} - \sum_{ent} \dot{m}_{ent}\ (U + PV + E_k + E_p)_{ent} \pm \dot{Q} \pm \dot{W}$$

$$\dot{m}\left(H_{sal} - H_{ent}\right) = -\dot{W}$$

$$\dot{m}\left(\Delta H\right) = -\dot{W}$$

$$\dot{H} = -\dot{W}$$

Entrada

Al observar la temperatura de la entrada, se constata que sobrepasa la temperatura crítica del refrigerante, por lo que la corriente viene en estado gaseoso y con una calidad de 1. Ni la presión ni la temperatura se encuentran en la tabla A-13 (Çengel y Boles, 2018), por lo que se debe llevar a cabo una interpolación triple. El valor a interpolar es la temperatura de 107 °C a las presiones de 0.28 y 0.32 MPa, por lo que los valores de la tabla utilizados son todas las propiedades termodinámicas correspondientes a las temperaturas de 100 y 110 °C. Los resultados son los siguientes:

0.28 mPa

— Volumen específico (V_{esp}) = 0.1080 m³/kg
— Energía interna (U) = 319.457 kJ/kg
— Entalpía (H) = 349.716 kJ/kg

0.32 mPa

- — Volumen específico (V_{esp}) = 0.0942 m³/kg
- — Energía interna (U) = 319.181 kJ/kg
- — Entalpía (H) = 349.317 kJ/kg

Estos resultados son los que deben ser interpolados para una presión de 0.3 MPa. Los resultados finales para la corriente de entrada son los siguientes:

- — Volumen específico (V_{esp}) = 0.1011 m³/kg
- — Energía interna (U) = 319.391 kJ/kg
- — Entalpía (H) = 349.5215 kJ/kg

Con estos datos y despejando la ecuación C-9 del apéndice C, se obtiene un flujo volumétrico de 6.1686 m³/s.

Salida

El problema menciona que la salida se encuentra a una temperatura de saturación, por lo que se sabe que se debe consultar la tabla A-12 (Çengel y Boles, 2018) para una presión de 120 kPa. La corriente sale en equilibrio líquido-vapor y con una calidad desconocida.

Sin embargo, el problema sí da un valor de volumen específico, con el cual se puede determinar la calidad de la corriente. Aplicando las ecuaciones C-5 del apéndice C para ELV, la calidad obtenida es de 0.97. Con este valor es posible calcular el resto de las propiedades termodinámicas con la ecuación C-6 del apéndice C, lo cual da los siguientes resultados:

- — Energía interna (U) = 212.046 kJ/kg
- — Entalpía (H) = 230.963 kJ/kg

Con estos datos y despejando la ecuación C-9 del apéndice C, se obtiene un flujo volumétrico de 9.6136 m³/s.

Una vez conseguidos estos valores, se puede calcular la potencia. De acuerdo con el balance de energía establecido anteriormente, para este caso el trabajo solo depende del flujo entálpico, por lo que se debe obtener la diferencia de entalpías restando la entalpía de salida de la de entrada. Después se multiplica el resultado por el flujo másico para obtener el flujo entálpico. Finalmente, de acuerdo con el balance, este valor debe ser multiplicado por menos uno.

$$\dot{m}\left(H_{sal} - H_{ent}\right) = -\dot{W}$$

$$61\frac{kg}{s}\left[230.963\frac{kJ}{kg} - 349.522\frac{kJ}{kg}\right] = -\dot{W}$$

$$\dot{W} = 7232.066 \text{ kW}$$

Estos valores se resumen en la siguiente tabla:

	Entrada	**Salida**
i	R-134a	R-134a
T (°C)	107	−22.32
P (MPa)	0.3	0.12
Fase	gas	ELV
X	1	0.9719929
$\dot{m}$ (kg/s)	61	61
u (m³/s)	6.168564	9.6136
V_{esp} (m³/kg)	0.101124	0.1576
ρ_{esp} (kg/m³)	9.8888493	6.3451777
U (kJ/kg)	319.319	212.04553
H (kJ/kg)	349.5215	230.96304
ΔH (kJ/kg)	−118.5584646	
$\dot{H}$ (kW)	−7232.066341	
W (kW)	7232.066341	

Tabla 2.7. Resultados del balance de energía.

Gráfico de la trayectoria en un diagrama de temperatura-volumen

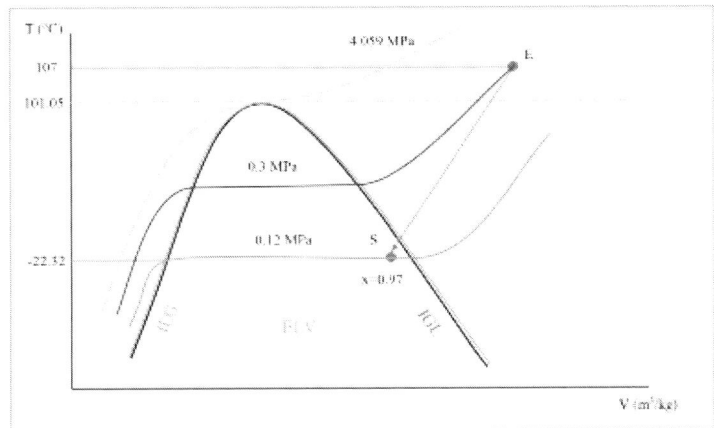

Figura 2.14. Trayectoria de la turbina (ejercicio 2.1.7).

2.1.8. Turbina con interpolación del estado de equilibrio

En una turbina adiabática entra vapor de agua saturado en interfase gas-líquido con un flujo másico de 45 kg/s y 425 kPa. La velocidad y la altura de la entrada y la salida son negligibles. El proceso es reversible. El vapor se expande hasta una presión de saturación de 200 kPa y una energía interna de 1500 kJ/kg. Calcule la potencia generada. Posteriormente, grafique la trayectoria en un diagrama de presión-entalpía.

Datos del problema

Entrada:
- Presión: 425 kPa = 0.425 MPa
- Flujo másico: 45 kg/s

Salida:
- Temperatura: 120.21 °C
- Presión: 200 kPa = 0.2 MPa
- Energía interna: 1500 kJ/kg

Generales:
- Compuesto: agua.
- El proceso es reversible.
- El sistema es adiabático, y las alturas y las velocidades son negligibles.

Resolución del problema

Identificación del sistema, las fronteras y el alrededor

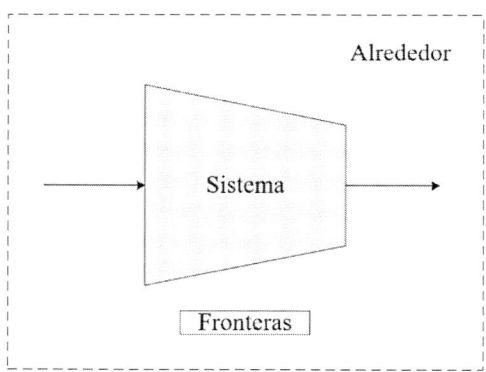

Figura 2.15. Identificación del sistema, las fronteras y el alrededor de la turbina (ejercicio 2.1.8).

Planteamiento de los balances

$$\frac{dmU_{sis}}{dt} = \sum_{sal} \dot{m}_{sal} \ (U + PV + E_k + E_p)_{sal} - \sum_{ent} \dot{m}_{ent} \ (U + PV + E_k + E_p)_{ent} \pm \dot{Q} \pm \dot{W}$$

$$\dot{m}\left(H_{sal} - H_{ent}\right) = -\dot{W}$$

$$\dot{m}\left(\Delta H\right) = -\dot{W}$$

$$\dot{H} = -\dot{W}$$

Entrada

El problema establece que la entrada está saturada y en interfase gas-líquido, por lo que se sabe que la calidad es de 1. La presión no se encuentra en la tabla A-5 (Çengel y Boles, 2018), por lo que se debe llevar a cabo una interpolación. El valor a interpolar es la presión de 425 kPa, así que los valores de la tabla utilizados son todas las propiedades termodinámicas en interfase gas-líquido correspondientes a las presiones de 400 y 450 kPa. Los resultados son los siguientes:

— Temperatura (T) = 145.755 °C
— Volumen específico (V_{esp}) = 0.4382 m³/kg
— Energía interna (U) = 2555.1 kJ/kg
— Entalpía (H) = 2740.75 kJ/kg

Con estos datos y despejando la ecuación C-9 del apéndice C, se obtiene un flujo volumétrico de 19.718 m³/s.

Salida

El problema menciona que la salida se encuentra en saturación, por lo que se sabe que se debe consultar la tabla A-5 (Çengel y Boles, 2018) para una presión de 200 kPa. La corriente sale en equilibrio líquido-vapor y con una calidad desconocida.

Sin embargo, el problema sí da un valor de energía interna, con el cual se puede determinar la calidad de la corriente. Aplicando las ecuaciones C-5 del apéndice C para ELV, la calidad obtenida es de 0.49. Con este valor es posible calcular el resto de las propiedades termodinámicas aplicando la ecuación C-6 del apéndice C, lo cual da los siguientes resultados:

— Volumen específico (V_{esp}) = 0.4361 m³/kg
— Entalpía = (H)1587.236 kJ/kg

Despejando la ecuación C-9 del apéndice C, se calcula un flujo volumétrico de 19.624 m³/s.

Una vez conseguidos estos valores, se puede calcular la potencia. De acuerdo con el balance de energía establecido anteriormente, para este caso el trabajo solo depende del flujo entálpico, por lo que se debe obtener la diferencia de entalpías restando la entalpía de salida de la de entrada. Después se multiplica el resultado por el flujo másico para obtener el flujo entálpico. Finalmente, de acuerdo con el balance, este valor debe ser multiplicado por menos uno.

$$\dot{m}\left(H_{sal} - H_{ent}\right) = -\dot{W}$$

$$45\frac{\text{kg}}{\text{s}}\left[1587.236\frac{\text{kJ}}{\text{kg}} - 2740.75\frac{\text{kJ}}{\text{kg}}\right] = -\dot{W}$$

$$\dot{W} = 51,908.114\,\text{kW}$$

Estos valores se resumen en la siguiente tabla:

	Entrada	Salida
i	H_2O	H_2O
T (°C)	145.755	120.21
P (MPa)	0.425	0.2
Fase	IGL	ELV
X	1	0.4917021
$\dot{m}$ (kg/s)	45	45
u (m³/s)	19.71765	19.623562
V_{esp} (m³/kg)	0.43817	0.4360792
ρ_{esp} (kg/m³)	2.2822192	2.2931616
U (kJ/kg)	2555.1	1500
H (kJ/kg)	2740.75	1587.2363
ΔH (kJ/kg)	−1153.513652	
$\dot{H}$ (kW)	−51908.11432	
W (kW)	51908.11432	

Tabla 2.8. Resultados del balance de energía.

Gráfico de la trayectoria en un diagrama de presión-entalpía

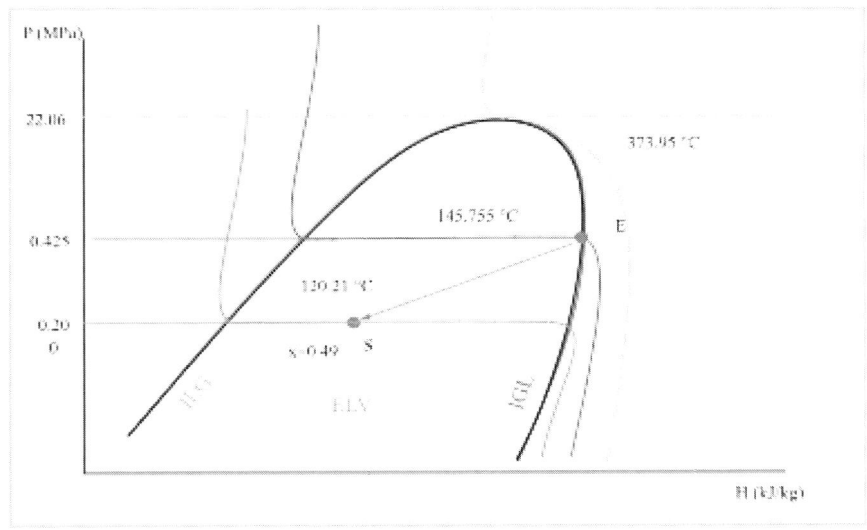

Figura 2.16. Trayectoria de la turbina (ejercicio 2.1.8).

2.1.9. Turbina con vapor de agua crítico

En una turbina adiabática entra vapor de refrigerante R-134a con un flujo volumétrico de 1.6988 m³/kg a 262.4 °F y 12.83 atm. La velocidad de entrada es de 129.6 km/h y la de salida es de 55.9234 mi/h. El vapor se expande hasta una temperatura 36 °C menor que la de la entrada y 0.73 MPa igualmente menor que la de la entrada. Las alturas de la entrada y la salida son 17 y 31 metros, respectivamente; el proceso es reversible. Calcule la potencia generada. Posteriormente, grafique la trayectoria en un diagrama de temperatura-volumen.

Datos del problema

Entrada:
— Temperatura: 262.4 °F = 128 °C
— Presión: 12.83 atm = 1.3 MPa
— Flujo volumétrico: 1.6988 m³/kg
— Velocidad: 129.6 km/h = 36 m/s
— Altura: 17 m

Salida:
— Temperatura: 92 °C
— Presión: 0.57 MPa
— Velocidad: 55.9234 mi/h = 25 m/s
— Altura: 31 m

Generales:
— Compuesto: R-134a.
— El proceso es reversible.
— El sistema es adiabático.

Resolución del problema

Identificación del sistema, las fronteras y el alrededor

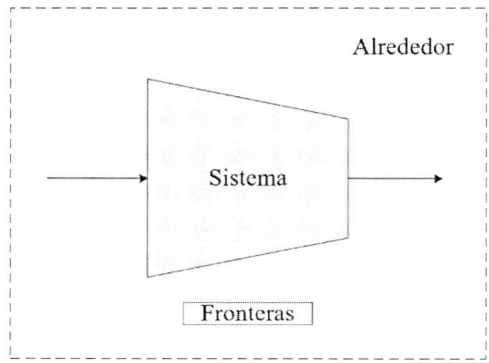

Figura 2.17. Identificación del sistema, las fronteras y el alrededor de la turbina (ejercicio 2.1.9).

Planteamiento de los balances

$$\frac{dmU_{sis}}{dt} = \sum_{sal} \dot{m}_{sal} \, (U + PV + E_k + E_p)_{sal} - \sum_{ent} \dot{m}_{ent} \, (U + PV + E_k + E_p)_{ent} \pm \dot{Q} \pm \dot{W}$$

$$\dot{m}\left[\left(H_{sal} - H_{ent}\right) + \left(Ek_{sal} - Ek_{ent}\right) + \left(Ep_{sal} - Ep_{ent}\right) \right] = -\dot{W}$$

$$\dot{m}\left(\Delta H + \Delta Ek + \Delta Ep\right) = -\dot{W}$$

$$\dot{H} + \dot{Ek} + \dot{Ep} = -\dot{W}$$

Entrada

Al observar la temperatura de la entrada, se constata que sobrepasa la temperatura crítica del refrigerante, por lo que la corriente viene en estado gaseoso y con una calidad de 1. Ni la presión ni la temperatura se encuentran en la tabla A-13 (Çengel y Boles, 2018), por lo que se debe llevar a cabo una interpolación triple. El valor a interpolar es la temperatura de 128 °C a las presiones de 1.2 y 1.4 MPa, por lo que los valores de la tabla utilizados son todas las propiedades termodinámicas correspondientes a las temperaturas de 120 y 130 °C. Los resultados son los siguientes:

1.2 MPa

- — Volumen específico (V_{esp}) = 0.0249 m³/kg
- — Energía interna (U) = 332.822 kJ/kg
- — Entalpía (H) = 362.726 kJ/kg

1.4 MPa

- — Volumen específico (V_{esp}) = 0.0210 m³/kg
- — Energía interna (U) = 331.438 kJ/kg
- — Entalpía (H) = 360.834 kJ/kg

Estos resultados son los que deben ser interpolados para una presión de 1.3 MPa. Los resultados finales para la corriente de entrada son los siguientes:

- — Volumen específico (V_{esp}) = 0.0230 m³/kg
- — Energía interna (U) = 332.13 kJ/kg
- — Entalpía (H) = 361.78 kJ/kg

Con estos datos y usando la ecuación C-9 del apéndice C, se obtiene un flujo másico de 74 kg/s.

A su vez, usando las ecuaciones C-10 y C-10.1 del apéndice C, se calcula una energía cinética de 0.648 kJ/kg, y usando las ecuaciones C-11 y C-10.1 se obtiene una energía potencial de 0.1668 kJ/kg.

Salida

Al observar los datos de equilibrio de la tabla A-11 (Çengel y Boles, 2018) para una temperatura de 92 °C, se constata que la presión del sistema es menor que la presión de saturación, por lo que la corriente viene en estado gaseoso y con una calidad de 1. Ni la presión ni la temperatura se encuentran en la tabla A-13 (Çengel y Boles, 2018), por lo que se debe llevar a cabo una interpolación triple. El valor a interpolar es la temperatura de 92 °C a las presiones de 0.5 y 0.6 MPa; por lo tanto, los valores de la tabla utilizados son todas las propiedades termodinámicas correspondientes a las temperaturas de 90 y 100 °C. Los datos resultantes se presentan a continuación:

0.5 MPa

- — Volumen específico (V_{esp}) = 0.0566 m³/kg
- — Energía interna (U) = 304.308 kJ/kg
- — Entalpía (H) = 332.594 kJ/kg

0.6 MPa

- Volumen específico (V_{esp}) = 0.0466 m³/kg
- Energía interna (U) = 303.482 kJ/kg
- Entalpía (H) = 331.462 kJ/kg

Estos valores son los que deben ser interpolados para una presión de 0.57 MPa. Los resultados finales para la corriente de salida son los siguientes:

- Volumen específico (V_{esp}) = 0.0496 m³/kg
- Energía interna (U) = 303.730 kJ/kg
- Entalpía (H) = 331.802 kJ/kg

Con estos datos y despejando la ecuación C-9 del apéndice C, se obtiene un flujo volumétrico de 3.6716 m³/s.

A su vez, usando las ecuaciones C-10 y C-10.1 del apéndice C, se calcula una energía cinética de 0.3125 kJ/kg, y usando las ecuaciones C-11 y C-10.1 se calcula una energía potencial de 0.3041 kJ/kg.

Una vez conseguidos estos valores, se puede calcular la potencia. De acuerdo con el balance de energía:

$$\dot{m}\left(\Delta H + \Delta EK + \Delta Ep\right) = \dot{W}$$

$$74\,\frac{kg}{s}\left[\left(331.8\,\frac{kJ}{kg} - 361.8\,\frac{kJ}{kg}\right) + \left(0.31\,\frac{kJ}{kg} - 0.65\,\frac{kJ}{kg}\right) + \left(0.30\,\frac{kJ}{kg} - 0.17\,\frac{kJ}{kg}\right)\right] = \dot{W}$$

$$\dot{W} = 2233.065\,kW$$

Estos valores se resumen en la siguiente tabla:

	Entrada	Salida
i	R-134a	R-134a
T (°C)	128	92
P (MPa)	1.3	0.57
Fase	gas	gas
X	1	1
$\dot{m}$ (kg/s)	74	74
u (m³/s)	1.698892	3.671618
V_{esp} (m³/kg)	0.022958	0.0496165

	Entrada	Salida
ρ_{esp} (kg/m³)	43.557801	20.154602
U (kJ/kg)	332.13	303.7298
H (kJ/kg)	361.78	331.8016
V (m/s)	36	25
Z (m)	17	31
Ek (kJ/kg)	0.648	0.3125
Ep (kJ/kg)	0.16677	0.30411
ΔH (kJ/kg)	−29.9784	
$\dot{H}$ (kW)	−2218.4016	
ΔEk (kJ/kg)	−0.3355	
$\dot{Ek}$ (kW)	−24.827	
ΔEp (kJ/kg)	0.13734	
$\dot{Ep}$ (kW)	10.16316	
W (kW)	2233.06544	

Tabla 2.9. Resultados del balance de energía.

Gráfico de la trayectoria en un diagrama de temperatura-volumen

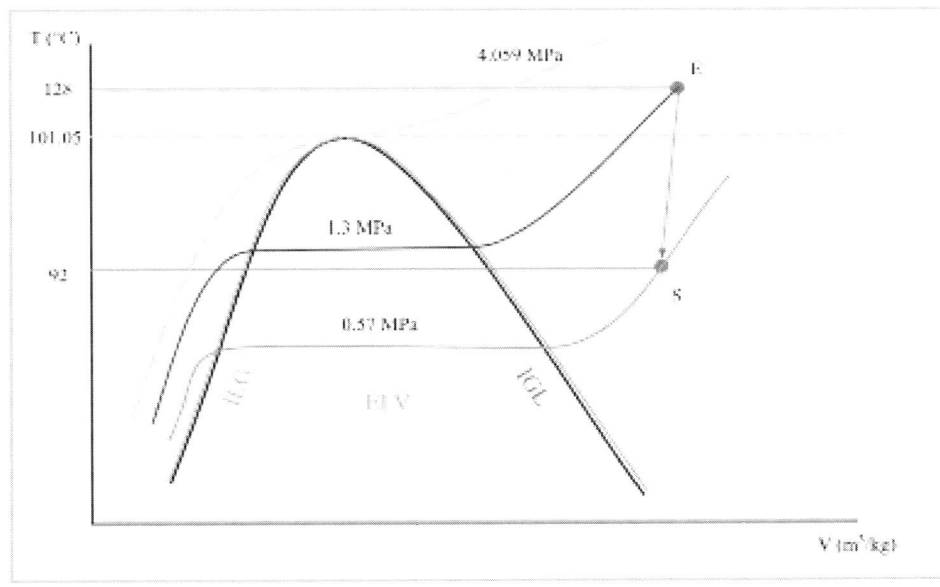

Figura 2.18. Trayectoria de la turbina (ejercicio 2.1.9).

2.1.10. Turbina no adiabática

En una turbina entra vapor de agua con un flujo volumétrico de 0.6219662 m³/kg a 1931.67 R y 6381.76 psia. La velocidad de entrada es de 25 m/s y la de salida es de 43.2 km/h menos que la de la entrada. El vapor se expande hasta una temperatura de 1180.4 °F y 300 bar. Las alturas de la entrada y salida son 16.404 ft y 590.550 in, respectivamente. Además, el proceso es reversible. La potencia generada por la turbina es de 20000 kW. Calcule el calor transferido fuera del sistema. Posteriormente, grafique la trayectoria en un diagrama de presión-volumen.

Datos del problema

Entrada:
— Temperatura: 1931.67 R = 800 °C
— Presión: 6381.76 psia = 44 MPa
— Flujo volumétrico: 0.62197 m³/kg
— Velocidad: 25 m/s
— Altura: 16.404 ft = 5 m

Salida:
— Temperatura: 1180.4 °F = 638 °C
— Presión: 300 bar = 30 MPa
— Velocidad: 13 m/s
— Altura: 590.550 in = 15 m

Generales:
— Compuesto: agua.
— El proceso es reversible.
— El sistema es no adiabático.
— Potencia generada por la turbina: 20000 kW.

Resolución del problema
Identificación del sistema, las fronteras y el alrededor

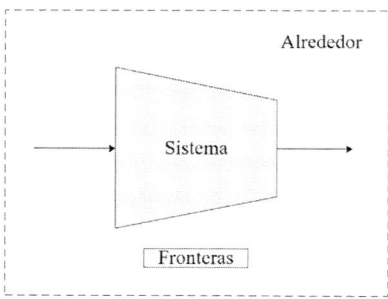

Figura 2.19. Identificación del sistema, las fronteras y el alrededor de la turbina (ejercicio 2.1.10).

Planteamiento de los balances

$$\frac{dmU_{sis}}{dt} = \sum_{sal} \dot{m}_{sal} \ (U + PV + E_k + E_p)_{sal} - \sum_{ent} \dot{m}_{ent} \ (U + PV + E_k + E_p)_{ent} \pm \dot{Q} \pm \dot{W}$$

$$\dot{m}\left[\left(H_{sal} - H_{ent}\right) + \left(Ek_{sal} - Ek_{ent}\right) + \left(Ep_{sal} - Ep_{ent}\right)\right] = \dot{W} - \dot{Q}$$

$$\dot{m}\left(\Delta H + \Delta Ek + \Delta Ep\right) = -\dot{W} - \dot{Q}$$

$$\dot{H} + \dot{Ek} + \dot{Ep} = -\dot{W}$$

Entrada

Al observar la temperatura de la entrada, se constata que sobrepasa la temperatura crítica del agua, por lo que la corriente viene en estado gaseoso y con una calidad de 1. En la tabla A-6 (Çengel y Boles, 2018) no hay datos para la presión de entrada, pero sí para otras presiónes a la temperatura de 800 °C para las otras presiones, por lo que se puede llevar a cabo una interpolación sencilla. El valor a interpolar es la presión de 44 MPa, así que los valores de la tabla utilizados son todas las propiedades termodinámicas a 800 °C correspondientes a las presiones de 40 y 50 MPa. Los resultados son los siguientes:

- Volumen específico (V_{esp}) = 0.0105 m³/kg
- Energía interna (U) = 3495.96 kJ/kg
- Entalpía (H) = 3953.88 kJ/kg

Con estos datos y usando la ecuación C-9 del apéndice C, se obtiene un flujo másico de 59 kg/s. A su vez, usando las ecuaciones C-10 y C-10.1 del apéndice C, se calcula una energía cinética de 0.3125 kJ/kg y, finalmente, al utilizar las ecuaciones C-11 y C-11.1, se calcula una energía potencial de 0.0491 kJ/kg.

Salida

Al observar la temperatura de la salida se puede determinar que sobrepasa la temperatura crítica del agua, por lo que la corriente viene en estado gaseoso y con una calidad de 1. Los datos de 30 MPa a la temperatura de la corriente no constan en la tabla A-6 (Çengel y Boles, 2018), así que nuevamente se recurre a una interpolación sencilla. El valor a interpolar es la temperatura de 638 °C. Los resultados son los siguientes:

- Volumen específico (V_{esp}) = 0.0123 m³/kg
- Energía interna (U) = 3193.308 kJ/kg
- Entalpía (H) = 3562.776 kJ/kg

Con estos datos y despejando la ecuación C-9 del apéndice C, se obtiene un flujo volumétrico de 0.7266 m³/s. A su vez, usando las ecuaciones C-10 y C-10-1 del apéndice C, se calcula una energía cinética de 0.0845 kJ/kg y, finalmente, al utilizar las ecuaciones C-11 y C-11.1, se calcula una energía potencial de 0.14715 kJ/kg.

Una vez conseguidos estos valores, se puede calcular el calor transferido al ambiente. De acuerdo con el balance de energía:

$$\dot{m}\left(\Delta H + \Delta EK + \Delta Ep\right) = -\dot{W} - \dot{Q}$$

$$59\frac{\text{kg}}{\text{s}}\left[\left(3562\frac{\text{kJ}}{\text{kg}} - 3953\frac{\text{kJ}}{\text{kg}}\right) + \left(0.09\frac{\text{kJ}}{\text{kg}} - 0.31\frac{\text{kJ}}{\text{kg}}\right) + \left(0.15\frac{\text{kJ}}{\text{kg}} - 0.05\frac{\text{kJ}}{\text{kg}}\right)\right] + 20,000\,\text{kW} = \dot{Q}$$

$$\dot{Q} = 3082.8001 \text{ kW}$$

Estos valores se resumen en la siguiente tabla:

	Entrada	Salida
i	H_2O	H_2O
T (°C)	800	638
P (MPa)	44	30
Fase	gas	gas
X	1	1
$\dot{m}$ (kg/s)	59	59
u (m³/s)	0.6219662	0.7265968
V_{esp} (m³/kg)	0.0105418	0.0123152
ρ_{esp} (kg/m³)	94.86046	81.200468
U (kJ/kg)	3495.96	3193.308
H (kJ/kg)	3953.88	3562.776
V (m/s)	25	13
Z (m)	5	15
Ek (kJ/kg)	0.3125	0.0845
Ep (kJ/kg)	0.04905	0.14715
ΔH (kJ/kg)	−391.104	
$\dot{H}$ (kW)	−23075.136	
ΔEk (kJ/kg)	−0.228	
$\dot{Ek}$ (kW)	−13.452	
ΔEp (kJ/kg)	0.0981	
$\dot{Ep}$ (kW)	5.7879	
W (kW)	20000	
Q (kW)	3082.8001	

Tabla 2.10. Resultados del balance de energía.

Gráfico de la trayectoria en un diagrama de temperatura-volumen

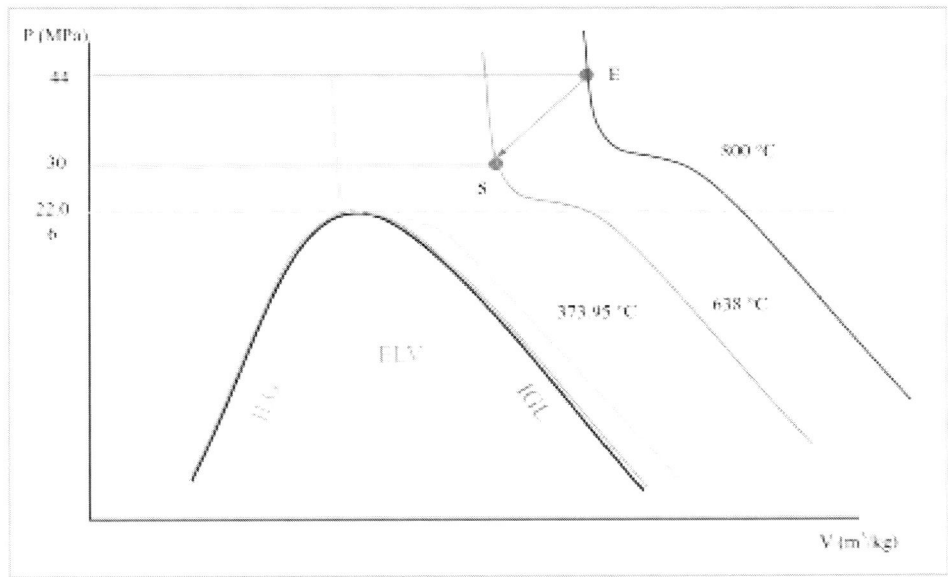

Figura 2.20. Trayectoria de la turbina (ejercicio 2.1.10).

2.2. Turbinas con generación de entropía

2.2.1. Turbina con interpolación del estado de equilibrio

En una turbina adiabática entra vapor de agua con un flujo másico de 33 kg/s, 69.084 atm y 842 °F. La velocidad y la altura de la entrada y la salida son negligibles. El proceso no es reversible. El vapor se expande hasta una presión de 5 MPa y 50 kJ/kg de entalpía más que en la salida ideal. Calcule la potencia generada y la eficiencia de la turbina. Posteriormente, grafique la trayectoria en un diagrama de presión-entropía.

Datos del problema

Entrada:
  — Temperatura: 842 °F = 450°C
  — Presión: 69.084 atm = 7 MPa
  — Flujo másico: 33 kg/s

Salida:
  — Presión: 5 MPa
  — Entalpía: 50 kJ/kg más que en la salida ideal

Generales:
— Compuesto: agua.
— El proceso no es reversible.
— El sistema es adiabático.
— Las alturas y velocidades son negligibles.

Resolución del problema

Identificación del sistema, las fronteras y el alrededor

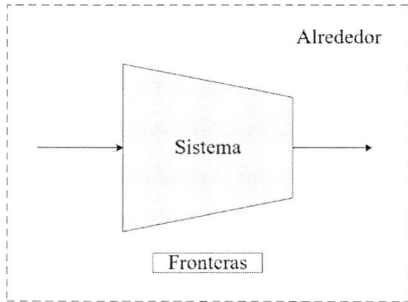

Figura 2.21. Identificación del sistema, las fronteras y el alrededor de la turbina (ejercicio 2.2.1).

Planteamiento de los balances

Energía:

$$\frac{dmU_{sis}}{dt} = \sum_{sal} \dot{m}_{sal} \ (U + PV + E_k + E_p)_{sal} - \sum_{ent} \dot{m}_{ent} \ (U + PV + E_k + E_p)_{ent} \pm \dot{Q} \pm \dot{W}$$

$$\dot{m}\left(H_{sal} - H_{ent}\right) = -\dot{W}$$

$$\dot{m}\left(\Delta H\right) = -\dot{W}$$

$$\dot{H} = -\dot{W}$$

Entropía:

$$\frac{d\left(mS_{sis}\right)}{dt} = \sum_{ent} \dot{m}_{ent}\dot{S}_{ent} - \sum_{sal} \dot{m}_{sal}\dot{S}_{sal} + \sum \frac{Q}{T} + \dot{S}_{gen}$$

$$\dot{m}_{ent}S_{ent} - \dot{m}_{sal}S_{sal} + S_{gen} = 0$$

$$S_{gen} = \dot{m}\left(S_{sal} - S_{ent}\right)$$

Entrada

Al observar la temperatura de la entrada, se puede determinar que sobrepasa la temperatura crítica del agua, por lo que la corriente viene en estado gaseoso y con una calidad de 1. Para obtener las propiedades termodinámicas, se consulta la tabla A-6, de vapor de agua sobrecalentado (Çengel y Boles, 2018). Se observa que la temperatura se encuentra en la tabla en relación con la presión de 7 MPa, por lo que los datos se obtienen directamente de la tabla. Son los siguientes:

— Volumen específico (V_{esp}) = 0.0442 m³/kg
— Energía interna (U) = 2979 kJ/kg
— Entalpía (H) = 3288.3 kJ/kg
— Entropía (S) = 6.6353 kJ/kg K

Con estos datos y despejando la ecuación C-9 del apéndice C, se obtiene un flujo volumétrico de 1.4582 m³/s.

Salida ideal

De acuerdo con el balance de entropía, no hay entropía generada. Entropía de entrada = entropía de salida:

entropía de entrada (S) = 6.6353 kJ/kg K = entropía de salida

Conseguido este valor, así como la presión de salida, es posible determinar la fase de la corriente. Esta corriente sale en fase gaseosa y con una calidad de 1. Al observar nuevamente la tabla A-6 (Çengel y Boles, 2018) en relación con una presión de 5 MPa, vemos que el valor de entropía no se encuentra en ella, por lo que se debe interpolar. El valor a interpolar es la entropía de 6.6353 kJ/kg K. Los resultados son los siguientes:

— Temperatura (T) = 396.695 °C
— Volumen específico (V_{esp}) = 0.0575 m³/kg
— Energía interna (U) = 2901.023 kJ/kg
— Entalpía (H) = 3188.280 kJ/kg

Con estos datos y despejando la ecuación C-9 del apéndice C, se calcula un flujo volumétrico de 1.8959 m³/s.

De acuerdo con el balance de energía:

$$\dot{m}\left(H_{sal} - H_{ent}\right) = -\dot{W}$$

$$33\frac{kg}{s}\left[3188.280\frac{kJ}{kg} - 3288.3\frac{kJ}{kg}\right] = -\dot{W}$$

$$\text{Considerando el 100 \% de eficiencia:} \quad \dot{W} = 3300.658 \, \text{kW}$$

Salida real

Para el caso real, la entropía generada no es igual a cero. Sin embargo, el problema ya está dando un valor de entalpía para la salida real, por lo que es posible determinar la fase y las propiedades. La fase de salida real del vapor de agua continúa siendo gas con una calidad de 1. Considerando que la entalpía de la salida real es de 3238.28 kJ/kg, se busca este valor en la tabla A-6 (Çengel y Boles, 2018). Al no encontrarlo, se debe llevar a cabo una interpolación sencilla. Se obtienen los siguientes resultados:

— Temperatura (T) = 417.253 °C
— Volumen específico (V_{esp}) = 0.0597 m³/kg
— Energía interna (U) = 49.625 kJ/kg
— Entalpía (S) = 6.708 kJ/kg K

El flujo másico a la salida es el mismo que el de la entrada, por lo que se obtiene un flujo volumétrico de 1.9711 m³/s despejando la ecuación C-9 del apéndice C.

Con estos datos es posible calcular la potencia real. De acuerdo con el balance de energía:

$$\dot{m}\left(H_{sal} - H_{ent}\right) = -\dot{W}$$

$$33\frac{\text{kg}}{\text{s}}\left[3238.28\frac{\text{kJ}}{\text{kg}} - 2288.3\frac{\text{kJ}}{\text{kg}}\right] = -\dot{W}$$

$$\dot{W} = 1650.658 \, \text{kW}$$

Para determinar la eficiencia, se divide la potencia de la salida ideal entre la potencia de la salida real, lo cual da como resultado una eficiencia del 50 %.

La entropía generada es:

$$S_{gen} = \dot{m}\left(S_{sal} - S_{ent}\right)$$

$$S_{gen} = 33\frac{\text{kg}}{\text{s}}\left(6.708\frac{\text{kJ}}{\text{kg K}} - 6.635\frac{\text{kJ}}{\text{kg K}}\right) = 2.396\frac{\text{kJ}}{\text{s K}}$$

Energía degradada del sistema:

$$2.396\frac{\text{kJ}}{\text{s K}} \cdot 690.403 \, \text{K} = 1653.89\frac{\text{kJ}}{\text{s}}$$

Energía degradada del alrededor:

$$2.396 \, \frac{kJ}{s \, K} \cdot 298.15K = 714.233 \, \frac{kJ}{s}$$

Estos valores se resumen en la siguiente tabla:

	Entrada	Salida ideal	Salida real
i	H_2O	H_2O	H_2O
T (°C)	450	396.69548	417.25314
P (MPa)	7	5	5
Fase	gas	gas	gas
X	1	1	1
$\dot{m}$ (kg/s)	33	33	33
u (m³/s)	1.458171	1.8959176	1.9711212
V_{esp} (m³/kg)	0.044187	0.057452	0.0597309
ρ_{esp} (kg/m³)	22.631091	17.40582	16.741741
U (kJ/kg)	2979	2901.0231	2939.6254
H (kJ/kg)	3288.3	3188.2801	3238.2801
S (kJ/kg K)	6.6353	6.6353	6.7078924
W (kW)		3300.6577	1650.6577

Tabla 2.11. Resultados del balance de energía y entropía.

Gráfico de la trayectoria en un diagrama de presión-entropía

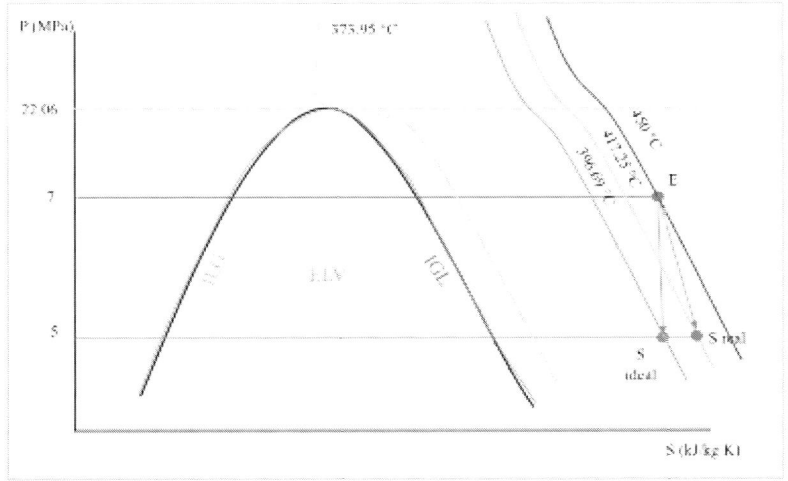

Figura 2.22. Trayectoria de la turbina (ejercicio 2.2.1).

2.2.2. Eficiencia de una turbina

En una turbina adiabática entra vapor de agua con un flujo másico de 12 kg/s, 12.5 MPa y 773.15 K. La velocidad y la altura de la entrada y la salida son negligibles. El proceso no es reversible. El vapor se expande hasta una presión de 1.8 MPa. Calcule la potencia real generada si la eficiencia de la turbina es del 90 %. Posteriormente, grafique la trayectoria en un diagrama de presión-entropía.

Datos del problema

Entrada:

- Temperatura: 773.15K = 450°C
- Presión: 12.5 MPa
- Flujo másico: 12 kg/s

Salida:

- Presión: 1.8 MPa

Generales:

- Compuesto: agua.
- El proceso no es reversible.
- Eficiencia: 90 %.
- El sistema es adiabático.
- Las alturas y las velocidades son negligibles.

Resolución del problema

Identificación del sistema, las fronteras y el alrededor

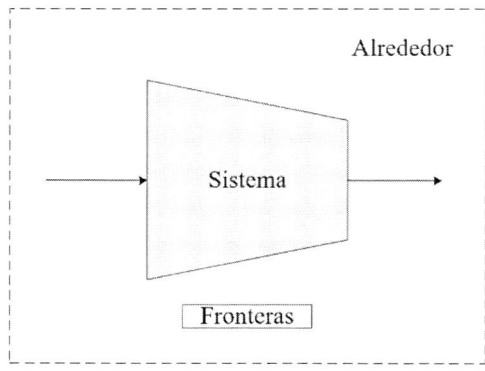

Figura 2.23. Identificación del sistema, las fronteras y el alrededor de la turbina (ejercicio 2.2.2).

Planteamiento de los balances

Energía:

$$\frac{dmU_{sis}}{dt} = \sum_{sal} \dot{m}_{sal} \ (U + PV + E_k + E_p)_{sal} - \sum_{ent} \dot{m}_{ent} \ (U + PV + E_k + E_p)_{ent} \pm \dot{Q} \pm \dot{W}$$

$$\dot{m}\left(H_{sal} - H_{ent}\right) = -\dot{W}$$

$$\dot{m}\left(\Delta H\right) = -\dot{W}$$

$$\dot{H} = -\dot{W}$$

Entropía:

$$\frac{d\left(mS_{sis}\right)}{dt} = \sum_{ent} \dot{m}_{ent}\dot{S}_{ent} - \sum_{sal} \dot{m}_{sal}\dot{S}_{sal} + \sum \frac{Q}{T} + \dot{S}_{gen}$$

$$\dot{m}_{ent}S_{ent} - \dot{m}_{sal}S_{sal} + S_{gen} = 0$$

$$S_{gen} = \dot{m}\left(S_{sal} - S_{ent}\right)$$

Entrada

Al observar la temperatura de la entrada se constata que sobrepasa la temperatura crítica del agua, por lo que la corriente viene en estado gaseoso y con una calidad de 1. Para obtener las propiedades termodinámicas, se consulta la tabla A-6, de vapor de agua sobrecalentado (Çengel y Boles, 2018). Se observa que la temperatura se encuentra en la tabla en relación con la presión de 12.5 MPa, por lo que los datos se obtienen directamente de ella. Son los siguientes:

— Volumen específico (V_{esp}) = 0.0256 m³/kg
— Energía interna (U) = 3023.2 kJ/kg
— Entalpía (H) = 3343.6 kJ/kg
— Entropía (S) = 6.465 kJ/kg K

Con estos datos y despejando la ecuación C-9 del apéndice C, se obtiene un flujo volumétrico de 0.30756 m³/s.

Salida ideal

De acuerdo con el balance de entropía, no hay entropía generada. Entropía de entrada = entropía de salida:

entropía de entrada (S) = 6.4651 kJ/kg K = entropía de salida

Conseguido este valor, así como la presión de salida, es posible determinar la fase de la corriente. Esta corriente sale en fase gaseosa y con una calidad de 1. Al observar nuevamente la tabla A-6 (Çengel y Boles, 2018) para una presión de 1.8 MPa, vemos que el valor de entropía no se encuentra en ella, por lo que se debe interpolar. El valor a interpolar es la entropía de 6.4651 kJ/kg K. Los resultados son los siguientes:

— Temperatura (T) = 222.035 °C
— Volumen específico (V_{esp}) = 0.1157 m³/kg
— Energía interna (U) = 2630.421 kJ/kg
— Entalpía (H) = 2838.699 kJ/kg

El flujo másico a la salida es el mismo que el de la entrada, por lo que se obtiene un flujo volumétrico de 1.389 m³/s despejando la ecuación C-9 del apéndice C.

Para poder calcular la potencia generada por la turbina, se recurre al balance de energía que se estableció anteriormente.

De acuerdo con el balance de energía:

$$\dot{m}\left(H_{sal} - H_{ent}\right) = -\dot{W}$$

$$12\,\frac{kg}{s}\left[2838.699\,\frac{kJ}{kg} - 3343.6\,\frac{kJ}{kg}\right] = -\dot{W}$$

Considerando el 100 % de eficiencia: $\dot{W} = 6058.814$ kW

Salida real

Para el caso real, la entropía generada no es igual a cero. Sin embargo, el problema ya está dando un valor de eficiencia, así que es posible determinar la potencia real de la turbina.

Considerando el 90 % de eficiencia: $\dot{W} = 5452.932\,\text{kW}$

A partir de este valor y usando como referencia el balance de energía, es posible obtener la entalpía de la corriente real:

$$H_{sal} = \frac{-5452.932\,\text{kW}}{136.909\ \text{kg/s}} + 3343.6\,\frac{kJ}{kg} = 2889.189\,\frac{kJ}{kg}$$

La fase de salida real del vapor de agua continúa siendo gas con una calidad de 1. Considerando que la entalpía de la salida real es de 2889.189 kJ/kg, se busca este valor en la tabla A-6 (Çengel y Boles, 2018). Al no encontrarlo, se debe llevar a cabo una interpolación sencilla. Se obtienen los siguientes resultados:

— Temperatura (T) = 241.275 °C
— Volumen específico (V_{esp}) = 0.122 m³/kg
— Energía interna (U) = 2669.354 kJ/kg
— Entalpía (S) = 6.565 kJ/kg K

El flujo másico a la salida es el mismo que el de la entrada, por lo que se obtiene un flujo volumétrico de 1.466 m³/s despejando la ecuación C-9 del apéndice C.

La entropía generada es:

$$S_{gen} = \dot{m}\left(S_{sal} - S_{ent}\right)$$

$$S_{gen} = 12\frac{kg}{s}\left(6.565\frac{kJ}{kg\,K} - 6.465\frac{kJ}{kg\,K}\right) = 1.195\frac{kJ}{s\,K}$$

Energía degradada del sistema:

$$1.195\frac{kJ}{s\,K}\cdot 514.425\,K = 614.966\frac{kJ}{s}$$

Energía degradada del alrededor:

$$1.195\frac{kJ}{s\,K}\cdot 298.15\,K = 356.421\frac{kJ}{s}$$

Estos valores se resumen en la siguiente tabla:

	Entrada	Salida ideal	Salida real
i	H_2O	H_2O	H_2O
T (°C)	500	222.03537	241.2748
P (MPa)	12.5	1.8	1.8
Fase	gas	gas	gas
X	1	1	1
$\dot{m}$ (kg/s)	12	12	12
u (m³/s)	0.30756	1.3886133	1.4657301
V_{esp} (m³/kg)	0.02563	0.1157178	0.1221442
ρ_{esp} (kg/m³)	39.016777	8.641715	8.1870463
U (kJ/kg)	3023.2	2630.4211	2669.3543
H (kJ/kg)	3343.6	2838.6989	2889.189
S (kJ/kg K)	6.4651	6.4651	6.5647203
W (kW)		6058.8137	5452.9323

Tabla 2.12. Resultados del balance de energía y entropía.

Gráfico de la trayectoria en un diagrama de presión-entropía

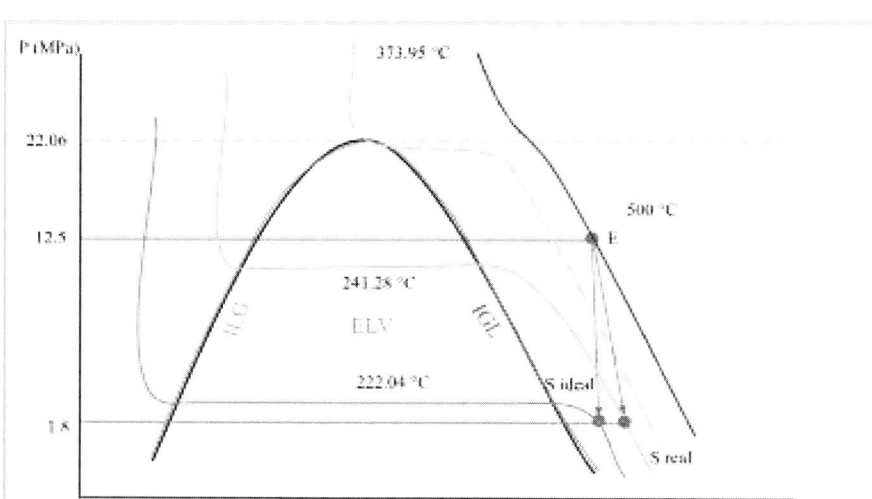

Figura 2.24. Trayectoria de la turbina (ejercicio 2.2.2).

2.2.3. Diámetro y energía cinética de una turbina

Entra vapor de agua a una turbina de 0.7 m de diámetro a la entrada a 983.07 R y 2 bar. La velocidad de entrada es de 25 m/s y la de salida es de 50 m/s. El vapor se expande hasta una presión de 0.4935 atm. Las alturas de la entrada y salida son negligibles; además de que el proceso no es reversible. El calor perdido hacia el alrededor es de 8 kW y la potencia generada por la turbina es de 2000 kW. Calcule la eficiencia de la turbina. Posteriormente, grafique la trayectoria en un diagrama de presión-entropía.

Datos del problema

Entrada:
- Diámetro: 0.7 m
- Temperatura: 983.07 R = 273 °C
- Presión: 2 bar = 0.2 MPa
- Velocidad: 25 m/s

Salida:
- Velocidad: 50 m/s
- Presión: 0.4935 atm = 0.05 MPa

Generales:
— Compuesto: agua.
— El proceso no es reversible y las alturas son negligibles.
— Calor perdido hacia el alrededor: 8 kW.
— Potencia real generada por la turbina: 2000 kW.

Resolución del problema

Identificación del sistema, las fronteras y el alrededor

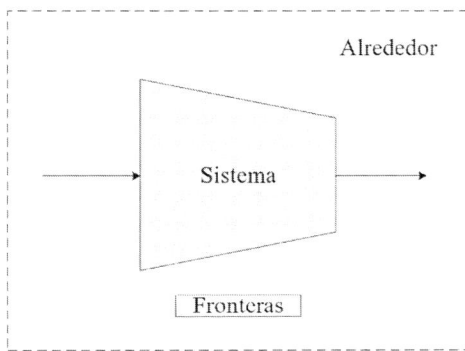

Figura 2.25. Identificación del sistema, las fronteras y el alrededor de la turbina (ejercicio 2.2.3).

Planteamiento de los balances

Energía:

$$\frac{dmU_{sis}}{dt} = \sum_{sal} \dot{m}_{sal} \, (U + PV + E_k + E_p)_{sal} - \sum_{ent} \dot{m}_{ent} \, (U + PV + E_k + E_p)_{ent} \pm \dot{Q} \pm \dot{W}$$

$$\dot{m}\left[\left(H_{sal} - H_{ent}\right) + \left(Ek_{sal} - Ek_{ent}\right)\right] = -\dot{W} - \dot{Q}$$

$$\dot{m}\left(\Delta H + \Delta Ek\right) = -\dot{W} - \dot{Q}$$

$$\dot{H} + \dot{Ek} = -\dot{W} - \dot{Q}$$

Entropía:

$$\frac{d\left(mS_{sis}\right)}{dt} = \sum_{ent} \dot{m}_{ent}\dot{S}_{ent} - \sum_{sal} \dot{m}_{sal}\dot{S}_{sal} + \sum \frac{Q}{T} + \dot{S}_{gen}$$

$$\dot{m}_{ent}S_{ent} - \dot{m}_{sal}S_{sal} + S_{gen} + \frac{Q}{T} = 0$$

$$S_{gen} = \dot{m}\left(S_{sal} - S_{ent}\right) - \frac{Q}{T}$$

Entrada

Al observar los datos de equilibrio de la tabla A-4 (Çengel y Boles, 2018) para una temperatura de 273 °C, se constata que la presión del sistema es menor que la presión de saturación, por lo que la corriente viene en estado gaseoso y con una calidad de 1. Al observar nuevamente la tabla A-6 (Çengel y Boles, 2018) para una presión de 0.2 MPa, vemos que el valor de la temperatura no se encuentra en ella, por lo que se debe interpolar. El valor a interpolar es la temperatura de 273 °C. Los resultados son los siguientes:

— Volumen específico (V_{esp}) = 1.2529 m³/kg
— Energía interna (U) = 2767.004 kJ/kg
— Entalpía (H) = 3017.614 kJ/kg
— Entropía (S) = 7.7946 kJ/kg K

Con estos datos, y utilizando la ecuación C-14 del apéndice C, se obtiene un área de 0.3849 m². Al tener datos de velocidad, área y densidad (el inverso del volumen específico), es posible calcular el flujo másico por medio de la ecuación C-8 del apéndice C. Si multiplicamos estas propiedades, se obtiene un flujo másico de 7.679 kg/s. A partir de este valor, se calcula un flujo volumétrico de 9.621 m³/s despejando la ecuación C-9 del apéndice C. De acuerdo con los datos de entrada, y utilizando la ecuación C-10 y C-10.1 del apéndice C, la energía cinética de la entrada es de 0.3125 kJ/kg.

Salida ideal

De acuerdo con el balance de entropía, no hay entropía generada. Entropía de entrada = entropía de salida:

entropía de entrada (S) = 7.7946 kJ/kg K = entropía de salida

Conseguido este valor, así como la presión de salida, es posible determinar la fase. Esta corriente sale en fase gaseosa y con una calidad de 1. Al observar la tabla A-6 (Çengel y Boles, 2018) para una presión de 0.05 MPa, vemos que el valor de entropía no se encuentra en ella, por lo que se debe interpolar. El valor a interpolar es la entropía de 7.7946 kJ/kg K. Los resultados son los siguientes:

— Temperatura (T) = 120.200 °C
— Volumen específico (V_{esp}) = 3.609 m³/kg
— Energía interna (U) = 2541.477 kJ/kg
— Entalpía (H) = 2721.912 kJ/kg

El flujo másico a la salida es el mismo que el de la entrada, por lo que se obtiene un flujo volumétrico de 27.714 m³/s a partir de la ecuación C-9 del apéndice C. Como ya se cuenta con un flujo másico y con un valor reportado de velocidad, es posible obtener el diámetro de la salida despejando la ecuación C-8 del apéndice C, lo cual da como resultado 0.8401 m y un área de 0.5542 m². Finalmente, se calcula una energía cinética de 1.25 kJ/kg a partir de las ecuaciones C-10 y C-10.1 del apéndice C.

De acuerdo con el balance de energía:

$$\dot{m}\left(\Delta H + \Delta Ek\right) + \dot{Q} = -\dot{W}$$

$$7.679\frac{kg}{s}\left[\left(2721.912\frac{kJ}{kg} - 3017.614\frac{kJ}{kg}\right) + \left(0.3125\frac{kJ}{kg} - 1.25\frac{kJ}{kg}\right)\right] + 8\text{ kW} = -\dot{W}$$

Considerando el 100 % de eficiencia: $\dot{W} = 2255.573$ kW

El problema plantea desde un principio la potencia real de la turbina: 2000 kW. Al dividir este valor entre la potencia ideal generada, se puede obtener una eficiencia del 88.67 %.

Salida real

Para el caso real, la entropía generada no es igual a cero. Para la potencia generada considerando un 88.67 % de eficiencia, se debe cumplir el balance de energía, por lo que ahora la entalpía de salida es igual a 2755.193 kJ/kg.

$$H_{sal} = \frac{-2000\,\text{kW} - 8\text{kW}}{7.679\text{ kg/s}} - \left(0.3125\frac{kJ}{kg} - 1.25\frac{kJ}{kg}\right) + 3017.614\frac{kJ}{kg} = 2755.193\frac{kJ}{kg}$$

La fase de salida real del vapor de agua continúa siendo gas, por lo que las propiedades termodinámicas se obtuvieron de la tabla A-6 (Çengel y Boles, 2018). Se realiza de nuevo una interpolación de los datos, en concreto del valor de entalpía obtenido en el paso anterior. Los resultados son los siguientes:

- Temperatura (T) = 137.215 °C
- Volumen específico (V_{esp}) = 3.769 m³/kg
- Energía interna (U) = 2566.72 kJ/kg
- Entalpía (S) = 7.878 kJ/kg K

El flujo másico a la salida es el mismo que el de la entrada, por lo que se obtiene un flujo volumétrico de 28.945 m³/s a partir de la ecuación C-9 del apéndice C. Como ya se cuenta con un flujo másico y con un valor reportado de velocidad, es posible obtener el diámetro de la salida despejando la ecuación C-8 del apéndice C, lo cual da como resultado 0.8585 m y un área de 0.5789 m². Finalmente, se calcula una energía cinética de 1.25 kJ/kg a partir de las ecuaciones C-10 y C-10.1 del apéndice C.

La entropía generada es:

$$S_{gen} = \dot{m}\left(S_{sal} - S_{ent}\right) - \frac{Q}{T}$$

$$S_{gen} = 7.679\frac{\text{kg}}{\text{s}}\left(7.878\frac{\text{kJ}}{\text{kg K}} - 7.795\frac{\text{kJ}}{\text{kg K}}\right) - \frac{8\,\text{kW}}{410.365\text{K}} = 0.6234\frac{\text{kJ}}{\text{s K}}$$

Energía degradada del sistema:

$$0.6234\frac{\text{kJ}}{\text{s K}} \cdot 410.365\,\text{K} = 255.804\frac{\text{kJ}}{\text{s}}$$

Energía degradada del alrededor:

$$0.6234\frac{\text{kJ}}{\text{s K}} \cdot 298.15\,\text{K} = 185.854\frac{\text{kJ}}{\text{s}}$$

Estos valores se resumen en la siguiente tabla:

	Entrada	Salida ideal	Salida real
i	H_2O	H_2O	H_2O
T (°C)	273	120.20041	137.21521
P (MPa)	0.2	0.05	0.05
Fase	gas	gas	gas
X	1	1	1
$\dot{m}$ (kg/s)	7.6792594	7.6792594	7.6792594
u (m³/s)	9.6211275	27.714354	28.945181
d (m)	0.7	0.8400835	0.8585354
Área (m²)	0.3848451	0.5542871	0.5789036
V (m/s)	25	50	50
V_{esp} (m³/kg)	1.2528718	3.6089878	3.7692673
ρ_{esp} (kg/m³)	0.7981663	0.277086	0.2653036
U (kJ/kg)	2767.004	2541.4774	2566.7274
H (kJ/kg)	3017.614	2721.912	2755.193
S (kJ/kg K)	7.794686	7.794686	7.8783988
Ek (kJ/kg)	0.3125	1.25	1.25
ΔH (kJ/kg)		−295.702	−262.4211
$\dot{H}$ (kW)		0.9375	0.9375
ΔEk (kJ/kg)		7.1993057	7.1993057
$\dot{Ek}$ (kW)		−2270.77239	−2015.1993
W (kW)		2255.5731	2000
Q (kW)		8	8

Tabla 2.13. Resultados del balance de energía y entropía.

Gráfico de la trayectoria en un diagrama de presión-entropía

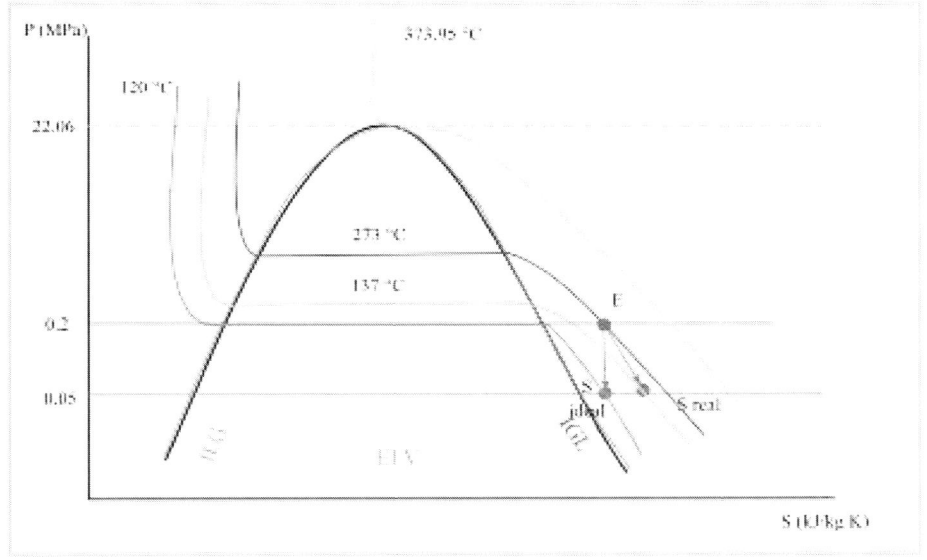

Figura 2.26. Trayectoria de la turbina (ejercicio 2.2.3).

2.2.4. Turbina con energía potencial

En una turbina de 1.55 m de diámetro entra vapor de agua a 1864.4 °F y 313290 lbf/ft². La velocidad de entrada y salida negligible. El flujo másico es de 54 kg/s y la altura es de 314.960 in. El vapor se expande hasta una presión de 30007.502 mmHg. El área de salida es de 3.456 m² y la altura disminuye 2 metros. El proceso no es reversible. El calor transferido hacia el alrededor es de 87 kW y la potencia generada por la turbina es de 61418520 BTU/h. Calcule la eficiencia de la turbina. Posteriormente, grafique la trayectoria en un diagrama de presión-entropía.

Datos del problema

Entrada:

- Diámetro: 1.55 m
- Temperatura: 1864.4 °F = 1018 °C
- Presión: 313290 lbf/ft² = 15 MPa
- Altura: 314.960 in = 8 metros
- Flujo másico: 54 kg/s

Salida:

- — Presión: 30007.502 mmHg = 4 MPa
- — Área: 3.456 m²
- — Altura: 6 m

Generales:

- — Compuesto: agua.
- — El proceso no es reversible.
- — Calor perdido hacia el alrededor: 87 kW.
- — Potencia real generada por la turbina: 61418520 BTU/h = 18000 kW.
- — Las velocidades no son negligibles.

Resolución del problema

Identificación del sistema, las fronteras y el alrededor

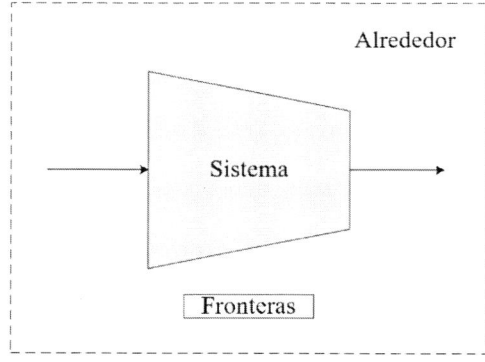

Figura 2.27. Identificación del sistema, las fronteras y el alrededor de la turbina (ejercicio 2.2.4).

Planteamiento de los balances

Energía:

$$\frac{dmU_{sis}}{dt} = \sum_{sal} \dot{m}_{sal} \ (U + PV + E_k + E_p)_{sal} - \sum_{ent} \dot{m}_{ent} \ (U + PV + E_k + E_p)_{ent} \pm \dot{Q} \pm \dot{W}$$

$$\dot{m}\left[\left(H_{sal} - H_{ent}\right) + \left(Ep_{sal} - Ep_{ent}\right)\right] = -\dot{W} - \dot{Q}$$

$$\dot{m}\left(\Delta H + \Delta Ep\right) = -\dot{W} - \dot{Q}$$

$$\dot{H} + \dot{Ep} = -\dot{W} - \dot{Q}$$

Entropía:

$$\frac{d\left(mS_{sis}\right)}{dt} = \sum_{ent}\dot{m}_{ent}\dot{S}_{ent} - \sum_{sal}\dot{m}_{sal}\dot{S}_{sal} + \sum \frac{Q}{T} + \dot{S}_{gen}$$

$$\dot{m}_{ent}S_{ent} - \dot{m}_{sal}S_{sal} + S_{gen} + \frac{Q}{T} = 0$$

$$S_{gen} = \dot{m}\left(S_{sal} - S_{ent}\right) - \frac{Q}{T}$$

Entrada

Al observar la temperatura de la entrada se constata que sobrepasa la temperatura crítica del agua, por lo que la corriente viene en estado gaseoso y con una calidad de 1. Al observar la tabla A-6 (Çengel y Boles, 2018) para una presión de 15 MPa, vemos que el valor de la temperatura no se encuentra en ella, por lo que se debe interpolar. El valor a interpolar es la temperatura de 1018 °C. Los resultados son los siguientes:

— Volumen específico (V_{esp}) = 0.0394 m³/kg
— Energía interna (U) = 4055.008 kJ/kg
— Entalpía (H) = 4645.892 kJ/kg
— Entropía (S) = 7.673 kJ/kg K

Con estos datos se obtiene un área de 1.887 m² a partir de la ecuación C-14 del apéndice C. De igual manera se calcula un flujo másico de 7.679 kg/s (ecuación C-8) y un flujo volumétrico de 2.127 m³/s (ecuación C-9 del apéndice C).

De acuerdo con los datos de entrada, y utilizando las ecuaciones C-11 y C-10.1 del apéndice C, la energía potencial de la entrada es de 0.079 kJ/kg.

Salida ideal

De acuerdo con el balance de entropía, no hay entropía generada. Entropía de entrada = entropía de salida:

entropía de entrada (S) = 7.673 kJ/kg K = entropía de salida

Teniendo este valor, así como la presión de salida, es posible determinar la fase de la corriente. Esta corriente sale en fase gaseosa y con una calidad de 1. Al observar nuevamente la tabla A-6 (Çengel y Boles, 2018) para una presión de 4 MPa, vemos que el valor de entropía no se encuentra en ella, por lo que se debe interpolar. El valor a interpolar es la entropía de 7.673 kJ/kg K. Los resultados son los siguientes:

- Temperatura (T) = 722.390 °C
- Volumen específico (V_{esp}) = 0.1137 m³/kg
- Energía interna (U) = 3504.538 kJ/kg
- Entalpía (H) = 3959.140 kJ/kg

El flujo másico a la salida es el mismo que el de la entrada, por lo que se obtiene un flujo volumétrico de 6.1373 m³/s despejando la ecuación C-9 del apéndice C. Como ya se cuenta con un valor reportado de área, es posible obtener el diámetro de la salida utilizando la ecuación C-8, lo cual da como resultado 2.098 m. Finalmente, se calcula una energía potencial de 0.059 kJ/kg a partir de las ecuaciones C-11 y C-10.1.

De acuerdo con el balance de energía:

$$\dot{m}\left(\Delta H + \Delta Ep\right) + \dot{Q} = -\dot{W}$$

$$54\,\frac{kg}{s}\left[\left(3959.140\,\frac{kJ}{kg} - 4645.892\,\frac{kJ}{kg}\right) + \left(0.079\,\frac{kJ}{kg} - 0.059\,\frac{kJ}{kg}\right)\right] + 87\,kW = -\dot{W}$$

Considerando el 100 % de eficiencia: $\dot{W} = 36998.674\,kW$

El problema plantea desde un principio la potencia real de la turbina: 18000 kW. Al dividir este valor entre la potencia ideal generada, se puede obtener una eficiencia del 48.65 %.

Salida real

Para el caso real, la entropía generada no es igual a cero. Para la potencia generada considerando un 48.65 % de eficiencia, se debe cumplir el balance de energía, por lo que ahora la entalpía de salida es igual a 4310.967 kJ/kg.

$$H_{sal} = \frac{-18000\,kW - 87\,kW}{54\,kg/s} - \left(0.079\,\frac{kJ}{kg} - 0.059\,\frac{kJ}{kg}\right) + 4645.892\,\frac{kJ}{kg} = 4310.967\,\frac{kJ}{kg}$$

La fase de salida real del vapor de agua continúa siendo gas, por lo que las propiedades termodinámicas se obtuvieron de la tabla A-6 (Çengel y Boles, 2018). Se lleva a cabo de nuevo una interpolación, en concreto la del valor de entalpía obtenido en el paso anterior. Los resultados son los siguientes:

- Temperatura (T) = 869.813 °C
- Volumen específico (V_{esp}) = 0.1312 m³/kg
- Energía interna (U) = 3786.176 kJ/kg
- Entalpía (S) = 8.0025 kJ/kg K

El flujo másico a la salida es el mismo que el de la entrada, por lo que se obtiene un flujo volumétrico de 7.084 m³/s despejando la ecuación C-9 del apéndice C. Como ya se cuenta con un valor reportado de área, es posible obtener el diámetro de la salida utilizando la ecuación C-8, lo cual da como resultado 2.098 m. Finalmente, se calcula una energía potencial de 0.059 kJ/kg a partir de las ecuaciones C-11 y C-10.1.

La entropía generada es:

$$S_{gen} = \dot{m}\left(S_{sal} - S_{ent}\right) - \frac{Q}{T}$$

$$S_{gen} = 54\,\frac{kg}{s}\left(8.0025\,\frac{kJ}{kg\,K} - 7.6731\,\frac{kJ}{kg\,K}\right) - \frac{87\,kW}{1142.96\,K} = 17.714\,\frac{kJ}{s\,K}$$

Energía degradada del sistema:

$$17.714\,\frac{kJ}{s\,K}\cdot 1142.96\,K = 20245.947\,\frac{kJ}{s}$$

Energía degradada del alrededor:

$$17.714\,\frac{kJ}{s\,K}\cdot 298.15\,K = 5281.301\,\frac{kJ}{s}$$

Estos valores se resumen en la siguiente tabla:

	Entrada	Salida ideal	Salida real
i	H_2O	H_2O	H_2O
T (°C)	1018	722.38978	869.81257
P (MPa)	15	4	4
Fase	gas	gas	gas
X	1	1	1
$\dot{m}$ (kg/s)	54	54	54
u (m³/s)	2.1272609	6.1372803	7.0840337
d (m)	1.55	2.097693	2.097693
Área (m²)	1.8869191	3.456	3.456
Z (m)	8	6	6
V_{esp} (m³/kg)	0.0393937	0.1136533	0.1311858
ρ_{esp} (kg/m³)	25.384757	8.7986856	7.6227757
U (kJ/kg)	4055.008	3504.5376	3786.176
H (kJ/kg)	4645.892	3959.1399	4310.9672

	Entrada	**Salida ideal**	**Salida real**
S (kJ/kg K)	7.673098	7.673098	8.0025367
Ep (kJ/kg)	0.07848	0.05886	0.05886
ΔH (kJ/kg)		−686.7521	−334.9248
$\dot{H}$ (kW)		−0.01962	−0.01962
ΔEp (kJ/kg)		−1.05948	−1.05948
$\dot{Ep}$ (kW)		−37084.61	−18085.94
W (kW)		36998.674	18000
Q (kW)		87	87

Tabla 2.14. Resultados del balance de energía y entropía.

Gráfico de la trayectoria en un diagrama de presión-entropía

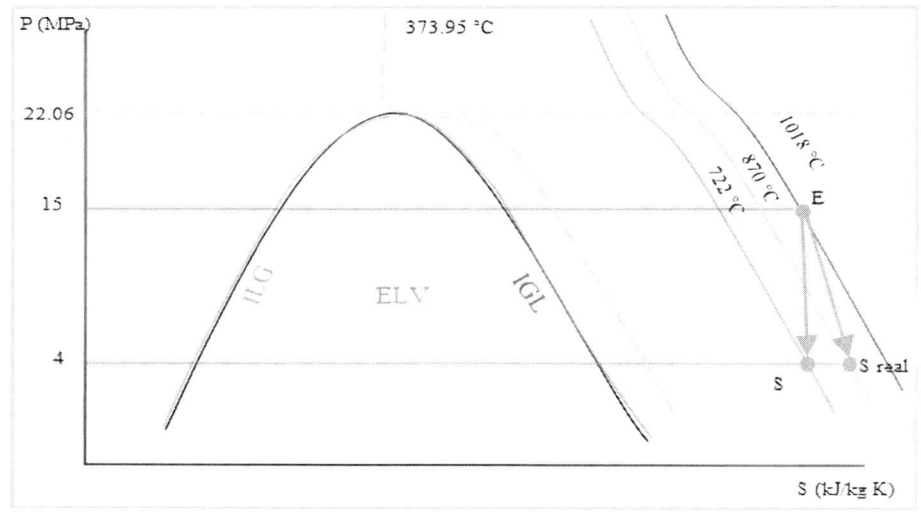

Figura 2.28. Trayectoria de la turbina (ejercicio 2.2.4).

2.2.5. Diámetro y energía cinética de una turbina

En una turbina de 4.26504 ft de diámetro entra vapor de agua a 3216.2 °F y 2175.6 psia. La velocidad de entrada es de 992124 in/h y la de salida es de 2267712 in/h. El vapor se expande hasta una presión de 9002.251 mmHg. Las alturas de la entrada y salida son negligibles; además, el proceso no es reversible. El calor perdido hacia el alrededor es de 4.023 HP y la potencia generada por la turbina es de 214560 HP. Calcule la eficiencia de la turbina. Posteriormente, grafique la trayectoria en un diagrama de temperatura-entropía.

Datos del problema

Entrada:
- Diámetro: 4.26504 ft = 1.3 m
- Temperatura: 3216.2 °F = 1769 °C
- Presión: 2175.6 psia = 15 MPa
- Velocidad: 992124 in/h = 7 m/s

Salida:
- Velocidad: 2267712 in/h = 16 m/s
- Presión: 9002.251 mmHg = 1.2 MPa

Generales:
- Compuesto: agua.
- El proceso no es reversible y las alturas son negligibles.
- Calor perdido hacia el alrededor: 84.023 HP = 3kW.
- Potencia real generada por la turbina: 214560 HP = 160000 kW.

Resolución del problema

Identificación del sistema, las fronteras y el alrededor

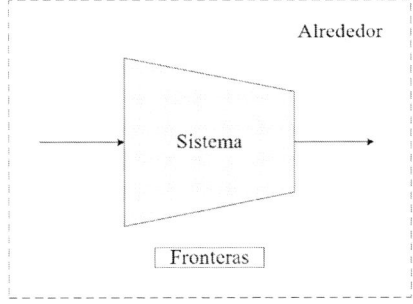

Figura 2.29. Identificación del sistema, las fronteras y el alrededor de la turbina (ejercicio 2.2.5).

Planteamiento de los balances

Energía:

$$\frac{dmU_{sis}}{dt} = \sum_{sal} \dot{m}_{sal} \ (U + PV + E_k + E_p)_{sal} - \sum_{ent} \dot{m}_{ent} \ (U + PV + E_k + E_p)_{ent} \pm \dot{Q} \pm \dot{W}$$

$$\dot{m}\left[\left(H_{sal} - H_{ent} \right) + \left(Ek_{sal} - Ek_{ent} \right) \right] = -\dot{W} - \dot{Q}$$

$$\dot{m}\left(\Delta H + \Delta Ek \right) = -\dot{W} - \dot{Q}$$

$$\dot{H} + \dot{E}k = -\dot{W} - \dot{Q}$$

Entropía:

$$\frac{d\left(mS_{sis}\right)}{dt} = \sum_{ent} \dot{m}_{ent}\dot{S}_{ent} - \sum_{sal} \dot{m}_{sal}\dot{S}_{sal} + \sum \frac{Q}{T} + \dot{S}_{gen}$$

$$\dot{m}_{ent}S_{ent} - \dot{m}_{sal}S_{sal} + S_{gen} + \frac{Q}{T} = 0$$

$$S_{gen} = \dot{m}\left(S_{sal} - S_{ent}\right) - \frac{Q}{T}$$

Entrada

Al observar los datos de equilibrio de la tabla A-4 (Çengel y Boles, 2018), se constata que la temperatura crítica del agua es de aproximadamente 373 °C. Al estar el sistema muy por encima de esta temperatura, se sabe que la corriente viene en estado gaseoso y con una calidad de 1. Para obtener las propiedades termodinámicas se consulta la tabla A-6, de vapor de agua sobrecalentado (Çengel y Boles, 2018). El último valor reportado en la tabla para 15 MPa es de 1300 °C, por lo que se requiere extrapolar las propiedades termodinámicas. Al hacer una correlación lineal de cada propiedad con la temperatura, y usando la temperatura de 1769 °C, los datos calculados son los siguientes:

— Volumen específico (V_{esp}) = 0.067864268 m³/kg
— Energía interna (U) = 5709.064 kJ/kg
— Entalpía (H) = 6726.997 kJ/kg
— Entropía (S) = 9.7528 kJ/kg K

Con estos datos y según la ecuación 14 del apéndice C, se obtiene un área de 1.32732 m². Al tener datos de velocidad, área y densidad (el inverso del volumen específico), es posible calcular el flujo másico utilizando la ecuación C-8. Si multiplicamos estas propiedades, se obtiene un flujo másico de 136.9095 kg/s. A partir de este valor, se calcula un flujo volumétrico de 9.29126 m³/s.

De acuerdo con los datos de entrada, y utilizando la ecuación C-10 y C-10.1, la energía cinética de la entrada es de 0.0245 kJ/kg.

Salida ideal

De acuerdo con el balance de entropía, no hay entropía generada. Entropía de entrada = entropía de salida:

entropía de entrada (S) = 9.7528 kJ/kg K = entropía de salida

Teniendo este valor, así como la presión de salida, es posible determinar la fase de la corriente. Esta corriente sale en fase gaseosa y con una calidad de 1. Al observar nuevamente la tabla A-6 (Çengel y Boles, 2018), para una presión de 1.2 MPa, vemos que el valor de entropía es mayor que el último valor de la tabla, por lo que nuevamente se debe llevar a cabo una extrapolación. Sin embargo, en esta ocasión la correlación lineal se hace con los valores de entropía con cada una de las propiedades termodinámicas. Los valores obtenidos son los siguientes:

- Temperatura (T) = 1361.002 °C
- Volumen específico (V_{esp}) = 0.63243 m³/kg
- Energía interna (U) = 4732.411 kJ/kg
- Entalpía (H) = 5491.321 kJ/kg

El flujo másico a la salida es el mismo que el de la entrada, por lo que se obtiene un flujo volumétrico de 86.586 m³/s. Como ya se cuenta con un flujo másico y con un valor reportado de velocidad, es posible obtener el diámetro de la salida, lo cual da como resultado 2.6249 m y un área de 5.41162 m². Finalmente, se calcula una energía cinética de 0.128 kJ/kg.

De acuerdo con el balance de energía:

$$\dot{m}\left(\Delta H + \Delta Ek\right) + \dot{Q} = -\dot{W}$$

$$136.909\,\frac{kg}{s}\left[\left(5491.321\,\frac{kJ}{kg} - 6726.997\,\frac{kJ}{kg}\right) + \left(0.128\,\frac{kJ}{kg} - 0.0245\,\frac{kJ}{kg}\right)\right] + 3\,kW = -\dot{W}$$

Considerando el 100 % de eficiencia: $\dot{W} = 169{,}158.58\,kW$

El problema plantea desde un principio la potencia real de la turbina: 160000 kW. Al dividir este valor entre la potencia ideal generada, se puede obtener una eficiencia del 94.58 %.

Salida real

Para el caso real, la entropía generada no es igual a cero. Para la potencia generada considerando un 94.58 % de eficiencia, se debe cumplir el balance de energía, por lo que ahora la entalpía de salida es igual a 5558.2163 kJ/kg.

$$H_{sal} = \frac{-160000\,kW - 3\,kW}{136.909\,kg/s} - \left(0.128\,\frac{kJ}{kg} - 0.0245\,\frac{kJ}{kg}\right) + 6726.997\,\frac{kJ}{kg} = 5558.2163\,\frac{kJ}{kg}$$

La fase de salida real del vapor de agua continúa siendo gas, por lo que las propiedades termodinámicas se obtuvieron de la tabla A-6 (Çengel y Boles, 2018). Se lleva a cabo de nuevo una extrapolación de los datos, pero ahora con una correlación lineal entre la entalpía y el resto de las propiedades. Se obtienen los siguientes resultados:

- Temperatura (T) = 1386.568 °C
- Volumen específico (V_{esp}) = 0.6418 m³/kg
- Energía interna (U) = 4788.051 kJ/kg
- Entalpía (S) = 9.778 kJ/kg K

El flujo másico a la salida es el mismo que el de la entrada, por lo que se obtiene un flujo volumétrico de 87.8699 m³/s. Como ya se cuenta con un flujo másico y con un valor reportado de velocidad, es posible obtener el diámetro de la salida, lo cual da como resultado 2.6443 m y un área de 5.4919 m². Finalmente, se calcula una energía cinética de 0.128 kJ/kg.

La entropía generada es:

$$S_{gen} = \dot{m}\left(S_{sal} - S_{ent}\right) - \frac{Q}{T}$$

$$S_{gen} = 136.909\frac{kg}{s}\left(9.753\frac{kJ}{kg\,K} - 9.778\frac{kJ}{kg\,K}\right) - \frac{3\,kW}{1659.717\,K} = 3.443\frac{kJ}{s\,K}$$

Energía degradada del sistema:

$$3.443\frac{kJ}{s\,K} \cdot 1659.717\,K = 5713.822\frac{kJ}{s}$$

Energía degradada del alrededor:

$$3.443\frac{kJ}{s\,K} \cdot 298.15\,K = 1026.426\frac{kJ}{s}$$

Estos valores se resumen en la siguiente tabla:

	Entrada	Salida ideal	Salida real
i	H_2O	H_2O	H_2O
T (°C)	1769	1361.0029	1386.567
P (MPa)	15	1.2	1.2
Fase	gas	gas	gas
X	1	1	1

	Entrada	Salida ideal	Salida real
$\dot{m}$ (k/s)	136.90946	136.90946	136.90946
u (m³/s)	9.2912603	86.585877	87.869957
d (m)	1.3	2.6249353	2.6443277
Área (m²)	1.3273229	5.4116173	5.4918723
V (m/s)	7	16	16
V_{esp} (m³/kg)	0.0678643	0.6324317	0.6418107
ρ_{esp} (kg/m³)	14.735295	1.5811985	1.5580918
U (kJ/kg)	5709.064	4732.4107	4788.0508
H (kJ/kg)	6726.9972	5491.3211	5558.2163
S (kJ/kg K)	9.7528482	9.7528482	9.7780068
Ek (kJ/kg)	0.0245	0.128	0.128
ΔH (kJ/kg)		−1235.676	−1168.781
$\dot{H}$ (kW)		0.1035	0.1035
ΔEk (kJ/kg)		14.170129	14.170129
$\dot{Ek}$ (kW)		−169175.8	−160017.2
W (kW)		169158.58	160000
Q (kW)		3	3

Tabla 2.15. Resultados del balance de energía y entropía.

Gráfico de la trayectoria en un diagrama de temperatura-entropía

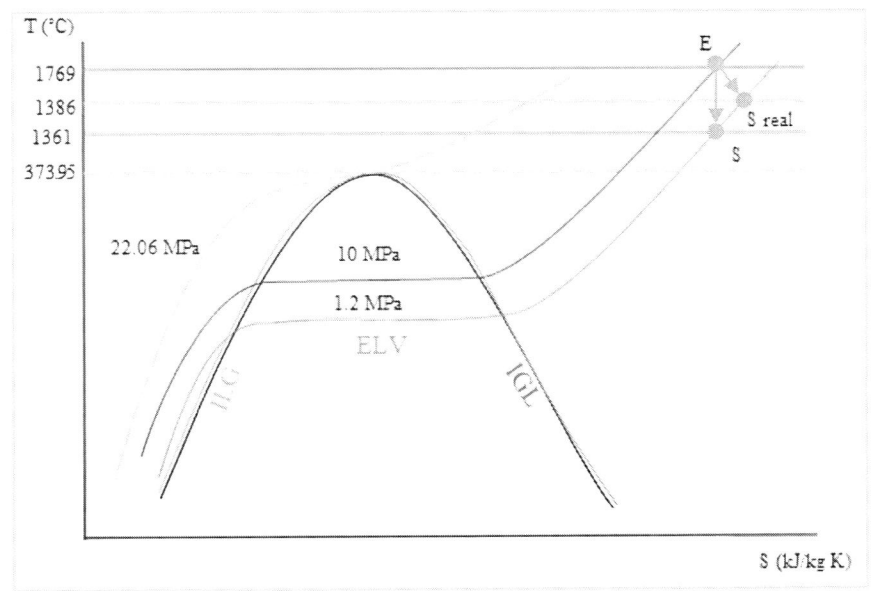

Figura 2.30. Trayectoria de la turbina (ejercicio 2.2.5).

2.2.6. Generación de entropía con pérdidas de calor al ambiente y energía

En una turbina de 51.181 in de diámetro entra vapor de refrigerante R-134a a 905.67 R y 7.895 atm. Las velocidades son negligibles. El flujo másico es de 152.12 lb/s y la altura es de 39.369 ft. El vapor se expande hasta una presión de 3.2 bar. El área de salida es de 0.8231 m² y la altura aumenta 157.48 in. El proceso no es reversible. El calor transferido hacia el alrededor es de 69.73 HP y la potencia generada por la turbina es de 7779679 BTU/h. Calcule la eficiencia de la turbina. Posteriormente, grafique la trayectoria en un diagrama de temperatura-entropía.

Datos del problema

Entrada:
— Diámetro: 51.181 in = 0.88 m
— Temperatura: 905.67 R = 230 °C
— Presión: 7.89538 atm = 0.8 Mpa
— Altura: 39.3696 ft = 12 metros
— Flujo másico: 152.119 lbm/s = 69 kg/s

Salida:
— Presión: 3.2 bar = 0.32 MPa
— Área: 0.8231 m²
— Altura: 16 metros

Generales:
— Compuesto: R-134a.
— El proceso no es reversible.
— Calor perdido hacia el alrededor: 69.732 HP = 52 kW.
— Potencia real generada por la turbina: 7779679.2 BTU/h = 2280 kW.
— Las velocidades son negligibles.

Resolución del problema

Identificación del sistema, las fronteras y el alrededor

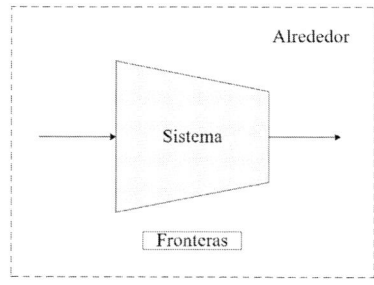

Figura 2.31. Identificación del sistema, las fronteras y el alrededor de la turbina (ejercicio 2.2.6).

Planteamiento de los balances

Energía:

$$\frac{dmU_{sis}}{dt} = \sum_{sal} \dot{m}_{sal} \; (U + PV + E_k + E_p)_{sal} - \sum_{ent} \dot{m}_{ent} \; (U + PV + E_k + E_p)_{ent} \pm \dot{Q} \pm \dot{W}$$

$$\dot{m}\left[\left(H_{sal} - H_{ent}\right) + \left(Ep_{sal} - Ep_{ent}\right)\right] = -\dot{W} - \dot{Q}$$

$$\dot{m}\left(\Delta H + \Delta Ep\right) = -\dot{W} - \dot{Q}$$

$$\dot{H} + \dot{Ep} = -\dot{W} - \dot{Q}$$

Entropía:

$$\frac{d\left(mS_{sis}\right)}{dt} = \sum_{ent} \dot{m}_{ent}\dot{S}_{ent} - \sum_{sal} \dot{m}_{sal}\dot{S}_{sal} + \sum \frac{Q}{T} + \dot{S}_{gen}$$

$$\dot{m}_{ent}S_{ent} - \dot{m}_{sal}S_{sal} + S_{gen} + \frac{Q}{T} = 0$$

$$S_{gen} = \dot{m}\left(S_{sal} - S_{ent}\right) - \frac{Q}{T}$$

Entrada

Al observar la temperatura de la entrada se constata que sobrepasa la temperatura crítica del refrigerante, por lo que la corriente viene en estado gaseoso y con calidad de 1. Para obtener las propiedades termodinámicas, se consulta la tabla A-13 (Çengel y Boles, 2018). El último valor reportado en la tabla para 0.8 MPa es de 180 °C, por lo que estas propiedades deben ser extrapoladas. Al hacer una correlación lineal de cada propiedad con la temperatura, y usando la temperatura de 230 °C, los datos calculados son los siguientes:

— Volumen específico (V_{esp}) = 0.512 m³/kg
— Energía interna (U) = 432.061 kJ/kg
— Entalpía (H) = 473.050 kJ/kg
— Entropía (S) = 1.479 kJ/kg K

Con estos datos se obtiene un área de 0.608 m² utilizando la ecuación 14 del apéndice C. De igual manera, se calcula un flujo volumétrico de 3.535 m³/s despejando la ecuación C-9 del apéndice C.

De acuerdo con los datos de entrada, y utilizando la ecuación C-11 y C-10.1 (apéndice C), la energía potencial de la entrada es de 0.118 kJ/kg.

Salida ideal

De acuerdo con el balance de entropía, no hay entropía generada. Entropía de entrada = Entropía salida:

entropía de entrada (S) = 1.479 kJ/kg K = entropía de salida

Conseguido este valor, así como la presión de salida, es posible determinar la fase de la corriente. Esta corriente sale en fase gaseosa y con una calidad de 1. Al observar nuevamente la tabla A-13 (Çengel y Boles, 2018) para una presión de 0.32 MPa, vemos que el valor de entropía no se encuentra en ella, por lo que se debe extrapolar. Al hacer una correlación lineal de cada propiedad con la entropía, y usando la entropía de 1.4792 kJ/kg K, los datos calculados son los siguientes:

— Temperatura (T) = 197.284 °C
— Volumen específico (V_{esp}) = 0.1200 m³/kg
— Energía interna (U) = 396.883 kJ/kg
— Entalpía (H) = 435.288 kJ/kg

El flujo másico a la salida es el mismo que el de la entrada, por lo que se obtiene un flujo volumétrico de 8.2811 m³/s. Como ya se cuenta con un valor reportado de área, es posible obtener el diámetro de la salida, lo cual da como resultado 1.024 m. Finalmente, se calcula una energía potencial de 0.157 kJ/kg.

De acuerdo con el balance de energía:

$$\dot{m}\left(\Delta H + \Delta Ep\right) + \dot{Q} = -\dot{W}$$

$$69\,\frac{kg}{s}\left[\left(435.288\,\frac{kJ}{kg} - 473.050\,\frac{kJ}{kg}\right) + \left(0.118\,\frac{kJ}{kg} - 0.257\,\frac{kJ}{kg}\right)\right] + 52\,kW = -\dot{W}$$

Considerando el 100 % de eficiencia: $\dot{W} = 2550.882$ kW

El problema plantea desde un principio la potencia real de la turbina: 2280 kW. Al dividir este valor entre la potencia ideal generada, se puede obtener una eficiencia del 89.38 %.

Salida real

Para el caso real, la entropía generada no es igual a cero. Para la potencia generada considerando un 89.38 % de eficiencia, se debe cumplir el balance de energía, por lo que ahora la entalpía de salida es igual a 439.214 kJ/kg.

$$H_{sal} = \frac{-2280\,\text{kW} - 52\,\text{kW}}{69\,\text{kg/s}} - \left(0.118\,\frac{\text{kJ}}{\text{kg}} - 0.157\,\frac{\text{kJ}}{\text{kg}}\right) + 473.050\,\frac{\text{kJ}}{\text{kg}} = 439.214\,\frac{\text{kJ}}{\text{kg}}$$

La fase de salida real del vapor de agua continúa siendo gas, por lo que las propiedades termodinámicas se obtuvieron de la tabla A-13 (Çengel y Boles, 2018). Se lleva a cabo de nuevo una extrapolación de los datos. Al hacer una correlación lineal de cada propiedad con la temperatura, y usando la temperatura de 230 °C, los datos calculados son los siguientes:

— Temperatura (T) = 201.257 °C
— Volumen específico (V_{esp}) = 0.1211 m³/kg
— Energía interna (U) = 400.462 kJ/kg
— Entalpía (S) = 1.490 kJ/kg K

El flujo másico a la salida es el mismo que el de la entrada, por lo que se obtiene un flujo volumétrico de 8.356 m³/s. Como ya se cuenta con un valor reportado de área, es posible obtener el diámetro de la salida, lo cual da como resultado 1.024 m. Finalmente, se calcula una energía potencial de 0.157 kJ/kg.

La entropía generada es:

$$S_{gen} = \dot{m}\left(S_{sal} - S_{ent}\right) - \frac{Q}{T}$$

$$S_{gen} = 0.6063\,\frac{\text{kg}}{\text{s}}\left(1.479\,\frac{\text{kJ}}{\text{kg K}} - 1.490\,\frac{\text{kJ}}{\text{kg K}}\right) - \frac{52\,\text{kW}}{474.407\,\text{K}} = 0.6063\,\frac{\text{kJ}}{\text{s K}}$$

Energía degradada del sistema:

$$0.6063\,\frac{\text{kJ}}{\text{s K}} \cdot 474,407\,\text{K} = 287.613\,\frac{\text{kJ}}{\text{s}}$$

Energía degradada del alrededor:

$$0.6063\,\frac{\text{kJ}}{\text{s K}} \cdot 298.15\,\text{K} = 180.756\,\frac{\text{kJ}}{\text{s}}$$

Estos valores se resumen en la siguiente tabla:

	Entrada	Salida ideal	Salida real
i	R-134a	R-134a	R-134a
T (°C)	230	197.28432	201.25656
P (MPa)	0.8	0.32	0.32
Fase	gas	gas	gas
X	1	1	1
$\dot{m}$ (kg/s)	69	69	69
u (m³/s)	3.5352658	8.281113	8.3558014
d (m)	0.88	1.0237204	1.0237204
Área (m²)	0.6082123	0.8231	0.8231
Z (m)	12	16	16
V_{esp} (m³/kg)	0.0512357	0.1200161	0.1210986
ρ_{esp} (kg/m³)	19.517627	8.3322133	8.2577357
U (kJ/kg)	432.06097	396.88326	400.46243
H (kJ/kg)	473.05021	435.28805	439.21387
S (kJ/kg K)	1.4792251	1.4792251	1.4896
Ep (kJ/kg)	0.11772	0.15696	0.15696
ΔH (kJ/kg)		−7.76216	−33.83634
$\dot{H}$ (kW)		0.03924	0.03924
ΔEp (kJ/kg)		2.70756	2.70756
$\dot{Ep}$ (kW)		−2605.589	−2334.708
W (kW)		2550.8814	2280
Q (kW)		52	52

Tabla 2.16. Resultados del balance de energía y entropía.

Gráfico de la trayectoria en un diagrama de temperatura-entropía

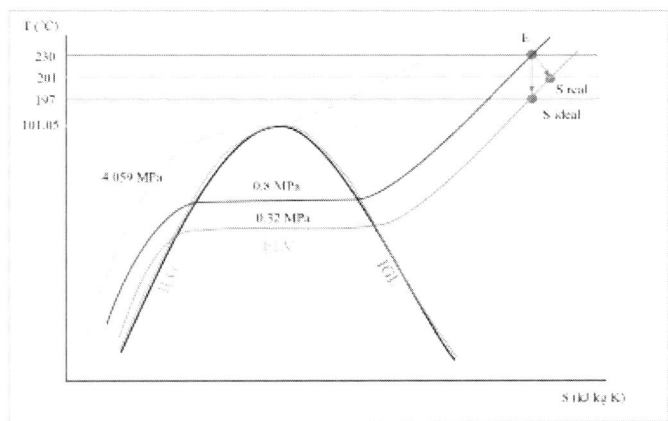

Figura 2.32. Trayectoria de la turbina (ejercicio 2.2.6).

2.2.7. Diámetro y energía cinética de una turbina

En una turbina de 26.4003 in de diámetro entra vapor de R-134a a 641.67 R y 5068.834 mmHg. La velocidad de entrada es de 15 ft/s y la de salida es de 32 ft/s. El vapor se expande hasta una presión de 2.4821 bar. Las alturas son negligibles; además, el proceso no es reversible y es adiabático. La eficiencia de la turbina es de 88 %. Calcule la potencia generada por la turbina. Posteriormente, grafique la trayectoria en un diagrama de temperatura-entropía.

Datos del problema

Entrada:
- Diámetro: 26.4003 in = 2.2 ft
- Temperatura: 641.67 R = 182 °F
- Presión: 5068.83478 mmHg = 98 psia
- Velocidad: 15 ft/s

Salida:
- Velocidad: 32 ft/s
- Presión: 2.4821 bar = 36 psia

Generales:
- Compuesto: R-134a.
- El proceso no es reversible.
- La eficiencia de la turbina es del 88 %.
- El sistema es adiabático.
- Las alturas son negligibles.

Resolución del problema

Identificación del sistema, las fronteras y el alrededor

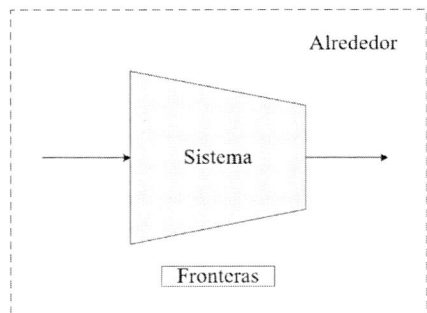

Figura 2.33. Identificación del sistema, las fronteras y el alrededor de la turbina (ejercicio 2.2.7).

Planteamiento de los balances

Energía:

$$\frac{dmU_{sis}}{dt} = \sum_{sal} \dot{m}_{sal} \ (U + PV + E_k + E_p)_{sal} - \sum_{ent} \dot{m}_{ent} \ (U + PV + E_k + E_p)_{ent} \pm \dot{Q} \pm \dot{W}$$

$$\dot{m}\left[\left(H_{sal} - H_{ent}\right) + \left(Ek_{sal} - Ek_{ent}\right)\right] = -\dot{W}$$

$$\dot{m}\left(\Delta H + \Delta Ek\right) = -\dot{W}$$

$$\dot{H} + \dot{Ek} = -\dot{W}$$

Entropía:

$$\frac{d\left(mS_{sis}\right)}{dt} = \sum_{ent} \dot{m}_{ent}\dot{S}_{ent} - \sum_{sal} \dot{m}_{sal}\dot{S}_{sal} + \sum \frac{Q}{T} + \dot{S}_{gen}$$

$$\dot{m}_{ent}S_{ent} - \dot{m}_{sal}S_{sal} + S_{gen} = 0$$

$$S_{gen} = \dot{m}\left(S_{sal} - S_{ent}\right)$$

Entrada

Al observar los datos de equilibrio de la tabla A-11E (Çengel y Boles, 2018) para una temperatura de 182 °F, se constata que la presión del sistema es menor que la presión de saturación, por lo que la corriente viene en estado gaseoso y con una calidad de 1. Ni la presión ni la temperatura se encuentran en la tabla A-13E (Çengel y Boles, 2018), por lo que se debe llevar a cabo una interpolación triple. El valor a interpolar es la temperatura de 182 °F a las presiones de 90 y 100 psia, por lo que los valores de

la tabla utilizados son todas las propiedades termodinámicas correspondientes a las temperaturas de 180 y 200 °F. Los resultados son los siguientes:

90 psia
  — Volumen específico (V_{esp}) = 0.69906 ft³/lbm
  — Energía interna (U) = 127.05 BTU/lbm
  — Entalpía (H) = 138.695 BTU/lbm
  — Entropía (S) = 0.2638 BTU/lbm R

100 psia
  — Volumen específico (V_{esp}) = 0.6238 ft³/lbm
  — Energía interna (U) = 126.782 BTU/lbm
  — Entalpía (H) = 138.329 BTU/lbm
  — Entropía (S) = 0.2614 BTU/lbm R

Estos resultados son los que deben ser interpolados para una presión de 98 pisa. Los resultados finales para la corriente de entrada son los siguientes:

  — Volumen específico (V_{esp}) = 0.6388 ft³/lbm
  — Energía interna (U) = 126.8356 BTU/lbm
  — Entalpía (H) = 138.4022 BTU/lbm
  — Entropía (S) = 0.2619 BTU/lbm R

Con estos datos y las ecuaciones en el apéndice C, se obtiene un área de 3.801 ft². Al tener datos de velocidad, área y densidad (el inverso del volumen específico), es posible calcular el flujo másico. Si multiplicamos estas propiedades, se obtiene un flujo másico de 89.258 lbm/s. A partir de este valor se calcula un flujo volumétrico de 57.020 ft³/s.

De acuerdo con los datos de entrada, y utilizando la ecuación C-10 y C-10.1 del apéndice C, la energía cinética de la entrada es de 0.1125 BTU/lbm.

Salida ideal

De acuerdo con el balance de entropía, no hay entropía generada. Entropía de entrada = entropía de salida:

entropía de entrada (S) = 0.2619 BTU/lbm R = entropía de salida

Teniendo este valor, así como la presión de salida, es posible determinar la fase de la corriente. Esta corriente sale en fase gaseosa y con una calidad de 1. Ni la presión ni la entropía se encuentran en la tabla A-13E (Çengel y Boles, 2018), por lo que se debe llevar a cabo una interpolación triple. El valor a interpolar es la entropía de 0.2619 BTU/lbm R a las presiones de 30 y 40 psia. Los resultados son los siguientes:

30 psia
— Temperatura (T) = 111.181 °F
— Volumen específico (V_{esp}) = 1.9337 ft³/lbm
— Energía interna (U) = 114.4523 BTU/lbm
— Entalpía (H) = 125.187 BTU/lbm

40 psia
— Temperatura (T) = 127.696 °F
— Volumen específico (V_{esp}) = 1.4813 ft³/lbm
— Energía interna (U) = 117.344 BTU/lbm
— Entalpía (H) = 128.309 BTU/lbm

Estos resultados son los que deben ser interpolados para una presión de 36 pisa. Los resultados finales para la corriente de la salida ideal son los siguientes:

— Temperatura (T) = 121.090 °F
— Volumen específico (V_{esp}) = 1.662 ft³/lbm
— Energía interna (U) = 116.187 BTU/lbm
— Entalpía (H) = 127.060 BTU/lbm

El flujo másico a la salida es el mismo que el de la entrada, por lo que se obtiene un flujo volumétrico 148.369 ft³/s. Como ya se cuenta con un flujo másico y con un valor reportado de velocidad, es posible obtener el diámetro de la salida con las ecuaciones del apéndice C, lo cual da como resultado 2.430 ft y un área de 4.637 ft². Finalmente, se calcula una energía cinética de 0.512 BTU/lbm.

De acuerdo con el balance de energía:

$$\dot{m}\left(\Delta H + \Delta Ek\right) + \dot{Q} = -\dot{W}$$

$$89.258 \frac{lbm}{s}\left[\left(127.060\frac{BTU}{lbm} - 138.402\frac{BTU}{lbm}\right) + \left(0.1125\frac{BTU}{lbm} - 0.512\frac{BTU}{lbm}\right)\right] = -\dot{W}$$

Considerando el 100 % de eficiencia: $\dot{W} = 976.687\,BTU/s$

Salida real

Para el caso real, la entropía generada no es igual a cero. Sin embargo, el problema ya está dando un valor de eficiencia, así que es posible determinar la potencia real de la turbina.

Considerando el 88 % de eficiencia: $\dot{W} = 859.484\,BTU/s$

A partir de este valor y usando como referencia el balance de energía, es posible obtener la entalpía de la corriente real.

Para el caso real, la entropía generada no es igual a cero. Para la potencia generada considerando un 94.58 % de eficiencia, se debe cumplir el balance de energía, por lo que ahora la entalpía de salida es igual a 5558.2163 kJ/kg.

$$H_{sal} = \frac{-859.484\,\text{BTU/s}}{89.258\,\text{lbm/s}} - \left(0.1125\frac{\text{BTU}}{\text{lbm}} - 0.512\frac{\text{BTU}}{\text{lbm}}\right) + 138.402\frac{\text{BTU}}{\text{lbm}} = 128.373\frac{\text{BTU}}{\text{lbm}}$$

Ni la presión ni la entalpía se encuentran en la tabla A-13E (Çengel y Boles, 2018), por lo que se debe llevar a cabo una interpolación triple. El valor a interpolar es la entalpía de 128.373 BTU/lbm a las presiones de 30 y 40 psia. Los resultados son los siguientes:

30 psia
 — Temperatura (T) = 125.992 °F
 — Volumen específico (V_{esp}) = 1.9902 ft³/lbm
 — Energía interna (U) = 117.328 BTU/lbm
 — Entropía (S) = 0.2674 BTU/lbm R

40 psia
 — Temperatura (T) = 127.988 °F
 — Volumen específico (V_{esp}) = 1.4822 ft³/lbm
 — Energía interna (U) = 117.402 BTU/lbm
 — Entropía (S) = 0.2620 BTU/lbm R

Estos resultados son los que deben ser interpolados para una presión de 36 pisa. Los resultados finales para la corriente de la salida real son los siguientes:

 — Temperatura (T) = 127.190 °F
 — Volumen específico (V_{esp}) = 1.685 ft³/lbm
 — Energía interna (U) = 117.372 BTU/lbm
 — Entropía (S) = 0.2641 BTU/lbm R

El flujo másico a la salida es el mismo que el de la entrada, por lo que se obtiene un flujo volumétrico 150.435 ft³/s. Como ya se cuenta con un flujo másico y con un valor reportado de velocidad, es posible obtener el diámetro de la salida con las ecuaciones del apéndice C, lo cual da como resultado 2.447 ft y un área de 4.701 ft². Finalmente, se calcula una energía cinética de 0.512 BTU/lbm.

La entropía generada es:

$$S_{gen} = \dot{m}\left(S_{sal} - S_{ent}\right) - \frac{Q}{T}$$

$$S_{gen} = 89.258\frac{\text{lbm}}{\text{s}}\left(0.2641\frac{\text{BTU}}{\text{lbm R}} - 0.2619\frac{\text{BTU}}{\text{lbm R}}\right) = 0.2028\frac{\text{BTU}}{\text{s R}}$$

Energía degradada del sistema:

$$0.2028\frac{\text{BTU}}{\text{s R}}\cdot400.340\,\text{R} = 81.170\frac{\text{BTU}}{\text{s}}$$

Energía degradada del alrededor:

$$0.2028\frac{\text{BTU}}{\text{s R}}\cdot536.67\,\text{R} = 81.170\frac{\text{BTU}}{\text{s}}$$

Estos valores se resumen en la siguiente tabla:

	Entrada	Salida ideal	Salida real
i	R-134a	R-134a	R-134a
T (°F)	182	121.08974	127.19015
T (R)	641.67	394.23974	400.34015
P (psia)	98	36	36
Fase	gas	gas	gas
X	1	1	1
$\dot{m}$ (kg/s)	89.257615	89.257615	89.257615
u (ft³/s)	57.019907	148.36912	150.43449
d (ft)	2.2	2.4296954	2.4465482
Área (ft²)	3.8013271	4.6365351	4.7010778
V (ft/s)	15	32	32
V_{esp} (ft³/lbm)	0.638824	1.6622573	1.6853967
ρ_{esp} (lbm/ft³)	1.5653764	0.6015916	0.5933321
U (BTU/lbm)	126.8356	116.18717	117.37205
H (BTU/lbm)	138.4022	127.06036	128.37344
S (BTU/lbm R)	0.2618628	0.2618628	0.2641343
Ek (BTU/lbm)	0.1125	0.512	0.512
ΔH (BTU/lbm)		−11.34184	−10.02875
ΔEk (BTU/lbm)		0.3995	0.3995
$\dot{Ek}$ (BTU/s)		35.658417	35.658417
$\dot{H}$ (BTU/s)		−1012.345	−895.1428
W (BTU/s)		976.68683	859.48441

Tabla 2.17. Resultados del balance de energía y entropía.

Gráfico de la trayectoria en un diagrama de temperatura-entropía

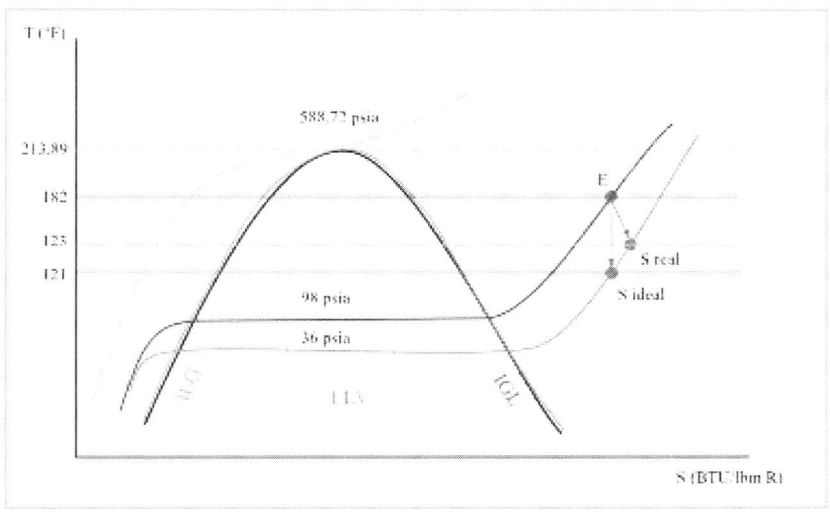

Figura 2.34. Trayectoria de la turbina (ejercicio 2.2.7).

2.2.8. Área de tubería de una turbina

En una turbina de 1051.573 mm de diámetro entra vapor de refrigerante R-134a a 404.261 K y 309.415 inHg. Las velocidades de entrada y salida son negligibles. El flujo másico es de 123 lb/s y la altura es de 15.545 m. El vapor se expande hasta una presión de 16848.194 lbf/ft². El área de salida es de 1.805 m² y la altura disminuye 426.725 cm. El proceso no es reversible. El calor transferido hacia el alrededor es negligible y la potencia generada por la turbina cuenta con una eficiencia del 91 %. Calcule la potencia generada por la turbina. Posteriormente, grafique la trayectoria en un diagrama de temperatura-entropía.

Datos del problema

Entrada:
— Diámetro: 1051.573 mm = 3.45 ft
— Temperatura: 404.261 K = 268 °F
— Presión: 309.415 inHg = 152 psia
— Flujo másico: 123 lbm/s
— Altura: 15.545 m = 51 ft

Salida:
— Presión: 16848.194 lbf/ft² = 117 psia
— Área: 1.805 m² = 19.432 ft²
— Altura: 426.725 cm = 37 ft

Generales:

— Compuesto: R-134a.

— El proceso no es reversible.

— El calor transferido hacia el alrededor y las velocidades son negligibles.

— La eficiencia de la turbina del 91 %.

Resolución del problema

Identificación del sistema, las fronteras y el alrededor

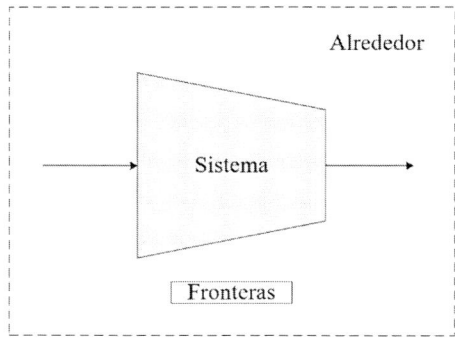

Figura 2.35. Identificación del sistema, las fronteras y el alrededor de la turbina (ejercicio 2.2.8).

Planteamiento de los balances

Energía:

$$\frac{dmU_{sis}}{dt} = \sum_{sal} \dot{m}_{sal}\ (U + PV + E_k + E_p)_{sal} - \sum_{ent} \dot{m}_{ent}\ (U + PV + E_k + E_p)_{ent} \pm \dot{Q} \pm \dot{W}$$

$$\dot{m}\left[\left(H_{sal} - H_{ent}\right) + \left(Ep_{sal} - Ep_{ent}\right)\right] = -\dot{W}$$

$$\dot{m}\left(\Delta \mathrm{H} + \Delta \mathrm{Ep}\right) = -\dot{W}$$

$$\dot{H} + \dot{Ep} = -\dot{W}$$

Entropía:

$$\frac{d\left(mS_{sis}\right)}{dt} = \sum_{ent} \dot{m}_{ent}\dot{S}_{ent} - \sum_{sal} \dot{m}_{sal}\dot{S}_{sal} + \sum \frac{Q}{T} + \dot{S}_{gen}$$

$$\dot{m}_{ent}S_{ent} - \dot{m}_{sal}S_{sal} + S_{gen} = 0$$

$$S_{gen} = \dot{m}\left(S_{sal} - S_{ent}\right)$$

Entrada

Queremos obtener las propiedades termodinámicas de la entrada. La fase de entrada del R-134a es gas, por lo que las propiedades termodinámicas se obtuvieron de la tabla A-13E (Çengel y Boles, 2018). Se lleva a cabo una interpolación triple para obtener las propiedades a 152 psia y 268 °F. Se obtienen las siguientes:

— Volumen específico (V_{esp}) = 0.4695 ft³/lbm
— Energía interna (U) = 144.8332 BTU/lbm
— Entalpía (H) = 157.978 BTU/lbm
— Entropía (S) = 0.2826 BTU/lbm-R

Se obtiene un área de tubería de 9.35 ft². Además, se calcula un flujo volumétrico de 57.74 ft³/s.

De acuerdo con los datos de entrada, la energía potencial en ella es de: 1.64016 BTU/lbm.

Salida ideal

De acuerdo con el balance de entropía, no hay entropía generada. Entropía de entrada = entropía de salida:

entropía de entrada (S) = 0.2826 BTU/lbm−R = entropía de salida

La fase de salida ideal del R-134a continúa siendo gas, por lo que las propiedades termodinámicas se obtuvieron de la tabla A-13E (Çengel y Boles, 2018). Se lleva a cabo de nuevo una interpolación triple. Sin embargo, ahora se buscan las preopiedades para 117 psia y 0.2826 BTU/lbm K. Se obtienen las siguientes:

— Temperatura (T) = 250.72 °F
— Volumen específico (V_{esp}) = 0.6026 ft³/lbm
— Energía interna (U) = 141.5660 BTU/lbm
— Entalpía (H) = 154.5597 BTU/lbm

El diámetro de salida es igual a 4.9741 ft. El flujo volumétrico de salida es de 74.1267 ft³/s. La energía potencial en la salida es de 1.1899 BTU/lbm.

De acuerdo con el balance de energía:

$$\dot{m}\left(\Delta H + \Delta Ep\right) + \dot{Q} = -\dot{W}$$

$$123\frac{lbm}{s}\left[\left(154.5597\frac{BTU}{lbm} - 157.978\frac{BTU}{lbm}\right) + \left(1.1899\frac{BTU}{lbm} - 1.64016\frac{BTU}{lbm}\right)\right] = -\dot{W}$$

$$\text{Considerando el } 100\,\% \text{ de eficiencia: } \dot{W} = 475.831\,\text{BTU/s}$$

$$\text{Considerando el } 91\,\% \text{ de eficiencia: } \dot{W} = 433.006\,\text{BTU/s}$$

Salida real

Para el caso real, la entropía generada no es igual a cero. Para la potencia generada considerando un 91 % de eficiencia, se debe cumplir el balance de energía, por lo que ahora la entalpía de salida es igual a 154.907 BTU/lbm.

$$H_{sal} = \frac{-859.48\,\dfrac{\text{BTU}}{\text{s}} - \left(-16.89\,\text{BTU/s}\right)}{123\,\text{lbm/s}} - \left(1.19\,\frac{\text{BTU}}{\text{lbm}} - 0.512\,\frac{\text{BTU}}{\text{lbm}}\right) + 157.98\,\frac{\text{BTU}}{\text{lbm}}$$

$$= 154.9\,\frac{\text{BTU}}{\text{lbm}}$$

La fase de salida real del R-134a continúa siendo gas, por lo que las propiedades termodinámicas se obtuvieron de la tabla A-13E (Çengel y Boles, 2018). Se lleva a cabo de nuevo una interpolación triple. Sin embargo, ahora se buscan las propiedades para 117 psia y 154.8797 BTU/lbm. Se obtienen las siguientes:

— Temperatura (T) = 252.126 °F
— Volumen específico (V_{esp}) = 0.6044 ft³/lbm
— Energía interna (U) = 141.8825 BTU/lbm
— Entropía (S) = 0.2831 BTU/lbm−R

El diámetro de salida es igual a 4.9741 ft. El flujo volumétrico de salida es de 74.336 ft³/s. La energía potencial en la salida es de 1.190 BTU/lbm.

La entropía generada es:

$$S_{gen} = \dot{m}\left(S_{sal} - S_{ent}\right) - \frac{Q}{T}$$

$$S_{gen} = 123\,\frac{\text{lbm}}{\text{s}}\left(0.2830\,\frac{\text{BTU}}{\text{lbm R}} - 0.2831\,\frac{\text{BTU}}{\text{lbm R}}\right) = 0.06039\,\frac{\text{BTU}}{\text{s R}}$$

Energía degradada del sistema:

$$0.06039\,\frac{\text{BTU}}{\text{s R}} \cdot 536.67\,\text{R} = 31.7196\,\frac{\text{BTU}}{\text{s}}$$

Energía degradada del alrededor:

$$0.06039\,\frac{\text{BTU}}{\text{s R}} \cdot 525.163\,\text{R} = 32.4077\,\frac{\text{BTU}}{\text{s}}$$

Estos valores se resumen en la siguiente tabla:

	Entrada	Salida ideal	Salida real
i	R-134a	R-134a	R-134a
T (°F)	268	250.71905	252.12603
T (R)	727.67	523.86905	525.27603
P (psia)	152	117	117
Fase	gas	gas	gas
X	1	1	1
$\dot{m}$ (kg/s)	123	123	123
u (ft³/s)	57.746434	74.126583	74.335825
d (ft)	3.45	4.974092	4.974092
Área (ft²)	9.3482016	19.432	19.432
Z (ft)	51	37	37
V_{esp} (ft³/lbm)	0.4694832	0.6026551	0.6043563
ρ_{esp} (lbm/ft³)	2.1300017	1.6593238	1.654653
U (BTU/lbm)	144.8332	141.56602	141.88253
H (BTU/lbm)	157.978	154.5597	154.90787
S (BTU/lbm R)	0.2825668	0.2825668	0.2830577
Ep (BTU/lbm)	1.64016	1.18992	1.18992
ΔH (BTU/lbm)		−3.418301	−3.070132
ΔEp (BTU/lbm)		−0.45024	−0.45024
$\dot{E}p$ (BTU/s)		−55.37952	−55.37952
$\dot{H}$ (BTU/s)		−420.451	−377.6262
W (BTU/s)		475.83051	433.00577

Tabla 2.18. Resultados del balance de energía y entropía.

Gráfico de la trayectoria en un diagrama de temperatura-entropía

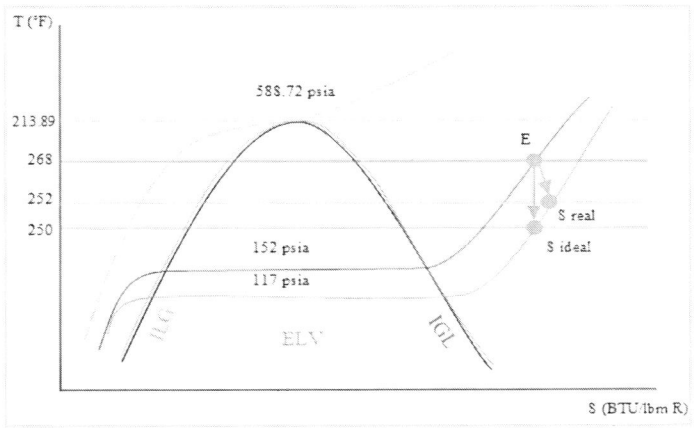

Figura 2.36. Trayectoria de la turbina (ejercicio 2.2.8).

2.3. Turbinas acopladas

2.3.1. Análisis de la eficiencia en turbinas acopladas

En una turbina adiabática entra vapor de agua con un flujo másico de 26 kg/s, 6 MPa y 773.15 K. La velocidad y la altura de la entrada y la salida son negligibles. El vapor se expande hasta una presión de 1.2 MPa. El 25 % del flujo másico es removido y entra en una segunda turbina. La entrada en la segunda turbina es la salida ideal de la primera turbina y se expande a una presión de 0.02 MPa. Calcule la potencia real generada para cada turbina si las eficiencias son de 90 %, 80 % y 70 %. Posteriormente, grafique la trayectoria en un diagrama de presión-entropía.

Datos del problema

Entrada:

Primera turbina

- — Flujo másico: 26 kg/s
- — Temperatura: 773.15 K = 500 °C
- — Presión: 6 MPa

Segunda turbina
- — Salida ideal de la primera turbina
- — Flujo másico: el 25% es removido
- — 19.5 kg/s

Salida:

Primera turbina
- — Presión: 1.2 MPa

Segunda turbina
- — Presión: 0.02 MPa

Generales:
- — Compuesto: agua.
- — El proceso no es reversible.
- — El sistema es adiabático.
- — Eficiencia de la turbina: 70 %, 80 %, 90 %.
- — Calor perdido hacia el alrededor: 8 kW.
- — Las alturas y las velocidades son negligibles.

Resolución del problema

Identificación del sistema, las fronteras y el alrededor

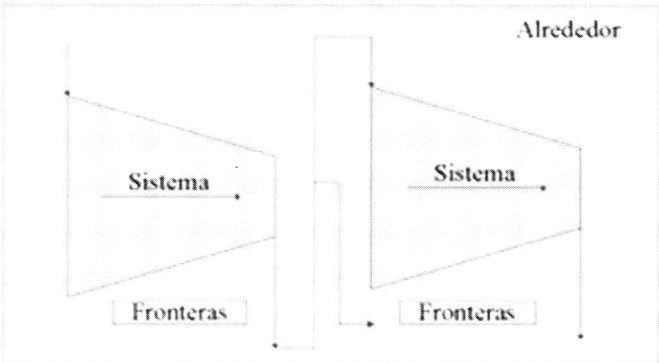

Figura 2.37. Identificación del sistema, las fronteras y el alrededor de la turbina (ejercicio 2.3.1).

Planteamiento de los balances

Energía:

$$\frac{dmU_{sis}}{dt} = \sum_{sal} \dot{m}_{sal} \ (U + PV + E_k + E_p)_{sal} - \sum_{ent} \dot{m}_{ent} \ (U + PV + E_k + E_p)_{ent} \pm \dot{Q} \pm \dot{W}$$

$$\dot{m}\left[\left(H_{sal} - H_{ent}\right)\right] = -\dot{W}$$

$$\dot{m}\left(\Delta\mathrm{H}\right) = -\dot{W}$$

$$\dot{H} = -\dot{W}$$

Entropía:

$$\frac{d\left(mS_{sis}\right)}{dt} = \sum_{ent}\dot{m}_{ent}\dot{S}_{ent} - \sum_{sal}\dot{m}_{sal}\dot{S}_{sal} + \sum \frac{Q}{T} + \dot{S}_{gen}$$

$$\dot{m}_{ent}S_{ent} - \dot{m}_{sal}S_{sal} + S_{gen} = 0$$

$$S_{gen} = \dot{m}\left(S_{sal} - S_{ent}\right)$$

Primera turbina

Entrada:

Al observar la temperatura de la entrada se constata que sobrepasa la temperatura crítica del agua, por lo que la corriente viene en estado gaseoso y con una calidad de 1. Para obtener las propiedades termodinámicas, se consulta la tabla A-6, de vapor de agua sobrecalentado (Çengel y Boles, 2018). Como se puede observar, los datos vienen en ella, por lo que no se requiere obtenerlos por medio de cálculos. Son los siguientes:

— Volumen específico (V_{esp}) = 0.05667 m³/kg
— Energía interna (U) = 3083.1 kJ/kg
— Entalpía (H) = 3423.1 kJ/kg
— Entropía (S) = 6.8826 kJ/kg K

Esto da como resultado un flujo volumétrico de 1.4734 m³/s.

Salida ideal:

De acuerdo con el balance de entropía, no hay entropía generada. Entropía de entrada = entropía de salida:

entropía de entrada (S) = 6.8826 kJ/kg K = entropía de salida

Teniendo este valor, así como la presión de salida, es posible determinar la fase de la corriente. Esta corriente sale en fase gaseosa y con una calidad de 1. Se observa que la entropía no se encuentra en la tabla A-6 (Çengel y Boles, 2018), por lo que se debe llevar a cabo una interpolación sencilla. El valor a interpolar es la entropía de 6.8826 kJ/kg K. Los resultados son los siguientes:

— Temperatura (T) = 262.686 °C
— Volumen específico (V_{esp}) = 0.1979 m³/kg
— Energía interna (U) = 2726.265 kJ/kg
— Entalpía (H) = 2963.686 kJ/kg

Esto da como resultado un flujo volumétrico de 5.144 m³/s.

Para determinar la potencia generada por la turbina, se recurre al uso del balance de energía anteriormente planteado.

De acuerdo con el balance de energía:

$$\dot{m}\left(H_{sal} - H_{ent}\right) = -\dot{W}$$

$$26\frac{kg}{s}\left(2963.686\frac{kJ}{kg} - 3423.1\frac{kJ}{kg}\right) = -\dot{W}$$

Considerando el 100 % de eficiencia: $\dot{W} = 11,944.774\,kW$

Salida real:

70 % de eficiencia

Para el caso real, la entropía generada no es igual a cero. Sin embargo, el problema ya está dando un valor de eficiencia, así que es posible determinar la potencia real de la turbina.

$$\text{Considerando el 70 \% de eficiencia:} \quad \dot{W} = 8361.342\,\text{kW}$$

A partir de este valor y usando como referencia el balance de energía, es posible obtener la entalpía de la corriente real:

$$H_{sal} = \frac{-8361.342\,\text{kW}}{26\,\text{kg/s}} + 3423.1\,\frac{\text{kJ}}{\text{kg}} = 3101.510\,\frac{\text{kJ}}{\text{kg}}$$

Se observa que la entalpía no se encuentra en la tabla A-6 (Çengel y Boles, 2018), por lo que se debe llevar a cabo una interpolación sencilla. El valor a interpolar es la entalpía de 3101.510 kJ/kg. Los resultados son los siguientes:

— Temperatura (T) = 325.584 °C
— Volumen específico (V_{esp}) = 0.2245 m³/kg
— Energía interna (U) = 2832.169 kJ/kg
— Entropía (S) = 7.1258 kJ/kg K

Esto da como resultado un flujo volumétrico de 5.836 m³/s.

La entropía generada es:

$$S_{gen} = \dot{m}\left(S_{sal} - S_{ent}\right)$$

$$S_{gen} = 26\,\frac{\text{kg}}{\text{s}}\left(7.1258\,\frac{\text{kJ}}{\text{kg K}} - 6.8826\,\frac{\text{kJ}}{\text{kg K}}\right) = 6.3234\,\frac{\text{kJ}}{\text{s K}}$$

Energía degradada del sistema:

$$6.3234\,\frac{\text{kJ}}{\text{s K}} \cdot 598.734\,\text{K} = 3786.015\,\frac{\text{kJ}}{\text{s}}$$

Energía degradada de alrededor:

$$6.3234\,\frac{\text{kJ}}{\text{s K}} \cdot 298.15\,\text{K} = 1885.312\,\frac{\text{kJ}}{\text{s}}$$

80 % de eficiencia

Para el caso real, la entropía generada no es igual a cero. Sin embargo, el problema ya está dando un valor de eficiencia, así que es posible determinar la potencia real de la turbina.

Considerando el 80 % de eficiencia: 9555.819 kW

A partir de este valor y usando como referencia el balance de energía, es posible obtener la entalpía de la corriente real:

$$H_{sal} = \frac{-9555.819 \, \text{kW}}{26 \, \text{kg/s}} + 3423.1 \frac{\text{kJ}}{\text{kg}} = 3055.569 \frac{\text{kJ}}{\text{kg}}$$

Se observa que la entalpía no se encuentra en la tabla A-6 (Çengel y Boles, 2018), por lo que se debe llevar a cabo una interpolación sencilla. El valor a interpolar es la entalpía de 3055.569 kJ/kg. Los resultados son los siguientes:

— Temperatura (T) = 304.295 °C
— Volumen específico (V_{esp}) = 0.2156 m³/kg
— Energía interna (U) = 2796.830 kJ/kg
— Entropía (S) = 7.049 kJ/kg K

Esto da como resultado un flujo volumétrico de 5.607 m³/s.

La entropía generada es:

$$S_{gen} = \dot{m}\left(S_{sal} - S_{ent}\right)$$

$$S_{gen} = 26 \frac{\text{kg}}{\text{s}}\left(7.049 \frac{\text{kJ}}{\text{kg K}} - 6.8826 \frac{\text{kJ}}{\text{kg K}}\right) = 4.3263 \frac{\text{kJ}}{\text{s K}}$$

Energía degradada del sistema:

$$4.3263 \frac{\text{kJ}}{\text{s K}} \cdot 577.445 \, \text{K} = 2498.200 \frac{\text{kJ}}{\text{s}}$$

Energía degradada del alrededor:

$$4.3263 \frac{\text{kJ}}{\text{s K}} \cdot 298.15 \, \text{K} = 1289.886 \frac{\text{kJ}}{\text{s}}$$

90 % de eficiencia

Para el caso real, la entropía generada no es igual a cero. Sin embargo, el problema ya está dando un valor de eficiencia, así que es posible determinar la potencia real de la turbina.

Considerando el 90 % de eficiencia: 10750.297 kW

A partir de este valor y usando como referencia el balance de energía, es posible obtener la entalpía de la corriente real:

$$H_{sal} = \frac{-10750.297 \text{ kW}}{26 \text{ kg/s}} + 3423.1 \frac{\text{kJ}}{\text{kg}} = 3009.627 \frac{\text{kJ}}{\text{kg}}$$

Se observa que la entalpía no se encuentra en la tabla A-6 (Çengel y Boles, 2018), por lo que se debe llevar a cabo una interpolación sencilla. El valor a interpolar es la entalpía de 3009.627 kJ/kg. Los resultados son los siguientes:

— Temperatura (T) = 283.436 °C
— Volumen específico (V_{esp}) = 0.2068 m³/kg
— Energía interna (U) = 2761.541 kJ/kg
— Entropía (S) = 6.967 kJ/kg K

Esto da como resultado un flujo volumétrico de 5.376 m³/s.

La entropía generada es:

$$S_{gen} = \dot{m}\left(S_{sal} - S_{ent}\right)$$

$$S_{gen} = 26 \frac{\text{kg}}{\text{s}}\left(6.967 \frac{\text{kJ}}{\text{kg K}} - 6.8826 \frac{\text{kJ}}{\text{kg K}}\right) = 2.1818 \frac{\text{kJ}}{\text{s K}}$$

Energía degradada del sistema:

$$2.1818 \frac{\text{kJ}}{\text{s K}} \cdot 556.586 \text{ K} = 1214.349 \frac{\text{kJ}}{\text{s}}$$

Energía degradada del alrededor:

$$2.1818 \frac{\text{kJ}}{\text{s K}} \cdot 298.15 \text{ K} = 650.4985 \frac{\text{kJ}}{\text{s}}$$

Segunda turbina

Entrada:

De acuerdo con el problema, la entrada de la segunda turbina es la salida ideal de la primera turbina. Los datos recabados son los siguientes:

- Temperatura (T) = 262.686 °C
- Presión (P) = 1.2 MPa
- Flujo volumétrico (u) = 2.9678 m³/s
- Volumen específico (V_{esp}) = 0.20 m³/kg
- Energía interna (U) = 2726.265 kJ/kg
- Entalpía (H) = 2963.686 kJ/kg
- Entropía (S) = 6.8826 kJ/kg K

Salida ideal:

De acuerdo con el balance de entropía, no hay entropía generada. Entropía de entrada = entropía de salida:

entropía de entrada (S) = 6.8826 kJ/kg K = entropía de salida

Teniendo este valor, así como la presión de salida, es posible determinar la fase de la corriente. Esta corriente sale en equilibrio líquido-vapor y con una calidad desconocida.

Sin embargo, sí se cuenta con un valor de entropía, con el cual se puede determinar la calidad de la corriente. Aplicando las ecuaciones para ELV, la calidad obtenida es de 0.855. Con este valor es posible calcular el resto de las propiedades termodinámicas, lo cual da los siguientes resultados:

- Temperatura (T) = 60.06 °C
- Volumen específico (V_{esp}) = 6.5406 m³/kg
- Energía interna (U) = 2136.713 kJ/kg
- Entalpía (H) = 2267.471 kJ/kg

Esto da como resultado un flujo volumétrico de 127.546 m³/s.

De acuerdo con el balance de energía:

$$\dot{m}\left(H_{sal} - H_{ent} \right) = -\dot{W}$$

$$19.5 \frac{\text{kg}}{\text{s}} \left(2267.471 \frac{\text{kJ}}{\text{kg}} - 2963.686 \frac{\text{kJ}}{\text{kg}} \right) = - \dot{W}$$

Considerando el 100 % de eficiencia: $\dot{W} = 13{,}576.177 \text{ kW}$

Salida real:

70 % de eficiencia

Para el caso real, la entropía generada no es igual a cero. Sin embargo, el problema ya está dando un valor de eficiencia, así que es posible determinar la potencia real de la turbina:

Considerando el 70 % de eficiencia: $\dot{W} = 9503.324 \text{ kW}$

A partir de este valor y usando como referencia el balance de energía, es posible obtener la entalpía de la corriente real:

$$H_{sal} = \frac{-9503.324 \text{ kW}}{19.5 \text{ kg/s}} + 2963.686 \frac{\text{kJ}}{\text{kg}} = 2476.336 \frac{\text{kJ}}{\text{kg}}$$

Al observar este resultado, se puede inferir que la corriente está en equilibrio líquido-vapor. Aplicando las ecuaciones para ELV, la calidad obtenida es de 0.944. Con este valor es posible calcular el resto de las propiedades termodinámicas, lo cual da los siguientes resultados:

— Temperatura (T) = 60.06 °C
— Volumen específico (V_{esp}) = 7.2181 m³/kg
— Energía interna (U) = 2332.032 kJ/kg
— Entropía (S) = 7.5095 kJ/kg K

Esto da como resultado un flujo volumétrico de 140.753 m³/s.

La entropía generada es:

$$S_{gen} = \dot{m} \left(S_{sal} - S_{ent} \right)$$

$$S_{gen} = 19.5 \frac{\text{kg}}{\text{s}} \left(7.5095 \frac{\text{kJ}}{\text{kg K}} - 6.8826 \frac{\text{kJ}}{\text{kg K}} \right) = 12.2235 \frac{\text{kJ}}{\text{s K}}$$

Energía degradada del sistema:

$$12.2235 \frac{\text{kJ}}{\text{s K}} \cdot 333.21 \text{ K} = 4072.993 \frac{\text{kJ}}{\text{s}}$$

Energía degradada del alrededor:

$$12.2235\,\frac{kJ}{s\,K}\cdot 298.15\,K = 3644.437\,\frac{kJ}{s}$$

80 % de eficiencia

Para el caso real, la entropía generada no es igual a cero. Sin embargo, el problema ya está dando un valor de eficiencia, así que es posible determinar la potencia real de la turbina.

Considerando el 80 % de eficiencia: $10860.942\,kW$

A partir de este valor y usando como referencia el balance de energía, es posible obtener la entalpía de la corriente real.

$$H_{sal} = \frac{-10860.942\,kW}{19.5\,kg/s} + 2963.696\,\frac{kJ}{kg} = 2406.714\,\frac{kJ}{kg}$$

Al observar este resultado, se puede inferir que la corriente está en equilibrio líquido-vapor. Aplicando las ecuaciones para ELV, la calidad obtenida es de 0.914. Con este valor es posible calcular el resto de las propiedades termodinámicas, lo cual da los siguientes resultados:

— Temperatura (T) = 60.06 °C
— Volumen específico (V_{esp}) = 6.9923 m³/kg
— Energía interna (U) = 2266.926 kJ/kg
— Entropía (S) = 7.3005 kJ/kg K

Esto da como resultado un flujo volumétrico de 136.349 m³/s.

La entropía generada es:

$$S_{gen} = \dot{m}\left(S_{sal} - S_{ent}\right)$$

$$S_{gen} = 19.5\,\frac{kg}{s}\left(7.3005\,\frac{kJ}{kg\,K} - 6.8826\,\frac{kJ}{kg\,K}\right) = 8.1490\,\frac{kJ}{s\,K}$$

Energía degradada del sistema:

$$8.1490\,\frac{kJ}{s\,K}\cdot 333.21\,K = 2715.328\,\frac{kJ}{s}$$

Energía degradada del alrededor:

$$8.1490\,\frac{kJ}{s\,K}\cdot 298.15\,K = 2429.624\,\frac{kJ}{s}$$

90 % de eficiencia

Para el caso real, la entropía generada no es igual a cero. Sin embargo, el problema ya está dando un valor de eficiencia, así que es posible determinar la potencia real de la turbina:

Considerando el 90 % de eficiencia: $12{,}218.559\,\text{kW}$

A partir de este valor y usando como referencia el balance de energía, es posible obtener la entalpía de la corriente real:

$$H_{sal} = \frac{-12218.559\,\text{kW}}{19.5\,\text{kg/s}} + 2963.686\,\frac{\text{kJ}}{\text{kg}} = 2337.093\,\frac{\text{kJ}}{\text{kg}}$$

Al observar este resultado, se puede inferir que la corriente está en equilibrio líquido-vapor. Aplicando las ecuaciones para ELV, la calidad obtenida es de 0.885. Con este valor es posible calcular el resto de las propiedades termodinámicas, lo cual da los siguientes resultados:

— Temperatura (T) = 60.06 °C
— Volumen específico (V_{esp}) = 6.7664 m³/kg
— Energía interna (U) = 2201.819 kJ/kg
— Entropía (S) = 7.0916 kJ/kg K

Esto da como resultado un flujo volumétrico de 131.945 m³/s.

La entropía generada es:

$$S_{gen} = \dot{m}\left(S_{sal} - S_{ent}\right)$$

$$S_{gen} = 19.5\,\frac{\text{kg}}{\text{s}}\left(7.0916\,\frac{\text{kJ}}{\text{kg K}} - 6.8826\,\frac{\text{kJ}}{\text{kg K}}\right) = 4.0745\,\frac{\text{kJ}}{\text{s K}}$$

Energía degradada del sistema:

$$4.0745\,\frac{\text{kJ}}{\text{s K}} \cdot 333.21\,\text{K} = 1357.6642\,\frac{\text{kJ}}{\text{s}}$$

Energía degradada del alrededor:

$$4.0745\,\frac{\text{kJ}}{\text{s K}} \cdot 298.15\,\text{K} = 1214.8122\,\frac{\text{kJ}}{\text{s}}$$

Estos valores se resumen en la siguiente tabla:

	Entrada	Salida ideal	Salida real 90 %	Salida real 80 %	Salida real 70 %
i	H_2O	H_2O	H_2O	H_2O	H_2O
T (°C)	500	262.68546	283.43588	304.29494	325.58384
P (MPa)	6	1.2	1.2	1.2	1.2
Fase	gas	gas	gas	gas	gas
X	1	1	1	1	1
$\dot{m}$ (kg/s)	26	26	26	26	26
u (m³/s)	1.47342	5.1441536	5.3756039	5.6065684	5.8356114
V_{esp} (m³/kg)	0.05667	0.1978521	0.206754	0.2156372	0.2244466
ρ_{esp} (kg/m³)	17.646021	5.0542814	4.8366659	4.6374178	4.4554029
U (kJ/kg)	3083.1	2726.2653	2761.541	2796.8296	2832.1692
H (kJ/kg)	3423.1	2963.6856	3009.627	3055.5685	3101.5099
S (kJ/kg K)	6.8826	6.8826	6.9665147	7.0489962	7.1258065
W (kW)		11944.774	10750.297	9555.8193	8361.3419

Tabla 2.19.1. Resultados del balance de energía y entropía, turbina 1.

	Entrada	Salida ideal	Salida real 90 %	Salida real 80 %	Salida real 70 %
i	H_2O	H_2O	H_2O	H_2O	H_2O
T (°C)	262.68546	60.06	60.06	60.06	60.06
P (MPa)	1.2	0.02	0.02	0.02	0.02
Fase	gas	ELV	ELV	ELV	ELV
X	1	0.8551722	0.8847044	0.9142365	0.9437686
$\dot{m}$ (kg/s)	19.5	19.5	19.5	19.5	19.5
u (m³/s)	2.9677809	127.5415	131.94528	136.34906	140.75283
V_{esp} (m³/kg)	0.1978521	6.5405899	6.7664246	6.9922593	7.218094
ρ_{esp} (kg/m³)	5.0542814	0.1528914	0.1477885	0.1430153	0.1385407
U (kJ/kg)	2726.2653	2136.7127	2201.8192	2266.9258	2332.0323
H (kJ/kg)	2963.6856	2267.4714	2337.0928	2406.7142	2476.3357
S (kJ/kg K)	6.8826	6.8826	7.0915487	7.3004974	7.5094462
W (kW)		13576.177	12218.559	10860.942	9503.3239

Tabla 2.19.2. Resultados del balance de energía y entropía, turbina 2.

Gráfico de la trayectoria en un diagrama de presión-entropía

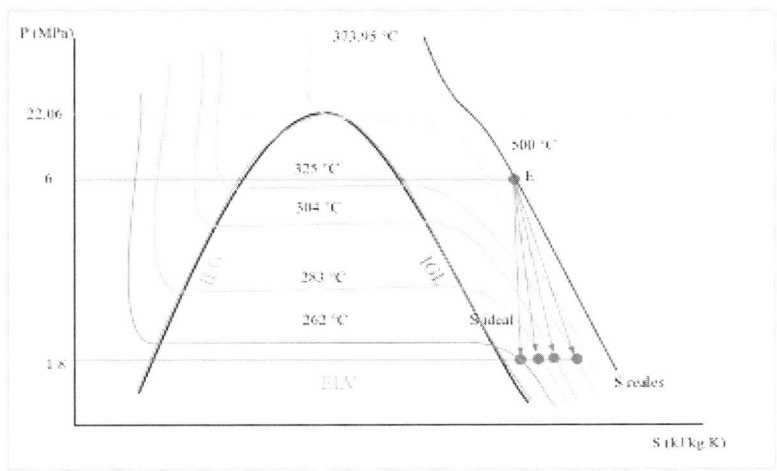

Figura 2.38. Trayectoria de la turbina 1 (ejercicio 2.3.1).

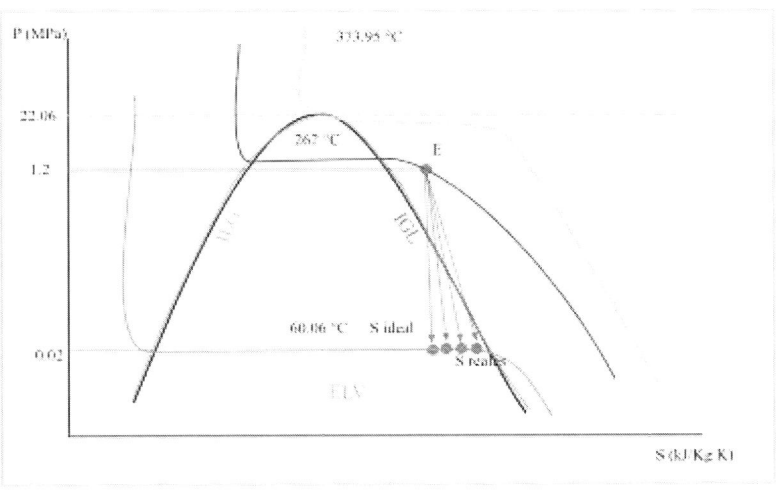

Figura 2.39. Trayectoria de la turbina 2 (ejercicio 2.3.1).

2.3.2. Turbinas acopladas no adiabáticas con cambios en velocidad y elevación

En una turbina entra vapor de refrigerante R-134a con un flujo másico de 75 kg/s a 356 °F y 10 bar. La velocidad de entrada es de 36 m/s y la de salida es 15 m/s menor. El vapor se expande hasta una presión de la mitad de la entrada. Las alturas de la entrada y la salida son 669.290 in y 62.3352 ft, respectivamente, y el proceso es irreversible. Esta turbina opera a 73 % de eficiencia y pierde 52 kW de calor en los alrededores. El 34 % del flujo másico es removido y entra en una segunda turbina, donde el vapor se expande a una presión de 0.7895 atm. Sale a una velocidad de 13 m/s y a una altura de 25 metros. Esta turbina opera a 68 % de eficiencia y pierde 38.889 HP de calor a los alrededores. Calcule la potencia generada por cada turbina. Posteriormente, grafique la trayectoria en un diagrama de temperatura-entropía.

Datos del problema

Entrada:

Primera turbina

  — Flujo másico: 75 kg/s
  — Temperatura: 356 °F = 180 °C
  — Presión: 10 bar = 1 MPa
  — Velocidad: 36 m/s
  — Altura: 669.290 in = 17 m

Segunda turbina
  — Salida real de la primera turbina
  — Flujo másico: el 34 % es removido
  — 49.5 kg/s

Salida:
Primera turbina
  — Presión: 0.5 MPa
  — Velocidad: 21 m/s
  — Altura: 62.3352 ft = 19 metros

Segunda turbina
  — Presión: 0.7895 atm = 0.08 MPa
  — Velocidad: 13 m/s
  — Altura: 25 metros

Generales:
Primera turbina
  — Compuesto: R-134a.
  — El proceso no es reversible.
  — Calor perdido en l ambiente: 52 kW.
  — Eficiencia de la turbina: 73 %.

Segunda turbina
- El proceso no es reversible.
- Calor perdido en el ambiente: 38.889 HP = 29 kW.
- Eficiencia de la turbina: 68 %.

Resolución del problema

Identificación del sistema, las fronteras y el alrededor

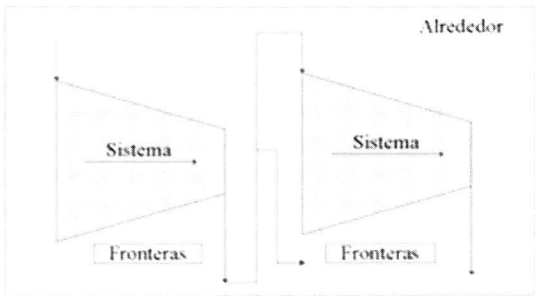

Figura 2.40. Identificación del sistema, las fronteras y el alrededor de la turbina (ejercicio 2.3.2).

Planteamiento de los balances

Energía:

$$\frac{dmU_{sis}}{dt} = \sum_{sal} \dot{m}_{sal} \ (U + PV + E_k + E_p)_{sal} - \sum_{ent} \dot{m}_{ent} \ (U + PV + E_k + E_p)_{ent} \pm \dot{Q} \pm \dot{W}$$

$$\dot{m}\left[\left(H_{sal} - H_{ent}\right) + \left(Ek_{sal} - Ek_{ent}\right) + \left(Ep_{sal} - Ep_{ent}\right)\right] = -\dot{W} - \dot{Q}$$

$$\dot{m}\left(\Delta H + \Delta Ek + \Delta Ep\right) = -\dot{W} - \dot{Q}$$

$$\dot{H} + \dot{Ek} + \dot{Ep} = -\dot{W} - \dot{Q}$$

Entropía:

$$\frac{d\left(mS_{sis}\right)}{dt} = \sum_{ent} \dot{m}_{ent}\dot{S}_{ent} - \sum_{sal} \dot{m}_{sal}\dot{S}_{sal} + \sum \frac{Q}{T} + \dot{S}_{gen}$$

$$\dot{m}_{ent}S_{ent} - \dot{m}_{sal}S_{sal} + S_{gen} + \frac{Q}{T} = 0$$

$$S_{gen} = \dot{m}\left(S_{sal} - S_{ent}\right) - \frac{Q}{T}$$

Primera turbina

Entrada:

Al observar la temperatura de la entrada, se constata que sobrepasa la temperatura crítica del refrigerante, por lo que la corriente viene en estado gaseoso y con una calidad de 1. Para obtener las propiedades termodinámicas se consulta la tabla A-13, de vapor de refrigerante sobrecalentado (Çengel y Boles, 2018). Como se puede observar, los datos vienen en la tabla, por lo que no se requiere obtenerlos por medio de cálculos. Son los siguientes:

— Volumen específico (V_{esp}) = 0.03532 m³/kg
— Energía interna (U) = 386.04 kJ/kg
— Entalpía (H) = 421.36 kJ/kg
— Entropía (S) = 1.3124 kJ/kg K

Esto da como resultado un flujo volumétrico de 2.6488 m³/s. A su vez, se calcula una energía cinética de 0.648 kJ/kg y una energía potencial de 0.1668 kJ/ kg (a partir del apéndice C).

Salida ideal:

De acuerdo con el balance de entropía, no hay entropía generada. Entropía de entrada = entropía de salida:

entropía de entrada (S) = 1.3124 kJ/kg K = entropía de salida

Teniendo este valor, así como la presión de salida, es posible determinar la fase de la corriente. Esta corriente sale en fase gaseosa y con calidad de 1. Se observa que la entalpía no se encuentra en la tabla A-613 (Çengel y Boles, 2018), por lo que se debe llevar a cabo una interpolación sencilla. El valor a interpolar es la entropía de 1.3124 kJ/kg K. Los resultados son los siguientes:

— Temperatura (T) = 155 °C
— Volumen específico (V_{esp}) = 0.0679 m³/kg
— Energía interna (U) = 363.42 kJ/kg
— Entalpía (H) = 397.37 kJ/kg

Esto da como resultado un flujo volumétrico de 5.0924 m³/s. A su vez, se calcula una energía cinética de 0.2205 kJ/kg y una energía potencial de 0.1864 kJ/ kg (a partir del apéndice C).

Para determinar la potencia generada por la turbina, se recurre al uso del balance de energía anteriormente planteado.

De acuerdo con el balance de energía:

$$\dot{m}\left(\Delta H + \Delta Ek + \Delta Ep\right) = -\dot{W}$$

$$75\frac{kg}{s}\left[\left(397\frac{kJ}{kg} - 421\frac{kJ}{kg}\right) + \left(0.221\frac{kJ}{kg} - 0.648\frac{kJ}{kg}\right) + \left(0.186\frac{kJ}{kg} - 0.167\frac{kJ}{kg}\right)\right] + 52\,kW = -\dot{W}$$

Considerando el 100 % de eficiencia: $\dot{W} = 1777.841\,kW$

Salida real:

Para el caso real, la entropía generada no es igual a cero. Sin embargo, el problema ya está dando un valor de eficiencia, así que es posible determinar la potencia real de la turbina:

Considerando el 73 % de eficiencia: $\dot{W} = 1297.824\,kW$

A partir de este valor y usando como referencia el balance de energía, es posible obtener la entalpía de la corriente real:

$$H_{sal} = \frac{-1297\,kW - 52\,kW}{75\,kg/s} + 421\frac{kJ}{kg} + 0.648\frac{kJ}{kg} + 0.1668\frac{kJ}{kg} - 0.221\frac{kJ}{kg} - 0.186\frac{kJ}{kg}$$

$$= 403.77\frac{kJ}{kg}$$

Se observa que la entalpía no se encuentra en la tabla A-13 (Çengel y Boles, 2018), por lo que se debe llevar a cabo una extrapolación. Al hacer una correlación lineal de cada propiedad con la entalpía, y usando la entalpía de 403.77 kJ/kg, los datos calculados son los siguientes:

— Temperatura (T) = 162.893 °C
— Volumen específico (V_{esp}) = 0.0698 m^3/kg
— Energía interna (U) = 368.883 kJ/kg
— Entropía (S) = 1.3403 kJ/kg K

Esto da como resultado un flujo volumétrico de 5.2328 m^3/s. La energía cinética y potencial es la misma que en la salida ideal.

La entropía generada es:

$$S_{gen} = \dot{m}\left(S_{sal} - S_{ent}\right) - \frac{Q}{T}$$

$$S_{gen} = 75\frac{kg}{s}\left(1.3403\frac{kJ}{kg\,K} - 1.3124\frac{kJ}{kg\,K}\right) - \frac{52\,kw}{436.043\,K} = 1.9731\frac{kJ}{s\,K}$$

Energía degradada del sistema:

$$1.9731\,\frac{kJ}{s\,K} \cdot 436.043\,K = 860.366\frac{kJ}{s}$$

Energía degradada del alrededor:

$$1.9731\,\frac{kJ}{s\,K} \cdot 298.15\,K = 588.286\frac{kJ}{s}$$

Segunda turbina

Entrada:

De acuerdo con el problema, la entrada de la segunda turbina es la salida ideal de la primera turbina. Los datos recabados son los siguientes:

- Temperatura = 162.893 °C
- Presión = 0.5 MPa
- Flujo másico = 49.5 kg/s
- Flujo volumétrico = 5.2328 m³/s
- Volumen específico (V_{esp}) = 0.07 m³/kg
- Energía interna (U) = 368.883 kJ/kg
- Entalpía (H) = 403.77 kJ/kg
- Entropía (S) = 1.3403 kJ/kg K
- Energía cinética = 0.2205 kJ/kg
- Energía potencial = 0.1864 kJ/kg

Salida ideal:

De acuerdo con el balance de entropía, no hay entropía generada. Entropía de entrada = entropía de salida:

entropía de entrada (S) = 1.3403 kJ/kg K = entropía de salida

Teniendo este valor, así como la presión de salida, es posible determinar la fase de la corriente. Esta corriente sale en fase gaseosa y con una calidad de 1. Se observa que ni la presión ni la entropía se encuentran en la tabla A-13 (Çengel y Boles, 2018), por lo que se debe llevar a cabo una interpolación triple. El valor a interpolar es la entropía de 1.3403 kJ/kg K a las presiones de 0.06 y 0.1 MPa. Los resultados son los siguientes:

0.06 MPa
- Temperatura (T) = 95.499 °C
- Volumen específico (V_{esp}) = 0.4979 m³/kg
- Energía interna (U) = 310.807 kJ/kg
- Entalpía (H) = 340.683 kJ/kg

0.1 MPa
- Temperatura (T) = 108.980 °C
- Volumen específico (V_{esp}) = 0.3097 m³/kg
- Energía interna (U) = 319.445 kJ/kg
- Entalpía (H) = 350.421 kJ/kg

Estos resultados son los que deben ser interpolados para una presión de 0.08 MPa. Los resultados finales para la corriente de salida ideal son los siguientes:

- Temperatura (T) = 102.24 °C
- Volumen específico (V_{esp}) = 0.4038 m³/kg
- Energía interna (U) = 315.1256 kJ/kg
- Entalpía (H) = 345.5518 kJ/kg

Esto da como resultado un flujo volumétrico de 19.989 m³/s. A su vez, se calcula una energía cinética de 0.0845 kJ/kg y una energía potencial de 0.24525 kJ/ kg (a partir de las ecuaciones del apéndice C).

Para determinar la potencia generada por la turbina, se recurre al uso del balance de energía anteriormente planteado.

De acuerdo con el balance de energía:

$$\dot{m}\left(\Delta H + \Delta Ek + \Delta Ep\right) = -\dot{W}$$

$$49.5\frac{kg}{s}\left[\left(345\frac{kJ}{kg} - 403\frac{kJ}{kg}\right) + \left(0.085\frac{kJ}{kg} - 0.221\frac{kJ}{kg}\right) + \left(0.245\frac{kJ}{kg} - 0.186\frac{kJ}{kg}\right)\right] + 29\,kW = -\dot{W}$$

Considerando el 100 % de eficiencia: $\dot{W} = 2856.631\,kW$

Salida real:

Para el caso real, la entropía generada no es igual a cero. Sin embargo, el problema ya está dando un valor de eficiencia, así que es posible determinar la potencia real de la turbina.

$$\text{Considerando el 68 \% de eficiencia:} \quad \dot{W} = 1942.509 \, \text{kW}$$

A partir de este valor y usando como referencia el balance de energía, es posible obtener la entalpía de la corriente real:

$$H_{sal} = \frac{-1942 \text{kW} - 29 \, \text{kW}}{49.5 \, \text{kg/s}} + 403 \frac{\text{kJ}}{\text{kg}} + 0.221 \frac{\text{kJ}}{\text{kg}} + 0.186 \frac{\text{kJ}}{\text{kg}} - 0.0845 \frac{\text{kJ}}{\text{kg}} - 0.245 \frac{\text{kJ}}{\text{kg}}$$

$$= 364.019 \frac{\text{kJ}}{\text{kg}}$$

Se observa que en la tabla A-13 (Çengel y Boles, 2018) no se encuentran datos para la presión de 0.08 MPa, por lo que se debe hacer una interpolación.

Sin embargo, los últimos datos para las presiones de 0.06 y 0.1 MPa están reportados a 344.99 y 344.6 kJ/kg, respectivamente, así que se deberá llevar a cabo primero una extrapolación para cada presión. Al hacer una correlación lineal de cada propiedad con la entalpía, y usando la entalpía de 364.019 kJ/kg, se obtienen las siguientes propiedades:

0.06 MPa
— Temperatura (T) = 124.659 °C
— Volumen específico (V_{esp}) = 0.5394 m³/kg
— Energía interna (U) = 331.653 kJ/kg
— Entropía (S) = 1.4264 kJ/kg K

0.1 MPa
— Temperatura (T) = 124.4648 °C
— Volumen específico (V_{esp}) = 0.3229 m³/kg
— Energía interna (U) = 331.718 kJ/kg
— Entropía (S) = 1.3837 kJ/kg K

Estos resultados son los que deben ser interpolados para una presión de 0.08 MPa. Los resultados finales para la corriente de salida real son los siguientes:

— Temperatura (T) = 124.562 °C
— Volumen específico (V_{esp}) = 0.4312 m³/kg
— Energía interna (U) = 331.6853 kJ/kg
— Entropía (S) = 1.4050 kJ/kg K

Esto da como resultado un flujo volumétrico de 21.344 m³/s. La energía cinética y potencial es la misma que en la salida ideal.

La entropía generada es:

$$S_{gen} = \dot{m}\left(S_{sal} - S_{ent}\right) - \frac{Q}{T}$$

$$S_{gen} = 49.5\frac{kg}{s}\left(1.4050\frac{kJ}{kg\,K} - 1.3403\frac{kJ}{kg\,K}\right) - \frac{29\,kw}{397.712\,K} = 3.1303\frac{kJ}{s\,K}$$

Energía degradada del sistema:

$$3.1303\ \frac{kJ}{s\,K} \cdot 436.043\,K = 1244.949\frac{kJ}{s}$$

Energía degradada alrededor:

$$3.1303\ \frac{kJ}{s\,K} \cdot 298.15\,K = 933.292\frac{kJ}{s}$$

Estos valores se resumen en la siguiente tabla:

	Entrada	Salida ideal	Salida real
i	R-134a	R-134a	R-134a
T (°C)	180	155	162.89293
T (K)	453.15	428.15	436.04293
P (MPa)	1	0.5	0.5
Fase	gas	gas	gas
X	1	1	1
$\dot{m}$ (kg/s)	75	75	75
u (m³/s)	2.648775	5.09235	5.2328421
V_{esp} (m³/kg)	0.035317	0.067898	0.0697712
ρ_{esp} (kg/m³)	28.314976	14.727974	14.332556
U (kJ/kg)	386.04	363.42	368.8832
H (kJ/kg)	421.36	397.37	403.77023
S (kJ/kg K)	1.3124	1.3124	1.3402983
V (m/s)	36	21	21
Z (m)	17	19	19
Ek (kJ/kg)	0.648	0.2205	0.2205
Ep (kJ/kg)	0.16677	0.18639	0.18639
ΔH (kJ/kg)		−23.99	−17.58977

	Entrada	Salida ideal	Salida real
$\dot{H}$ (kW)		−1799.25	−1319.233
ΔEk (kJ/kg)		−0.4275	−0.4275
$\dot{Ep}$ (kW)		−32.0625	−32.0625
ΔEp (kJ/kg)		0.01962	0.01962
$\dot{Ek}$ (kW)		1.4715	1.4715
W (kW)		1777.841	1297.8239
Q (kW)		52	52

Tabla 2.20.1. Resultados del balance de energía y entropía, turbina 1.

	Entrada	Salida ideal	Salida real
i	R-134a	R-134a	R-134a
T (°C)	162.89293	102.24001	124.56223
T (K)	436.04293	375.39001	397.71223
P (MPa)	0.5	0.08	0.08
Fase	gas	gas	gas
X	1	1	1
$\dot{m}$ (kg/s)	49.5	49.5	49.5
u (m³/s)	5.2328421	19.989181	21.344156
V_{esp} (m³/kg)	0.0697712	0.4038218	0.4311951
ρ_{esp} (kg/m³)	14.332556	2.4763396	2.319136
U (kJ/kg)	368.8832	315.12563	331.68537
H (kJ/kg)	403.77023	345.55179	364.0189
S (kJ/kg K)	1.3402983	1.3402983	1.4050093
V (m/s)	21	13	13
Z (m)	19	25	25
Ek (kJ/kg)	0.2205	0.0845	0.0845
Ep (kJ/kg)	0.18639	0.24525	0.24525
ΔH (kJ/kg)		−58.21844	−39.75133
$\dot{H}$ (kW)		−2881.813	−1967.691
ΔEk (kJ/kg)		−0.136	−0.136
$\dot{Ep}$ (kW)		−6.732	−6.732
ΔEp (kJ/kg)		0.05886	0.05886
$\dot{Ek}$ (kW)		2.91357	2.91357
W (kW)		2856.6312	1942.5092
Q (kW)		29	29

Tabla 2.20.2. Resultados del balance de energía y entropía, turbina 2.

Gráfico de la trayectoria en un diagrama de temperatura-entropía

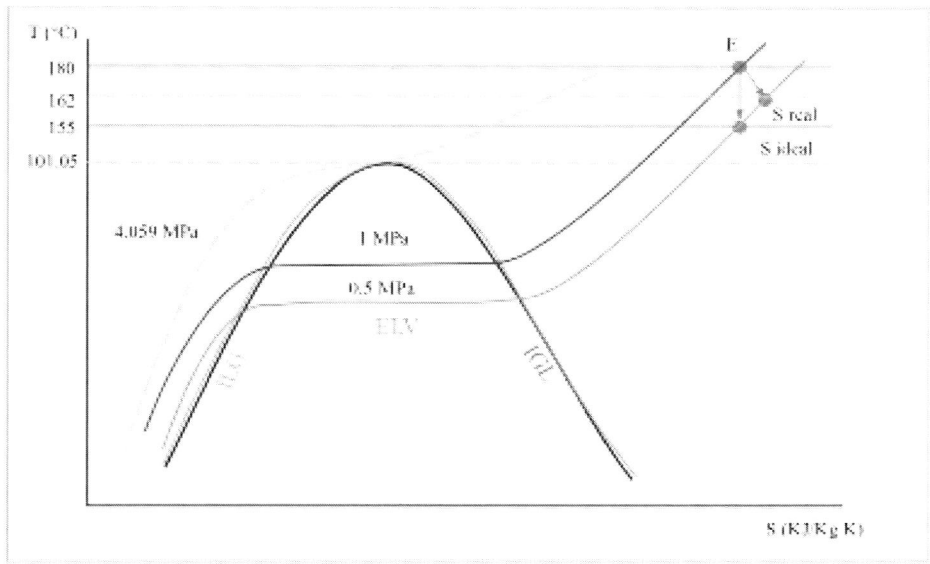

Figura 2.41. Trayectoria de la turbina 1 (ejercicio 2.3.2).

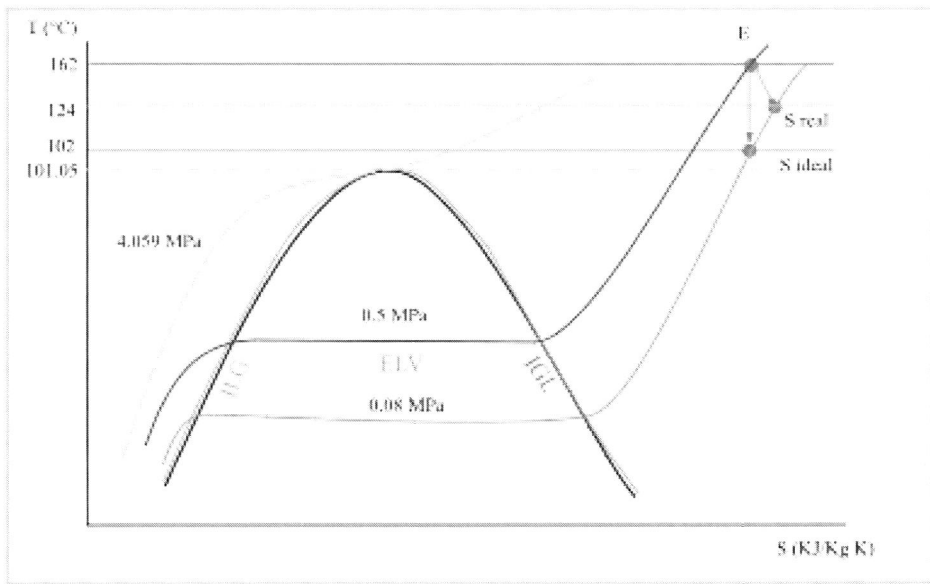

Figura 2.42. Trayectoria de la turbina 2 (ejercicio 2.3.2).

3

Intercambiadores de calor

En cada ejercicio, se debe identificar el sistema, las fronteras y el alrededor de cada equipo, plantear los balances general y particular de energía y/o entropía según lo requiera cada equipo, y elaborar una tabla con los datos y propiedades termodinámicas de cada corriente. De igual manera, se debe indicar la entropía generada y la energía degradada en los casos aplicables.

3.1. Intercambiadores de calor ideales

3.1.1. Intercambiador de calor isobárico

Un agua proveniente de un proceso químico requiere cambiar de interfase gas-líquido a interfase líquido-gas; por lo tanto, es sometida a un intercambiador de calor. La corriente caliente entra a 1 kg/s, 0.200 MPa, 120.21 °C y una velocidad de 7 m/s. La salida cuenta con una velocidad de 5 m/s y está dos metros por debajo de la entrada. La corriente de agua fría entra a 6 m/s en interfase líquido-gas. Con el calor adquirido, cambia a la interfase gas-líquido a una presión de 0.100 MPa. La velocidad a la salida es de 9 m/s y se encuentra dos metros por encima de la entrada de la corriente. Considere un proceso sin caídas de presión. Determine el flujo de calor para cada corriente, así como el flujo másico de la corriente fría. Posteriormente, grafique la trayectoria de cada corriente en un diagrama de temperatura-entalpía.

Datos del problema

Corriente caliente
Entrada:
  — Temperatura: 120.21 °C
  — Presión: 0.200 MPa
  — Flujo másico: 1 kg/s
  — Velocidad: 7 m/s
  — Altura: 2 metros

Salida:
  — Estado: interfase líquido-gas
  — Presión: 0.200 MPa
  — Velocidad: 5 m/s

Generales:
  — Compuesto: agua.
  — El proceso es reversible.

Corriente fría
Entrada:
  — Estado: interfase líquido-gas
  — Presión: 0.100 MPa
  — Velocidad: 6 m/s

Salida:
  — Estado: interfase líquido-gas
  — Presión: 0.100 MPa
  — Velocidad: 9 m/s
  — Altura: 2 metros

Generales:
  — Compuesto: agua.
  — El proceso es reversible.

Resolución del problema

Identificación del sistema, las fronteras y el alrededor

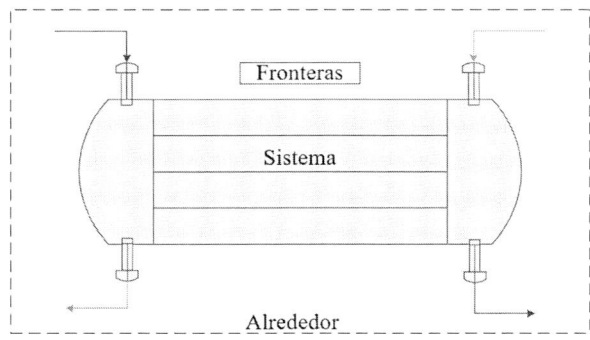

Figura 3.1. Identificación del sistema, las fronteras y el alrededor del intercambiador (ejercicio 3.1.1).

Planteamiento de los balances

$$\frac{dmU_{sis}}{dt} = \sum_{sal} \dot{m}_{sal} \ (U + PV + E_k + E_p)_{sal} - \sum_{ent} \dot{m}_{ent} \ (U + PV + E_k + E_p)_{ent} \pm \dot{Q} \pm \dot{W}$$

Corriente caliente

$$\dot{m}\left[\left(H_{sal} - H_{ent}\right) + \left(Ek_{sal} - Ek_{ent}\right) + \left(Ep_{sal} - Ep_{ent}\right)\right] = -\dot{Q}$$

$$\dot{m}\left(\Delta H + \Delta Ek + \Delta Ep\right) = -\dot{Q}$$

$$\dot{H} + \dot{Ek} + \dot{Ep} = -\dot{Q}$$

Corriente fría

$$. \dot{m}\left[\left(H_{sal} - H_{ent}\right) + \left(Ek_{sal} - Ek_{ent}\right) + \left(Ep_{sal} - Ep_{ent}\right)\right] = \dot{Q} \ .$$

$$\dot{m}\left(\Delta H + \Delta Ek + \Delta Ep\right) = \dot{Q}$$

$$\dot{H} + \dot{Ek} + \dot{Ep} = \dot{Q}$$

Corriente caliente

Entrada:

Los datos presentados en el problema indican que la corriente de entrada, al ser la caliente, viene en la interfase gas-líquido con calidad de 1, y se indica la presión del sistema. Con estos datos es posible conocer todas las propiedades del sistema. Al consultar la tabla A-5 (Çengel y Boles, 2018), se observa que la presión de 200 kPa viene en ella, por lo que no es necesario ningún tipo de cálculo. Los resultados obtenidos son los siguientes:

— Volumen específico (V_{esp}) = 0.8858 m³/kg
— Energía interna (U) = 2529.1 kJ/kg
— Entalpía (H) = 2706.3 kJ/kg

Con estos datos y despejando la ecuación C-9 del apéndice C, se obtiene un flujo volumétrico de 0.8858 m³/s. De esta forma, las ecuaciones C-10 y C-10.1 del apéndice C permiten calcular una energía cinética de 0.0245 kJ/kg. Finalmente, al utilizar las ecuaciones C-11 y C-11.1, se obtiene una energía potencial de 0.0196 kJ/kg.

Salida:

Los datos presentados en el problema muestran que la corriente caliente no tiene pérdidas de presión, y además sale en interfase líquido-gas con una calidad de 0. Estos dos datos son suficientes para determinar las propiedades termodinámicas. Dado que la presión es la misma, se sabe que los datos a esta presión sí se incluyen en la tabla A-5 (Çengel y Boles, 2018). Los resultados en la interfase indicada se presentan a continuación:

— Volumen específico (V_{esp}) = 0.00106 m³/kg
— Energía interna (U) = 504.5 kJ/kg
— Entalpía (H) = 504.71 kJ/kg

Con estos datos y despejando la ecuación C-9 del apéndice C, se obtiene un flujo volumétrico de 0.00106 m³/s. De esta forma, las ecuaciones C-10 y C-10.1 del apéndice C permiten calcular una energía cinética de 0.0125 kJ/kg. Finalmente, al utilizar las ecuaciones C-11 y C-11.1, se obtiene una energía potencial de 0 kJ/kg.

Una vez conseguidos estos valores, se calcula la carga térmica. De acuerdo con el balance de energía establecido anteriormente:

$$\dot{m}\left(\Delta H + \Delta EK + \Delta Ep\right) = -\dot{Q}$$

$$1\frac{\text{kg}}{\text{s}}\left[-2201.59\frac{\text{kJ}}{\text{kg}} - 0.012\frac{\text{kJ}}{\text{kg}} - 0.01962\frac{\text{kJ}}{\text{kg}}\right] = -\dot{Q}$$

Corriente fría

Entrada:

Los datos presentados en el problema indican que la corriente de entrada, al ser la corriente fría, viene en la interfase líquido-gas con calidad de 0, y se indica la presión del sistema. Con estos datos es posible conocer todas las propiedades del sistema. Al consultar la tabla A-5 (Çengel y Boles, 2018), se observa que la presión de 100 kPa viene en ella, por lo que no es necesario ningún tipo de cálculo. Los resultados obtenidos son los siguientes:

— Temperatura (T) = 99.61 °C
— Volumen específico (V_{esp}) = 0.00104 m³/kg
— Energía interna (U) = 417.4 kJ/kg
— Entalpía (H) = 417.51 kJ/kg

De esta forma, las ecuaciones C-10 y C-10.1 permiten calcular una energía cinética de 0.018 kJ/kg. Finalmente, al utilizar las ecuaciones C-11 y C-11.1, se obtiene una energía potencial de 0 kJ/kg.

Salida:

Los datos presentados en el problema muestran que la corriente fría no tiene pérdidas de presión, y además sale en interfase gas-líquido con una calidad de 0. Estos dos datos son suficientes para determinar las propiedades termodinámicas. Dado que la presión es la misma, se sabe que los datos a esta presión sí se incluyen en la tabla A-5 (Çengel y Boles, 2018). Los resultados en la interfase indicada se presentan a continuación:

— Temperatura (T) = 99.61 °C
— Volumen específico (V_{esp}) = 1.6941 m³/kg
— Energía interna (U) = 2505.6 kJ/kg
— Entalpía (H) = 2675 kJ/kg

De esta forma, las ecuaciones C-10 y C-10.1 del apéndice C permiten calcular una energía cinética de 0.0405 kJ/kg. Finalmente, al utilizar las ecuaciones C-11 y C-11.1, se obtiene una energía potencial de 0.0196 kJ/kg.

El dato que falta de esta corriente es el flujo másico. Sin embargo, se sabe que el calor liberado por la corriente caliente para enfriarse es el mismo que el calor absorbido por la fría para calentarse. Por lo tanto, el valor del flujo de calor en la corriente fría es igualmente 2201.6216 kW. A partir de estos valores, y utilizando el balance de energía, es posible calcular el flujo másico requerido por la corriente:

$$\dot{m}\left(\Delta H + \Delta EK + \Delta Ep\right) = -\dot{Q}$$

$$\dot{m} = \frac{2201.6216\,\text{kW}}{2201.581\,\dfrac{\text{kJ}}{\text{kg}} + 0.0219\,\dfrac{\text{kJ}}{\text{kg}} + 0.0196\,\dfrac{\text{kJ}}{\text{kg}}}$$

$$\dot{m} = 0.975\,\text{kg/s}$$

Con estos datos y despejando la ecuación C-9 del apéndice C, se obtiene un flujo volumétrico de 0.00102 m³/s para la corriente de entrada y uno de 1.65214 m³/s para la de salida.

Estos valores se resumen en la siguiente tabla:

	Entrada CC	Salida CC	Entrada CF	Salida CF
i	H_2O	H_2O	H_2O	H_2O
T (°C)	120.21	120.21	99.61	99.61
P (MPa)	0.2	0.2	0.1	0.1
Fase	IGL	ILG	ILG	IGL
X	1	0	0	1
$\dot{m}$ (kg/s)	1	1	0.97523	0.97523
u (m³/s)	0.88578	0.00106	0.00102	1.65214
V_{esp} (m³/kg)	0.88578	0.00106	0.00104	1.69410
ρ_{esp} (kg/m³)	1.12895	942.50707	958.77277	0.59028
U (kJ/kg)	2529.1	504.5	417.4	2505.6
H (kJ/kg)	2706.3	504.71	417.51	2675
V (m/s)	7	5	6	9
Z (m)	2	0	0	2
Ek (kJ/kg)	0.0245	0.0125	0.018	0.0405
Ep (kJ/kg)	0.01962	0	0	0.01962
ΔH (kJ/kg)	−2201.59		2257.49	
(kW)	−2201.59		2201.58054	
ΔEk (kJ/kg)	−0.012		0.02250	
$\dot{Ek}$ (kW)	−0.012		0.02194	
ΔEp (kJ/kg)	−0.01962		0.01962	
$\dot{Ep}$ (kW)	−0.01962		0.01913	
Q (kW)	2201.62162		2201.62162	

Tabla 3.1. Resultados del balance de energía.

Gráfico de la trayectoria en un diagrama de temperatura-entalpía

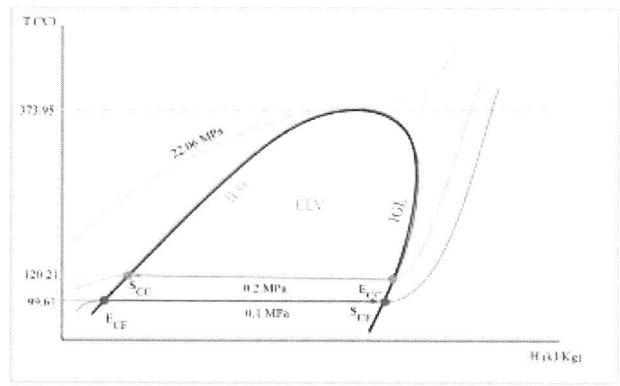

Figura 3.2. Trayectoria del intercambiador (ejercicio 3.1.1).

3.1.2. Determinación del flujo másico en la corriente fría

Agua a alta temperatura que proviene de un proceso necesita ser tratada para remover calor. La corriente caliente entra a una presión de 0.45 MPa y a una temperatura de 78 °C, y sale a 49 °C. La corriente de agua fría entra con un flujo másico de 0.04 kg/s a 26 °C y sale a 42 °C con una presión de 0.3 MPa. La corriente caliente está 0.5 m por encima de la salida y entra a una velocidad de 8 m/s con una diferencia de 4 m/s menos con respecto a la salida. La corriente fría entra a 9 m/s y sale a 9.8 m/s. Considere el proceso de intercambio de calor como isóbaro. Determine el flujo de calor para cada corriente, así como el flujo másico de la corriente caliente. Posteriormente, grafique la trayectoria de cada corriente en un diagrama de presión-entalpía.

Datos del problema

Corriente caliente

Entrada:
- — Temperatura: 78 °C
- — Presión: 0.45 MPa
- — Velocidad: 8 m/s
- — Altura: 0.5 metros

Salida:
- — Temperatura: 49 °C
- — Presión: 0.45 MPa
- — Velocidad: 12 m/s

Generales:
- — Compuesto: agua.
- — El proceso es reversible.

Corriente fría

Entrada:
- — Flujo másico: 0.04 kg/s
- — Temperatura: 26 °C
- — Presión: 0.3 MPa
- — Velocidad: 9 m/s

Salida:
- — Temperatura: 42 °C
- — Presión: 0.3 MPa
- — Velocidad: 9.8 m/s

Generales:
— Compuesto: agua
— El proceso es reversible.

Resolución del problema

Identificación del sistema, las fronteras y el alrededor

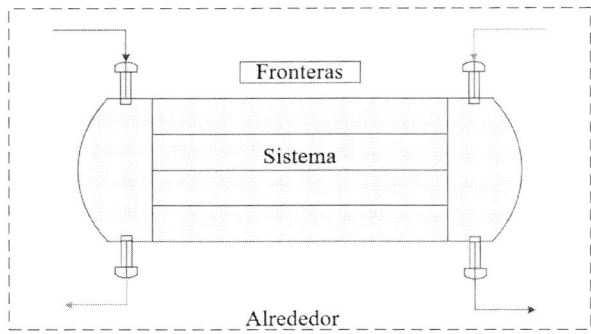

Figura 3.3. Identificación del sistema, las fronteras y el alrededor del intercambiador (ejercicio 3.1.2).

Planteamiento de los balances

$$\frac{dmU_{sis}}{dt} = \sum_{sal} \dot{m}_{sal} \ (U + PV + E_k + E_p)_{sal} - \sum_{ent} \dot{m}_{ent} \ (U + PV + E_k + E_p)_{ent} \pm \dot{Q} \pm \dot{W}$$

Corriente caliente

$$\dot{m}\left[\left(H_{sal} - H_{ent}\right) + \left(Ek_{sal} - Ek_{ent}\right) + \left(Ep_{sal} - Ep_{ent}\right)\right] = -\dot{Q}$$

$$\dot{m}\left(\Delta H + \Delta Ek + \Delta Ep\right) = -\dot{Q}$$

$$\dot{H} + \dot{Ek} + \dot{Ep} = -\dot{Q}$$

Corriente fría

$$\dot{m}\left[\left(H_{sal} - H_{ent}\right) + \left(Ek_{sal} - Ek_{ent}\right) + \left(Ep_{sal} - Ep_{ent}\right)\right] = \dot{Q}$$

$$\dot{m}\left(\Delta H + \Delta Ek + \Delta Ep\right) = \dot{Q}$$

$$\dot{H} + \dot{Ek} + \dot{Ep} = \dot{Q}$$

Corriente fría

Entrada:

Se debe empezar resolviendo la corriente fría, ya que es la corriente de la que tenemos la mayor cantidad de datos. Si se revisa la tabla A-4 (Çengel y Boles, 2018), se constata que la temperatura de la corriente está por debajo de la de equilibrio, por lo que se concluye que viene en estado líquido con una calidad de 0. Sin embargo, no se pueden obtener las propiedades termodinámicas de la tabla A-7 (Çengel y Boles, 2018), porque la presión de esta corriente es mucho menor que 5 MPa. Cuando esto sucede, se usa el dato de la temperatura para hacer la aproximación de la interfase líquido-gas. No obstante, la temperatura de 26 °C no viene en la tabla A-4 (Çengel y Boles, 2018), así que se debe llevar a cabo una interpolación sencilla de los datos de equilibrio. Los resultados son los siguientes:

- — Volumen específico (V_{esp}) = 0.00100 m³/kg
- — Energía interna (U) = 109.01 kJ/kg
- — Entalpía (H) = 109.012 kJ/kg

Con estos datos y despejando la ecuación C-9 del apéndice C, se obtiene un flujo volumétrico de 0.00004 m³/s. De esta forma, las ecuaciones C-10 y C-10.1 del apéndice C permiten calcular una energía cinética de 0.0405 kJ/kg. Finalmente, al utilizar las ecuaciones C-11 y C-11.1, se obtiene una energía potencial de 0 kJ/kg.

Salida:

Si se revisa la tabla A-4 (Çengel y Boles, 2018), se constata que la temperatura de la corriente está por debajo de la de equilibrio, por lo que se concluye que viene en estado líquido con una calidad de 0. Sin embargo, no se pueden obtener las propiedades termodinámicas de la tabla A-7 (Çengel y Boles, 2018), porque la presión de esta corriente es mucho menor que 5 MPa. Cuando esto sucede, se usa el dato de la temperatura para hacer la aproximación de la interfase líquido-gas. No obstante, la temperatura de 42 °C no viene en la tabla A-4 (Çengel y Boles, 2018), así que se debe llevar a cabo una interpolación sencilla de los datos de equilibrio. Los resultados son los siguientes:

- — Volumen específico (V_{esp}) = 0.00101 m³/kg
- — Energía interna (U) = 175.89 kJ/kg
- — Entalpía (H) = 175.894 kJ/kg

Con estos datos y despejando la ecuación C-9 del apéndice C, se obtiene un flujo volumétrico de 0.00004 m³/s. De esta forma, las ecuaciones C-10 y C-10.1 del apéndice C permiten calcular una energía cinética de 0.04802 kJ/kg. Finalmente, al utilizar las ecuaciones C-11 y C-11.1, se obtiene una energía potencial de 0 kJ/kg.

Una vez teniendo estos valores, se calcula la carga térmica. De acuerdo con el balance de energía establecido anteriormente:

$$\dot{m}\left(\Delta H + \Delta EK + \Delta Ep\right) = -\dot{Q}$$

$$0.04\frac{\text{kg}}{\text{s}}\left[66.882\frac{\text{kJ}}{\text{kg}} + 0.0075\frac{\text{kJ}}{\text{kg}} + 0\frac{\text{kJ}}{\text{kg}}\right] = -\dot{Q}$$

$$\dot{Q} = 2.6756\,\text{kW}$$

Corriente caliente

Entrada:

Si se revisa la tabla A-4 (Çengel y Boles, 2018), se constata que la temperatura de la corriente está por debajo de la temperatura de equilibrio, por lo que se concluye que la corriente viene en estado líquido con una calidad de 0. Sin embargo, no se pueden obtener las propiedades termodinámicas de la tabla A-7 (Çengel y Boles, 2018), porque la presión de esta corriente es mucho menor que 5 MPa. Cuando esto sucede, se usa el dato de la temperatura para aproximarse a la interfase líquido-gas. No obstante, la temperatura de 78 °C no viene en la tabla A-4 (Çengel y Boles, 2018), así que se debe llevar a cabo una interpolación sencilla de los datos de equilibrio. Los resultados son los siguientes:

- — Volumen específico (V_{esp}) = 0.00103 m³/kg
- — Energía interna (U) = 326.578 kJ/kg
- — Entalpía (H) = 326.624 kJ/kg

De esta forma, las ecuaciones C-10 y C-10.1 del apéndice C permiten calcular una energía cinética de 0.032 kJ/kg. Finalmente, al utilizar las ecuaciones C-11 y C-11.1, se obtiene una energía potencial de 0.00491 kJ/kg.

Salida:

Si se revisa la tabla A-4 (Çengel y Boles, 2018), se constata que la temperatura de la corriente está por debajo de la de equilibrio, por lo que se concluye que viene en estado líquido con una calidad de 0. Sin embargo, no se pueden obtener las propiedades termodinámicas de la tabla A-7 (Çengel y Boles, 2018), porque la presión de esta corriente es mucho menor que 5 MPa. Cuando esto sucede, se usa el dato de la temperatura para hacer la aproximación de la interfase líquido-gas. No obstante, la temperatura de 49 °C no viene en la tabla A-4 (Çengel y Boles, 2018), así que se debe llevar a cabo una interpolación sencilla de los datos de equilibrio. Los resultados son los siguientes:

- Volumen específico (V_{esp}) = 0.00101 m³/kg
- Energía interna (U) = 205.15 kJ/kg
- Entalpía (H) = 205.16 kJ/kg

De esta forma, las ecuaciones C-10 y C-10.1 del apéndice C permiten calcular una energía cinética de 0.072 kJ/kg. Finalmente, al utilizar las ecuaciones C-11 y C-11.1, se obtiene una energía potencial de 0 kJ/kg.

El dato que falta de esta corriente es el flujo másico. Sin embargo, se sabe que el calor absorbido por la corriente fría para calentarse es el mismo que el calor liberado por la caliente para enfriarse. Por lo tanto, el valor del flujo de calor en la corriente fría es igualmente 2.6756 kW. A partir de estos valores, y utilizando el balance de energía, es posible calcular el flujo másico requerido por la corriente.

$$\dot{m}\left(\Delta H + \Delta EK + \Delta Ep\right) = -\dot{Q}$$

$$\dot{m} = \frac{-2.6756\,\text{kW}}{-121.464\,\dfrac{\text{kJ}}{\text{kg}} - 0.04\,\dfrac{\text{kJ}}{\text{kg}} - 0.0049\,\dfrac{\text{kJ}}{\text{kg}}}$$

$$\dot{m} = 0.022\,\text{kg/s}$$

Con estos datos y despejando la ecuación C-9 del apéndice C, se obtiene un flujo volumétrico de 0.00002 m³/s para la corriente de entrada y la de salida.

Estos valores se resumen en la siguiente tabla:

	Entrada CC	Salida CC	Entrada CF	Salida CF
i	H_2O	H_2O	H_2O	H_2O
T (°C)	78	49	26	42
P (MPa)	0.45	0.45	0.3	0.3
Fase	líquido	líquido	líquido	líquido
X	0	0	0	0
$\dot{m}$ (kg/s)	0.022	0.022	0.040	0.040
u (m³/s)	0.00002	0.00002	0.00004	0.00004
V_{esp} (m³/kg)	0.00103	0.00101	0.00100	0.00101
ρ_{esp} (kg/m³)	972.952	988.533	996.810	991.277
U (kJ/kg)	326.578	205.15	109.01	175.89
H (kJ/kg)	326.624	205.16	109.012	175.894
V (m/s)	8	12	9	9.8
Z (m)	0.5	0	0	0

	Entrada CC	Salida CC	Entrada CF	Salida CF
Ek (kJ/kg)	0.032	0.072	0.0405	0.04802
Ep (kJ/kg)	0.00491	0	0	0
ΔH (kJ/kg)	−121.464		66.882	
$\dot{H}$ (kW)	−2.67635		2.67528	
ΔEk (kJ/kg)	0.04		0.00752	
$\dot{E}k$ (kW)	0.00088		0.00030	
ΔEp (kJ/kg)	−0.004905		0.00000	
$\dot{E}k$ (kW)	−0.00011		0.00000	
Q (kW)	2.6756		2.6756	

Tabla 3.2. Resultados del balance de energía.

Gráfico de la trayectoria en un diagrama de presión-entalpía

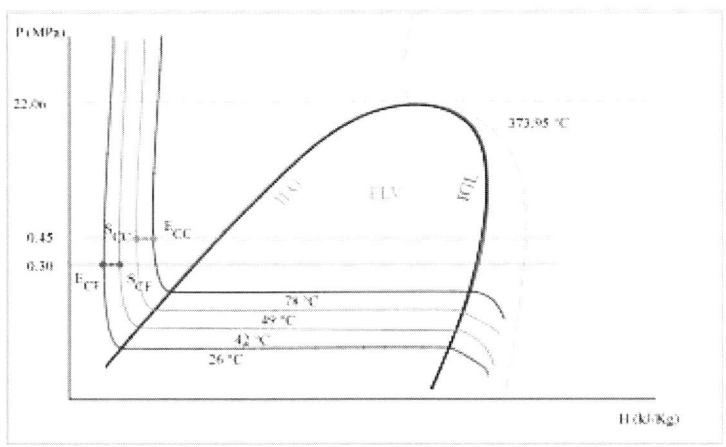

Figura 3.4. Trayectoria del intercambiador (ejercicio 3.1.2).

3.1.3. Enfriamiento de agua a la mitad de la temperatura de entrada

En un intercambiador de calor se enfriará agua con R-134a. La corriente caliente entra con un flujo de 0.15 kg/s a 6 MPa y 107 °C de temperatura, mientras que la corriente de salida se encuentra a 63 °C. La fría entra como líquido saturado a 14.8 °C y maneja una caída de presión de 1.5 % con respecto a la entrada, con lo cual la temperatura aumenta a 37.8 °C. Considere que la corriente caliente no tiene caídas de presión. Determine el flujo de calor para cada corriente, así como el flujo másico de la corriente fría. Posteriormente, grafique la trayectoria de cada corriente en un diagrama de presión-entalpía.

Datos del problema

Corriente caliente

Entrada:
— Temperatura: 107 °C
— Presión: 6 MPa
— Flujo másico: 0.15 kg/s

Salida:
— Temperatura: 63 °C
— Presión: 6 MPa

Generales:
— Compuesto: agua.
— El proceso es reversible.

Corriente fría

Entrada:
— Estado: interfase líquido-gas
— Temperatura: 14.8 °C

Salida:
— Temperatura: 37.8 °C
— Caída de presión: 1.5 %

Generales:
— Compuesto: R-134a.
— El proceso es reversible.

Resolución del problema

Identificación del sistema, las fronteras y el alrededor

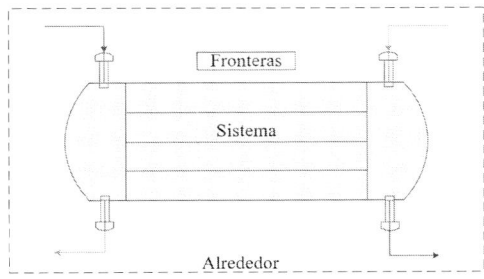

Figura 3.5. Identificación del sistema, las fronteras y el alrededor del intercambiador (ejercicio 3.1.3).

Planteamiento de los balances

Corriente caliente

$$\dot{m}\left[\left(H_{sal} - H_{ent}\right)\right] = -\dot{Q}$$

$$\dot{m}\left(\Delta H\right) = -\dot{Q}$$

$$\dot{H} = -\dot{Q}$$

Corriente fría

$$\dot{m}\left[\left(H_{sal} - H_{ent}\right)\right] = \dot{Q}$$

$$\dot{m}\left(\Delta H\right) = \dot{Q}$$

$$\dot{H} = \dot{Q}$$

Corriente caliente

Entrada:

Si se revisa la tabla A-4 (Çengel y Boles, 2018), se constata que la temperatura de la corriente está por debajo de la de equilibrio, por lo que se concluye que viene en estado líquido con una calidad de 0. Con estos datos es posible conocer todas las propiedades del sistema. Al venir en estado líquido y estar a una presión mayor de 5 MPa, es posible consultar la tabla A-7 (Çengel y Boles, 2018). Se observa que ni la presión ni la temperatura se encuentran en ella, por lo que se debe llevar a cabo una interpolación triple. El valor a interpolar es la temperatura de 107 °C a las presiones de 5 y 10 MPa, y por tanto los valores de la tabla utilizados son todas las propiedades termodinámicas correspondientes a las temperaturas de 100 y 120 °C. Los resultados son los siguientes:

5 MPa

— Volumen específico (V_{esp}) = 0.00105 m³/kg
— Energía interna (U) = 447.141 kJ/kg
— Entalpía (H) = 452.369 kJ/kg

10 MPa

— Volumen específico (V_{esp}) = 0.00104 m³/kg
— Energía interna (U) = 445.6125 kJ/kg
— Entalpía (H) = 456.0585 kJ/kg

Estos resultados son los que deben ser interpolados para una presión de 6 MPa. Los datos finales para la corriente de entrada son los siguientes:

— Volumen específico (V_{esp}) = 0.00105 m³/kg
— Energía interna (U) = 446.8353 kJ/kg
— Entalpía (H) = 453.1069 kJ/kg

Con estos datos y despejando la ecuación C-9 del apéndice C, se obtiene un flujo volumétrico de 0.00016 m³/s.

Salida:

Si se revisa la tabla A-4 (Çengel y Boles, 2018), se constata que la temperatura de la corriente está por debajo de la de equilibrio, por lo que se concluye que viene en estado líquido con una calidad de 0. Con estos datos es posible conocer todas las propiedades del sistema. Al venir en estado líquido y estar a una presión mayor de 5 MPa, es posible consultar la tabla A-7 (Çengel y Boles, 2018). Se observa que ni la presión ni la temperatura se encuentran en ella, por lo que se debe llevar a cabo una interpolación triple. El valor a interpolar es la temperatura de 63 °C a las presiones de 5 y 10 MPa, y por tanto los valores de la tabla utilizados son todas las propiedades termodinámicas correspondientes a las temperaturas de 60 y 80 °C. Los resultados son los siguientes:

5 MPa
— Volumen específico (V_{esp}) = 0.00102 m³/kg
— Energía interna (U) = 262.820 kJ/kg
— Entalpía (H) = 267.9 kJ/kg

10 MPa
— Volumen específico (V_{esp}) = 0.00102 m³/kg
— Energía interna (U) = 261.919 kJ/kg
— Entalpía (H) = 272.0585 kJ/kg

Estos resultados son los que deben ser interpolados para una presión de 6 MPa. Los datos finales para la corriente de salida son los siguientes:

— Volumen específico (V_{esp}) = 0.00102 m³/kg
— Energía interna (U) = 262.6394 kJ/kg
— Entalpía (H) = 268.7317 kJ/kg

Con estos datos y despejando la ecuación C-9 del apéndice C, se obtiene un flujo volumétrico de 0.00015 m³/s.

Una vez conseguidos estos valores, se calcula la carga térmica. De acuerdo con el balance de energía establecido anteriormente:

$$\dot{m}\left(H_{sal} - H_{ent} \right) = -\dot{Q}$$

$$0.15 \frac{\text{kg}}{\text{s}} \left[268.7317 \frac{\text{kJ}}{\text{kg}} - 453.1069 \frac{\text{kJ}}{\text{kg}} \right] = -\dot{Q}$$

$$\dot{Q} = 27.6563 \, \text{kW}$$

Corriente fría

Entrada:

Los datos presentados en el problema indican que la corriente de entrada, al ser la fría, viene en la interfase líquido-gas con calidad de 0, y se indica la temperatura del sistema. Con estos datos es posible conocer todas las propiedades del sistema. Al consultar la tabla A-11 (Çengel y Boles, 2018), se observa que la temperatura no se encuentra en ella, por lo que se debe llevar a cabo una interpolación de los datos de equilibrio. Los resultados son los siguientes:

— Presión (P) = 0.486 MPa
— Volumen específico (V_{esp}) = 0.00080 m³/kg
— Energía interna (U) = 71.67 kJ/kg
— Entalpía (H) = 72.062 kJ/kg

Salida:

Los datos presentados en el problema muestran que la corriente fría tiene pérdidas de presión de 1.5 %, así que se conoce que la presión es de 0.479 MPa. Con este dato y la temperatura, se sabe que la corriente viene en estado gaseoso con calidad de 1. Al consultar la tabla A-13 (Çengel y Boles, 2018), se observa que ni la presión ni la temperatura se encuentran en ella, por lo que se debe llevar a cabo una interpolación triple. El valor a interpolar es la temperatura de 37.8 °C a las presiones de 0.4 y 0.5 MPa, y por tanto los valores de la tabla utilizados son todas las propiedades termodinámicas correspondientes a las temperaturas de 30 y 40 °C. Los resultados son los siguientes:

0.4 MPa
— Volumen específico (V_{esp}) = 0.0587 m³/kg
— Energía interna (U) = 258.7716 kJ/kg
— Entalpía (H) = 282.2694 kJ/kg

0.5 MPa

- — Volumen específico (V_{esp}) = 0.04599 m³/kg
- — Energía interna (U) = 257.4076 kJ/kg
- — Entalpía (H) = 280.3966 kJ/kg

Estos resultados son los que deben ser interpolados para una presión de 0.479 MPa. Los datos finales para la corriente de salida son los siguientes:

- — Volumen específico (V_{esp}) = 0.04874 m³/kg
- — Energía interna (U) = 257.7014 kJ/kg
- — Entalpía (H) = 280.8000 kJ/kg

El dato que falta de esta corriente es el flujo másico. Sin embargo, se sabe que el calor liberado por la corriente caliente para enfriarse es el mismo que el calor absorbido por la fría para calentarse. Por lo tanto, el valor del flujo de calor en la corriente fría es igualmente 27.6563 kW. A partir de estos valores, y utilizando el balance de energía, es posible calcular el flujo másico requerido por la corriente:

$$\dot{m}\left(H_{sal} - H_{ent}\right) = -\dot{Q}$$

$$\dot{m} = \frac{27.6563\,\text{kW}}{280.8000\,\dfrac{\text{kJ}}{\text{kg}} - 72.062\,\dfrac{\text{kJ}}{\text{kg}}}$$

$$\dot{m} = 0.0133\,\text{kg/s}$$

Con estos datos y despejando la ecuación C-9 del apéndice C, se obtiene un flujo volumétrico de 0.00011 m³/s para la corriente de entrada y uno de 0.00646 m³/s para la corriente de salida.

Estos valores se resumen en la siguiente tabla:

	Entrada CC	Salida CC	Entrada CF	Salida CF
i	H_2O	H_2O	R-134a	R-134a
T (°C)	107	63	14.8	37.8
P (MPa)	6	6	0.485746	0.47845981
Fase	líquido	líquido	ILG	gas
X	0	0	0	1
$\dot{m}$ (kg/s)	0.15	0.15	0.13249	0.13249
u (m³/s)	0.00016	0.00015	0.00011	0.00646
V_{esp} (m³/kg)	0.00105	0.00102	0.00080	0.04874
ρ_{esp} (kg/m³)	955.75248	984.03211	1244.02866	20.51828

	Entrada CC	Salida CC	Entrada CF	Salida CF
U (kJ/kg)	446.8353	262.6394	71.67	257.7014082
H (kJ/kg)	453.1069	268.7317	72.062	280.8000047
ΔH (kJ/kg)	−184.3752		208.7380047	
$\dot{H}$ (kW)	−27.65628		27.65628	
Q (kW)	27.65628		27.65628	

Tabla 3.3. Resultados del balance de energía.

Gráfico de la trayectoria en un diagrama de presión-entalpía

Al ser dos compuestos diferentes, sus puntos críticos son distintos. Por lo tanto, se debe elaborar un diagrama para cada corriente.

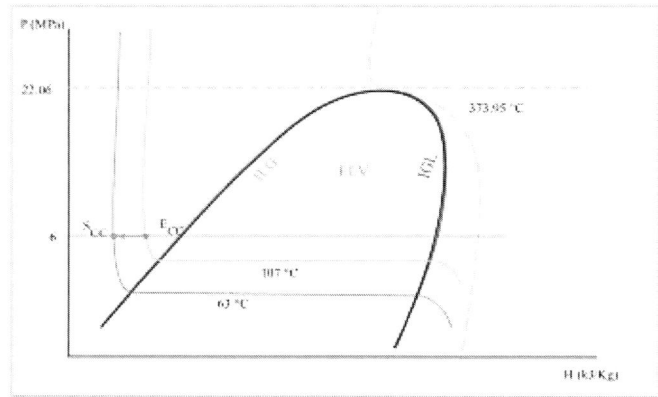

Figura 3.6. Trayectoria de la corriente caliente de agua (ejercicio 3.1.3).

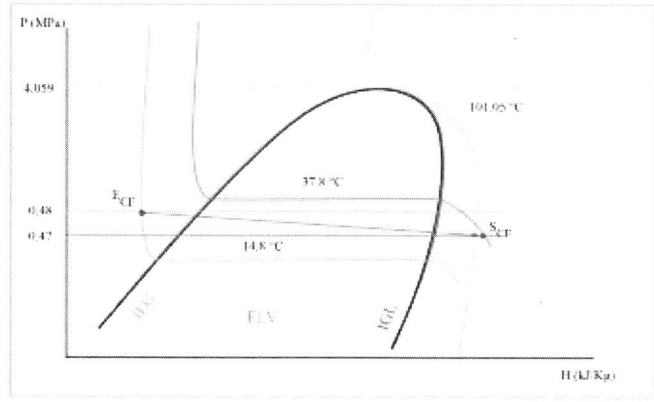

Figura 3.7. Trayectoria de la corriente fría de refrigerante (ejercicio 3.1.3).

3.1.4. Evaluación de la operación de un intercambiador de calor isobárico

Es necesario remover calor a vapor de agua que entra a 281 °C y 1.1 MPa. La salida cuenta con una temperatura de 226 °C. La corriente fría es R-134a, y entra a 0.68 MPa y 118 °C. La salida de esta corriente tiene una temperatura de 165 °C. Considere un proceso isóbaro en ambas corrientes. El calor transferido es de 18 kW. Determine el flujo másico requerido para cada corriente. Posteriormente, grafique la trayectoria de cada corriente en un diagrama de presión-volumen específico.

Datos del problema

Corriente caliente

Entrada:
— Temperatura: 281 °C
— Presión: 1.1 MPa

Salida:
— Temperatura: 226 °C
— Presión: 1.1 MPa

Generales:
— Compuesto: agua.
— El proceso es reversible.
— La corriente libera 18 kW de calor.

Corriente fría

Entrada:
— Temperatura: 118 °C
— Presión: 0.68 MPa

Salida:
— Temperatura: 165 °C
— Presión: 0.68 MPa

Generales:
— Compuesto: R-134a.
— El proceso es reversible.
— La corriente absorbe 18 kW de calor.

Resolución del problema

Identificación del sistema, las fronteras y el alrededor

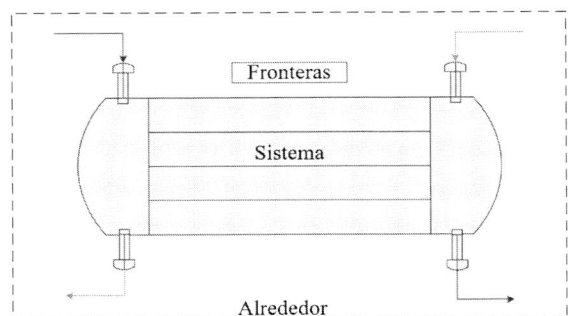

Figura 3.8. Identificación del sistema, las fronteras y el alrededor del intercambiador (ejercicio 3.1.4).

Planteamiento de los balances

$$\frac{dmU_{sis}}{dt} = \sum_{sal} \dot{m}_{sal} \ (U + PV + E_k + E_p)_{sal} - \sum_{ent} \dot{m}_{ent} \ (U + PV + E_k + E_p)_{ent} \pm \dot{Q} \pm \dot{W}$$

Corriente caliente

$$\dot{m}\left[\left(H_{sal} - H_{ent}\right)\right] = -\dot{Q}$$

$$\dot{m}\left(\Delta H\right) = -\dot{Q}$$

$$\dot{H} = -\dot{Q}$$

Corriente fría

$$\dot{m}\left[\left(H_{sal} - H_{ent}\right)\right] = \dot{Q}$$

$$\dot{m}\left(\Delta H\right) = \dot{Q}$$

$$\dot{H} = \dot{Q}$$

Corriente caliente

Entrada:

Si se revisa la tabla A-4 (Çengel y Boles, 2018), se constata que la temperatura de la corriente está por encima de la de equilibrio, por lo que viene en estado gas con una calidad de 1. Al consultar la tabla A-6 (Çengel y Boles, 2018) se observa que ni la presión ni la temperatura se encuentran en ella, por lo que se debe llevar a cabo una interpolación triple. El valor a interpolar es la temperatura de 281 °C a las presiones de 1 y 1.2 MPa, y por tanto los valores de la tabla utilizados son todas las propiedades termodinámicas correspondientes a las temperaturas de 250 y 300 °C. Los resultados son los siguientes:

1 MPa
— Volumen específico (V_{esp}) = 0.24840 m³/kg
— Energía interna (U) = 2762.046 kJ/kg
— Entalpía (H) = 3010.37 kJ/kg

10 MPa
— Volumen específico (V_{esp}) = 0.20571 m³/kg
— Energía interna (U) = 2757.4 kJ/kg
— Entalpía (H) = 3004.234 kJ/kg

Estos resultados son los que deben ser interpolados para una presión de 1.1 MPa. Los datos finales para la corriente de entrada son los siguientes:

— Volumen específico (V_{esp}) = 0.22705 m³/kg
— Energía interna (U) = 2759.723 kJ/kg
— Entalpía (H) = 3007.302 kJ/kg

Salida:

Si se revisa la tabla A-4 (Çengel y Boles, 2018), se constata que la temperatura de la corriente está por encima de la de equilibrio, por lo que viene en estado gaseoso con una calidad de 1. Al consultar la tabla A-6 (Çengel y Boles, 2018), se observa que ni la presión ni la temperatura se encuentran en ella, por lo que se debe llevar a cabo una interpolación triple. El valor a interpolar es la temperatura de 226 °C a las presiones de 1 y 1.2 MPa, y por tanto los valores de la tabla utilizados son todas las propiedades termodinámicas correspondientes a las temperaturas de 200 y 250 °C. Los resultados son los siguientes:

1 MPa
— Volumen específico (V_{esp}) = 0.21992 m³/kg
— Energía interna (U) = 2668.112 kJ/kg
— Entalpía (H) = 2887.996 kJ/kg

1.2 MPa
— Volumen específico (V_{esp}) = 0.18134 m³/kg
— Energía interna (U) = 2660.636 kJ/kg
— Entalpía (H) = 2878.24 kJ/kg

Estos resultados son los que deben ser interpolados para una presión de 1.1 MPa. Los datos finales para la corriente de salida son los siguientes:

— Volumen específico (V_{esp}) = 0.20063 m³/kg
— Energía interna (U) = 2664.374 kJ/kg
— Entalpía (H) = 2883.118 kJ/kg

Una vez conseguidos estos valores, se calcula el flujo másico de la corriente. De acuerdo con el balance de energía establecido anteriormente:

$$\dot{m}\left(H_{sal} - H_{ent}\right) = -\dot{Q}$$

$$\dot{m} = \frac{-18\,\text{kW}}{2883.118\,\dfrac{\text{kJ}}{\text{kg}} - 3007.302\,\dfrac{\text{kJ}}{\text{kg}}}$$

$$\dot{m} = 0.145\,\text{kg/s}$$

Con estos datos y despejando la ecuación C-9 del apéndice C, se obtiene un flujo volumétrico de 0.03291 m³/s para la entrada y uno de 0.02908 m³/s para la salida.

Corriente fría

Entrada:

Si se revisa la tabla A-11 (Çengel y Boles, 2018), se constata que la temperatura de la corriente está por encima de la de equilibrio, por lo que se concluye que viene en estado gaseoso con una calidad de 1. Con estos datos es posible conocer todas las propiedades del sistema. Al consultar la tabla A-13 (Çengel y Boles, 2018), se observa que ni la presión ni la temperatura se encuentran en ella, por lo que se debe llevar a cabo una interpolación triple. El valor a interpolar es la temperatura de 118 °C a las presiones de 0.6 y 0.7 MPa, y por tanto los valores de la tabla utilizados son todas las propiedades termodinámicas correspondientes a las temperaturas de 110 y 120 °C. Los resultados son los siguientes:

0.6 MPa
— Volumen específico (V_{esp}) = 0.05069 m³/kg
— Energía interna (U) = 327.366 kJ/kg
— Entalpía (H) = 357.774 kJ/kg

0.7 MPa
— Volumen específico (V_{esp}) = 0.04309 m³/kg
— Energía interna (U) = 326.678 kJ/kg
— Entalpía (H) = 356.84 kJ/kg

Estos resultados son los que deben ser interpolados para una presión de 0.68 MPa. Los datos finales para la corriente son los siguientes:

- Volumen específico (V_{esp}) = 0.04461 m³/kg
- Energía interna (U) = 326.8156 kJ/kg
- Entalpía (H) = 357.0268 kJ/kg

Salida:

Al observar la temperatura se constata que sobrepasa la temperatura crítica del refrigerante, por lo que la corriente viene en estado gaseoso y con una calidad de 1. Para obtener las propiedades termodinámicas se consulta la tabla A-13 (Çengel y Boles, 2018). Como se puede observar, no se encuentran datos para la presión de 0.68 MPa, sino solo para 0.6 o 0.7 MPa, por lo que se sabe que se deberá llevar a cabo una interpolación. Sin embargo, los últimos datos para 0.6 y 0.7 MPa están reportados a 160 °C, así que se debe efectuar una extrapolación para cada presión. Al hacer una correlación lineal de cada propiedad con la temperatura, y usando la temperatura de 165 °C, se obtienen las siguientes propiedades:

0.6 MPa
- Volumen específico (V_{esp}) = 0.05822 m³/kg
- Energía interna (U) = 370.6293 kJ/kg
- Entalpía (H) = 405.5557 kJ/kg

0.5 MPa
- Volumen específico (V_{esp}) = 0.04971 m³/kg
- Energía interna (U) = 370.3676 kJ/kg
- Entalpía (H) = 405.16581 kJ/kg

Estos resultados son los que deben ser interpolados para una presión de 0.68 MPa. Los datos finales para la corriente son los siguientes:

- Volumen específico (V_{esp}) = 0.05141 m³/kg
- Energía interna (U) = 270.4199 kJ/kg
- Entalpía (H) = 405.2438 kJ/kg

El dato que falta de esta corriente es el flujo másico. Sin embargo, se sabe que el calor liberado por la corriente caliente para enfriarse es el mismo que el calor absorbido por la fría para calentarse. Por lo tanto, el valor del flujo de calor en la corriente fría es igualmente de 18 kW. A partir de estos valores, y usando el balance de energía, se puede calcular el flujo másico requerido por la corriente:

$$\dot{m}\left(H_{sal} - H_{ent}\right) = -\dot{Q}$$

$$\dot{m} = \frac{18\,\text{kW}}{405.2438\,\dfrac{\text{kJ}}{\text{kg}} - 357.0268\,\dfrac{\text{kJ}}{\text{kg}}}$$

$$\dot{m} = 0.373\,\text{kg/s}$$

Con estos datos y despejando la ecuación C-9 del apéndice C, se obtiene un flujo volumétrico de 0.01655 m³/s para la corriente de entrada y uno de 0.01919 m³/s para la corriente de salida.

Estos valores se resumen en la siguiente tabla:

	Entrada CC	Salida CC	Entrada CF	Salida CF
i	H_2O	H_2O	R-134a	R-134a
T (°C)	281	226	118	165
P (MPa)	1.1	1.1	0.68	0.68
Fase	gas	gas	gas	gas
X	1	1	1	1
$\dot{m}$ (kg/s)	0.14495	0.14495	0.37331	0.37331
u (m³/s)	0.03291	0.02908	0.01665	0.01919
V_{esp} (m³/kg)	0.22705	0.20063	0.04461	0.05141
ρ_{esp} (kg/m³)	4.40424	4.98435	22.41722	19.45045
U (kJ/kg)	2759.723	2664.374	326.8156	370.4199243
H (kJ/kg)	3007.302	2883.118	357.0268	405.2437846
ΔH (kJ/kg)	−124.184		48.21698456	
$\dot{H}$ (kW)	−18		18	
Q (kW)	18		18	

Tabla 3.4. Resultados del balance de energía.

Gráfico de la trayectoria en un diagrama de presión-volumen específico

Al ser dos compuestos diferentes, sus puntos críticos son distintos. Por lo tanto, se debe elaborar un diagrama para cada corriente.

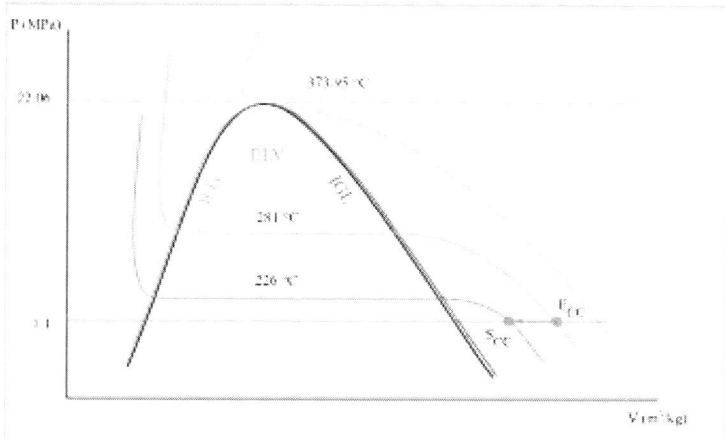

Figura 3.9. Trayectoria de la corriente caliente de agua (ejercicio 3.1.4).

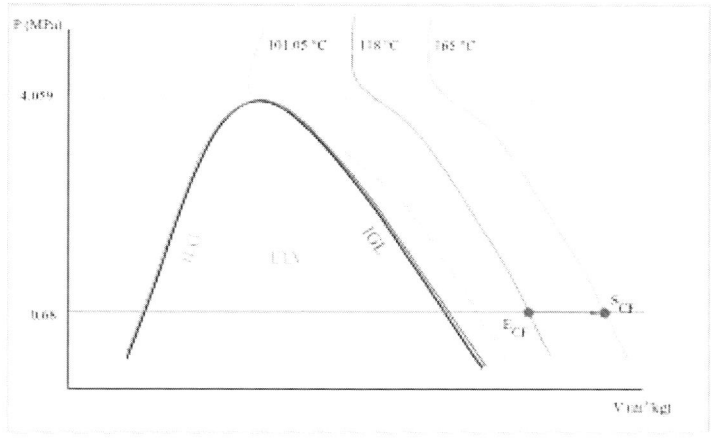

Figura 3.10. Trayectoria de la corriente fría del refrigerante (ejercicio 3.1.4).

3.1.5. Proceso de enfriamiento de interfase gas-líquido a interfase líquido-gas

En un intercambiador de calor, R-134a proveniente de un proceso de enfriamiento transfiere su energía a agua. El agua entra a 38 °C con 0.15 MPa y el flujo másico es de 0.1 kg/s; esta corriente sale con 111.35 °C (x = 0.3). El refrigerante entra a 180 °C con una presión de 0.15 MPa y sale a una temperatura de 135 °C. Considere el proceso isobárico. Determine el flujo de calor para cada corriente, así como el flujo másico de la corriente caliente. Posteriormente, grafique la trayectoria de cada corriente en un diagrama de temperatura-entalpía.

Datos del problema

Corriente caliente

Entrada:
— Temperatura: 180 °C
— Presión: 0.15 MPa

Salida:
— Temperatura: 135 °C
— Presión: 0.15 MPa

Generales:
— Compuesto: R-134a.
— El proceso es reversible.

Corriente fría

Entrada:
— Flujo másico: 0.1 kg/s
— Temperatura: 38 °C
— Presión: 0.15 MPa

Salida:
— Temperatura: 111.35 °C
— Estado: equilibrio líquido-vapor
— Calidad: 0.3

Generales:
— Compuesto: agua.
— El proceso es reversible.

Resolución del problema

Identificación del sistema, las fronteras y el alrededor

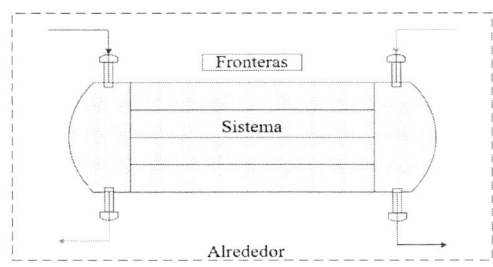

Figura 3.11. Identificación del sistema, las fronteras y el alrededor del intercambiador (ejercicio 3.1.5).

Planteamiento de los balances

$$\frac{dmU_{sis}}{dt} = \sum_{sal} \dot{m}_{sal} \ (U + PV + E_k + E_p)_{sal} - \sum_{ent} \dot{m}_{ent} \ (U + PV + E_k + E_p)_{ent} \pm \dot{Q} \pm \dot{W}$$

Corriente caliente

$$\dot{m}\left[\left(H_{sal} - H_{ent}\right)\right] = -\dot{Q}$$

$$\dot{m}\left(\Delta H\right) = -\dot{Q}$$

$$\dot{H} = -\dot{Q}$$

Corriente fría

$$\dot{m}\left[\left(H_{sal} - H_{ent}\right)\right] = \dot{Q}$$

$$\dot{m}\left(\Delta H\right) = \dot{Q}$$

$$\dot{H} = \dot{Q}$$

Corriente fría

Entrada:

Se debe empezar resolviendo la corriente fría, ya que es la corriente de la que tenemos la mayor cantidad de datos. Si se revisa la tabla A-4 (Çengel y Boles, 2018), se observa que la temperatura de la corriente está por debajo de la de equilibrio, por lo que se concluye que viene en estado líquido con una calidad de 0. Sin embargo, no se pueden obtener las propiedades termodinámicas de la tabla A-7 (Çengel y Boles, 2018) porque la presión de esta corriente es mucho menor que 5 MPa. Cuando esto sucede, se usa el dato de la temperatura para hacer una aproximación de la interfase líquido-gas. No obstante, la temperatura de 38 °C no viene en la tabla A-4 (Çengel y Boles, 2018), así que se debe llevar a cabo una interpolación sencilla de los datos de equilibrio. Los resultados son los siguientes:

— Volumen específico (V_{esp}) = 0.00101 m³/kg
— Energía interna (U) = 159.17 kJ/kg
— Entalpía (H) = 159.174 kJ/kg

Con estos datos y despejando la ecuación C-9 del apéndice C, se obtiene un flujo volumétrico de 0.00010 m³/s.

Salida:

De acuerdo con los datos del problema, esta corriente sale a 111.35 °C y 0.15 MPa (por ser un proceso isóbaro). Al estar en ELV, tiene una calidad de 0.3. Conociendo estos datos, y haciendo uso de la ecuación C-6 del apéndice C, es posible conocer todas las propiedades termodinámicas de la salida. Los resultados son los siguientes:

— Volumen específico (V_{esp}) = 0.34856 m³/kg
— Energía interna (U) = 1082.639 kJ/kg
— Entalpía (H) = 1134.921 kJ/kg

Con estos datos y despejando la ecuación C-9 del apéndice C, se obtiene un flujo volumétrico de 0.03486 m³/s.

Una vez conseguidos estos valores, se calcula la carga térmica. De acuerdo con el balance de energía establecido anteriormente:

$$\dot{m}\left(H_{sal} - H_{ent}\right) = -\dot{Q}$$

$$0.1\frac{\text{kg}}{\text{s}}\left[1134.921\frac{\text{kJ}}{\text{kg}} - 159.174\frac{\text{kJ}}{\text{kg}}\right] = -\dot{Q}$$

$$\dot{Q} = 97.5747\,\text{kW}$$

Corriente caliente

Entrada:

Al observar la temperatura se constata que sobrepasa la temperatura crítica del refrigerante, por lo que la corriente viene en estado gaseoso y con una calidad de 1. Para obtener las propiedades termodinámicas se consulta la tabla A-13 (Çengel y Boles, 2018). Como se puede observar, en ella no se encuentran datos para la presión de 0.15 MPa, solo para 0.14 o 0.18 MPa, por lo que se sabe que se deberá llevar a cabo una interpolación. Sin embargo, los últimos datos para las presiones de 0.14 y 0.18 MPa están reportados a 100 °C, así que se deberá efectuar primero una extrapolación para cada presión. Al hacer una correlación lineal de cada propiedad con la temperatura, y usando la temperatura de 180 °C, se obtienen las siguientes propiedades:

0.14 M Pa
— Volumen específico (V_{esp}) = 0.26493 m³/kg
— Energía interna (U) = 376.1608 kJ/kg
— Entalpía (H) = 413.2519 kJ/kg

0.18 MPa

— Volumen específico (V_{esp}) = 0.20627 m³/kg
— Energía interna (U) = 327.6049 kJ/kg
— Entalpía (H) = 413.3733 kJ/kg

Estos resultados son los que deben ser interpolados para una presión de 0.15 MPa. Los datos finales para la corriente son los siguientes:

— Volumen específico (V_{esp}) = 0.25026 m³/kg
— Energía interna (U) = 326.8156 kJ/kg
— Entalpía (H) = 413.3733 kJ/kg

Salida:

Al observar la temperatura se constata que sobrepasa la temperatura crítica del refrigerante, por lo que la corriente viene en estado gaseoso y con una calidad de 1. Para obtener las propiedades termodinámicas se consulta la tabla A-13 (Çengel y Boles, 2018). Como se puede observar, en ella no se encuentran datos para la presión de 0.15 MPa, solo para 0.14 o 0.18 MPa, por lo que se sabe que se deberá llevar a cabo una interpolación. Sin embargo, los últimos datos para las presiones de 0.14 y 0.18 MPa están reportados a 100 °C, así que se deberá efectuar primero una extrapolación para cada presión. Al hacer una correlación lineal de cada propiedad con la temperatura, y usando la temperatura de 135 °C, se obtienen las siguientes propiedades:

0.14 MPa
— Volumen específico (V_{esp}) = 0.23685 m³/kg
— Energía interna (U) = 340.37202 kJ/kg
— Entalpía (H) = 373.5315 kJ/kg

0.18 MPa
— Volumen específico (V_{esp}) = 0.18401 m³/kg
— Energía interna (U) = 340.4900 kJ/kg
— Entalpía (H) = 373.61636 kJ/kg

Estos resultados son los que deben ser interpolados para una presión de 0.15 MPa. Los datos finales para la corriente son los siguientes:

— Volumen específico (V_{esp}) = 0.22364 m³/kg
— Energía interna (U) = 340.4015 kJ/kg
— Entalpía (H) = 373.55273 kJ/kg

El dato que falta de esta corriente es el flujo másico. Sin embargo, se sabe que el calor liberado por la corriente caliente para enfriarse es el mismo que el calor absorbido por la fría para calentarse. Por lo tanto, el valor del flujo de calor en la corriente caliente es igualmente 97.5747 kW. A partir de estos valores, y utilizando el balance de energía, es posible calcular el flujo másico requerido por la corriente.

$$\dot{m}\left(H_{sal} - H_{ent}\right) = -\dot{Q}$$

$$\dot{m} = \frac{-97.5747\,\text{kW}}{373.5527\dfrac{\text{kJ}}{\text{kg}} - 413.3733\dfrac{\text{kJ}}{\text{kg}}}$$

$$\dot{m} = 2.450 \ \text{kg/s}$$

Con estos datos y despejando la ecuación C-9 del apéndice C, se obtiene un flujo volumétrico de 0.61323 m³/s para la corriente de entrada y uno de 0.54799 m³/s para la de salida.

Estos valores se resumen en la siguiente tabla:

	Entrada CC	Salida CC	Entrada CF	Salida CF
i	R-134a	R-134a	H_2O	H_2O
T (°C)	180	135	38	111.35
P (MPa)	0.15	0.15	0.15	0.15
Fase	gas	gas	líquido	ELV
X	1	1	0	0.3
$\dot{m}$ (kg/s)	2.450	2.450	0.100	0.100
u (m³/s)	0.61323	0.54799	0.00010	0.03486
V_{esp} (m³/kg)	0.250260625	0.22364	0.00101	0.34856
ρ_{esp} (kg/m³)	3.996	4.472	992.851	2.869
U (kJ/kg)	376.2718749	340.4015172	159.17	1082.639
H (kJ/kg)	413.37327	373.5527276	159.174	1134.921
ΔH (kJ/kg)	−39.82054242		975.747	
$\dot{H}$ (kW)	−97.57470		97.57470	
Q (kW)	97.5747		97.5747	

Tabla 3.5. Resultados del balance de energía.

Gráfico de la trayectoria en un diagrama de temperatura-entalpía

Al ser dos compuestos diferentes, sus puntos críticos son distintos. Por lo tanto, se debe elaborar un diagrama para cada corriente.

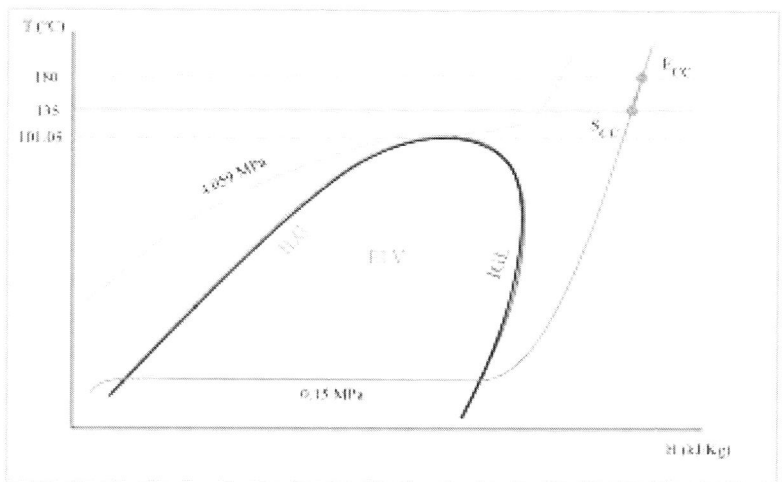

Figura 3.12. Trayectoria de la corriente caliente de refrigerante (ejercicio 3.1.5).

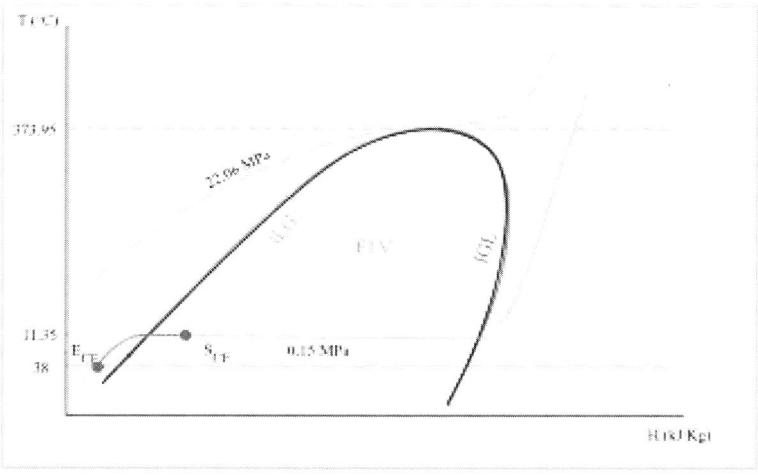

Figura 3.13. Trayectoria de la corriente fría de agua (ejercicio 3.1.5).

3.1.6. Flujo de calor dentro de un intercambiador de calor no isóbaro

Una empresa, al día, requiere enfriar R-134a de 140 a 96 °C a una presión de 0.175 MPa en la entrada y la salida. La otra corriente es de R-134a a 36 y 71 °C de temperatura a la entrada y la salida, respectivamente, con una presión en ambas corrientes de 0.23 MPa. El calor transferido por el intercambiador es de 15 kW. Determine el flujo másico requerido para cada corriente. Posteriormente, grafique la trayectoria de cada corriente en un diagrama de presión-entalpía.

Datos del problema

Corriente caliente

Entrada:
— Temperatura: 140 °C
— Presión: 0.175 MPa

Salida:
— Temperatura: 96 °C
— Presión: 0.175 MPa

Generales:
— Compuesto: R-134a.
— El proceso es reversible.
— La corriente libera 15 kW de calor.

Corriente fría

Entrada:
— Temperatura: 36 °C
— Presión: 0.23 MPa

Salida:
— Temperatura: 71 °C
— Presión: 0.23 MPa

Generales:
— Compuesto: R-134a.
— El proceso es reversible.

Resolución del problema

Identificación del sistema, las fronteras y el alrededor

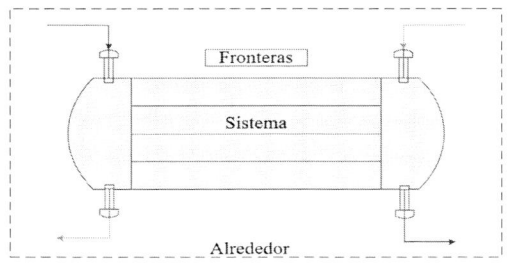

Figura 3.14. Identificación del sistema, las fronteras y el alrededor del intercambiador (ejercicio 3.1.6).

Planteamiento de los balances

$$\frac{dmU_{sis}}{dt} = \sum_{sal} \dot{m}_{sal}\ (U + PV + E_k + E_p)_{sal} - \sum_{ent} \dot{m}_{ent}\ (U + PV + E_k + E_p)_{ent} \pm \dot{Q} \pm \dot{W}$$

Corriente caliente

$$\dot{m}\left[\left(H_{sal} - H_{ent}\right)\right] = -\dot{Q}$$

$$\dot{m}\left(\Delta H\right) = -\dot{Q}$$

$$\dot{H} = -\dot{Q}$$

Corriente fría

$$\dot{m}\left[\left(H_{sal} - H_{ent}\right)\right] = \dot{Q}$$

$$\dot{m}\left(\Delta H\right) = \dot{Q}$$

$$\dot{H} = \dot{Q}$$

Corriente caliente

Entrada:

Al observar la temperatura se constata que sobrepasa la temperatura crítica del refrigerante, por lo que la corriente viene en estado gaseoso y con una calidad de 1. Para obtener las propiedades termodinámicas, se consulta la tabla A-13 (Çengel y Boles, 2018). Como se puede observar, en ella no se encuentran datos para la presión de 0.175 MPa, solo para 0.14 o 0.18 MPa, por lo que se sabe que se deberá llevar a cabo una interpolación. Sin embargo, los últimos datos a 0.14 y 0.18 MPa están reportados a 100 °C, así que se debe efectuar primero una extrapolación para cada presión. Al hacer una correlación lineal de cada propiedad con la temperatura, y usando la temperatura de 140 °C, se obtienen las siguientes propiedades:

0.14 MPa
— Volumen específico (V_{esp}) = 0.24139 m³/kg
— Energía interna (U) = 346.80514 kJ/kg
— Entalpía (H) = 340.384 kJ/kg

0.18 MPa
— Volumen específico (V_{esp}) = 0.18785 m³/kg
— Energía interna (U) = 347.94941 kJ/kg
— Entalpía (H) = 381.76490 kJ/kg

Estos resultados son los que deben ser interpolados para una presión de 0.175 MPa. Los datos finales para la corriente son los siguientes:

— Volumen específico (V_{esp}) = 0.19455 m³/kg
— Energía interna (U) = 347.80638 kJ/kg
— Entalpía (H) = 381.61949 kJ/kg

Salida:

Si se revisa la tabla A-11 (Çengel y Boles, 2018), se constata que la temperatura de la corriente está por encima de la de equilibrio, por lo que se concluye que viene en estado gaseoso con una calidad de 1. Con estos datos es posible conocer todas las propiedades del sistema. Al consultar la tabla A-13 (Çengel y Boles, 2018), se observa que ni la presión ni la temperatura se encuentran en ella, por lo que se debe llevar a cabo una interpolación triple. El valor a interpolar es la temperatura de 96 °C a las presiones de 0.14 y 0.18 MPa, y por tanto los valores de la tabla utilizados son todas las propiedades termodinámicas correspondientes a las temperaturas de 90 y 100 °C. Los resultados son los siguientes:

0.14 MPa

— Volumen específico (V_{esp}) = 0.212082 m³/kg
— Energía interna (U) = 310.654 kJ/kg
— Entalpía (H) = 340.348 kJ/kg

0.18 MPa

— Volumen específico (V_{esp}) = 0.16433 m³/kg
— Energía interna (U) = 310.356 kJ/kg
— Entalpía (H) = 339.936 kJ/kg

Estos resultados son los que deben ser interpolados para una presión de 0.175 MPa. Los datos finales para la corriente son los siguientes:

— Volumen específico (V_{esp}) = 0.17029 m³/kg
— Energía interna (U) = 310.39325 kJ/kg
— Entalpía (H) = 339.9875 kJ/kg

Una vez conseguidos estos valores, se calcula el flujo másico de la corriente. De acuerdo con el balance de energía establecido anteriormente:

$$\dot{m}\left(H_{sal} - H_{ent}\right) = -\dot{Q}$$

$$\dot{m} = \frac{-15\,\text{kW}}{339.9875\,\dfrac{\text{kJ}}{\text{kg}} - 381.61946\,\dfrac{\text{kJ}}{\text{kg}}}$$

$$\dot{m} = 0.360\,\text{kg/s}$$

Con estos datos y despejando la ecuación C-9 del apéndice C, se obtiene un flujo volumétrico de 0.07009 m³/s para la entrada y uno de 0.06136 m³/s para la salida.

Corriente fría

Entrada:

Si se revisa la tabla A-11 (Çengel y Boles, 2018), se constata que la temperatura de la corriente está por encima de la de equilibrio, por lo que viene en estado gaseoso y con una calidad de 1. Al consultar la tabla A-13 (Çengel y Boles, 2018), se observa que ni la presión ni la temperatura se encuentran en ella, por lo que se llevar a cabo una interpolación triple. El valor a interpolar es la temperatura de 36 °C a las presiones de 0.2 y 0.24 MPa. Los valores utilizados son todas las propiedades correspondientes a 30 y 40 °C. Los resultados son los siguientes:

0.2 MPa

  — Volumen específico (V_{esp}) = 0.12143 m³/kg
  — Energía interna (U) = 259.904 kJ/kg
  — Entalpía (H) = 284.188 kJ/kg

0.24 MPa

  — Volumen específico (V_{esp}) = 0.10041 m³/kg
  — Energía interna (U) = 259.398 kJ/kg
  — Entalpía (H) = 283.5 kJ/kg

Estos resultados son los que deben ser interpolados para una presión de 0.23 MPa. Los datos finales para la corriente son los siguientes:

  — Volumen específico (V_{esp}) = 0.10566 m³/kg
  — Energía interna (U) = 259.5245 kJ/kg
  — Entalpía (H) = 283.672 kJ/kg

Salida:

Si se revisa la tabla A-11 (Çengel y Boles, 2018), se constata que la temperatura de la corriente está por encima de la de equilibrio, por lo que se concluye que viene en estado gaseoso con una calidad de 1. Con estos datos es posible conocer todas las propiedades del sistema. Al consultar la tabla A-13 (Çengel y Boles, 2018), se observa que ni la presión ni la temperatura se encuentran en ella, por lo que se debe llevar a cabo una interpolación triple. El valor a interpolar es la temperatura de 71 °C a las presiones de 0.2 y 0.24 MPa, y por tanto los valores de la tabla utilizados son todas las propiedades termodinámicas correspondientes a las temperaturas de 70 y 80 °C. Los resultados son los siguientes:

0.2 MPa
  — Volumen específico (V_{esp}) = 0.19696 m³/kg
  — Energía interna (U) = 289.127 kJ/kg
  — Entalpía (H) = 316.702 kJ/kg

0.24 MPa
  — Volumen específico (V_{esp}) = 0.11347 m³/kg
  — Energía interna (U) = 288.215 kJ/kg
  — Entalpía (H) = 315.452 kJ/kg

Estos resultados son los que deben ser interpolados para una presión de 0.23 MPa. Los datos finales para la corriente son los siguientes:

  — Volumen específico (V_{esp}) = 0.13434 m³/kg
  — Energía interna (U) = 288.443 kJ/kg
  — Entalpía (H) = 315.7645 kJ/kg

El dato que falta de esta corriente es el flujo másico. Sin embargo, se sabe que el calor liberado por la corriente caliente para enfriarse es el mismo que el calor absorbido por la fría para calentarse. Por lo tanto, el valor del flujo de calor en la corriente fría es igualmente de 15 kW. A partir de estos valores, y utilizando el balance de energía, es posible calcular el flujo másico requerido:

$$\dot{m}\left(H_{sal} - H_{ent}\right) = -\dot{Q}$$

$$\dot{m} = \frac{15\,\text{kW}}{315.7645\,\dfrac{\text{kJ}}{\text{kg}} - 283.672\,\dfrac{\text{kJ}}{\text{kg}}}$$

$$\dot{m} = 0.467\,\text{kg/s}$$

Se obtiene un flujo volumétrico de 0.04939 m³/s para la corriente de entrada y uno de 0.06279 m³/s para la corriente de salida.

Estos valores se resumen en la siguiente tabla:

	Entrada CC	Salida CC	Entrada CF	Salida CF
i	R-134a	R-134a	R-134a	R-134a
T (°C)	140	96	36	71
P (MPa)	0.175	0.175	0.23	0.23
Fase	gas	gas	gas	gas
X	1	1	1	1
$\dot{m}$ (kg/s)	0.36030	0.36030	0.46740	0.46740
u (m³/s)	0.07009	0.06136	0.04939	0.06279
V_{esp} (m³/kg)	0.19455	0.17030	0.10566	0.13434
ρ_{esp} (kg/m³)	5.14018	5.87209	9.46419	7.44391
U (kJ/kg)	347.806379	310.39325	259.5245	288.443
H (kJ/kg)	381.619463	339.9875	283.672	315.7645
ΔH (kJ/kg)	−41.63196304		32.0925	
$\dot{H}$ (kW)	−15		15	
Q (kW)	15		15	

Tabla 3.6. Resultados del balance de energía.

Gráfico de la trayectoria en un diagrama de presión-entalpía

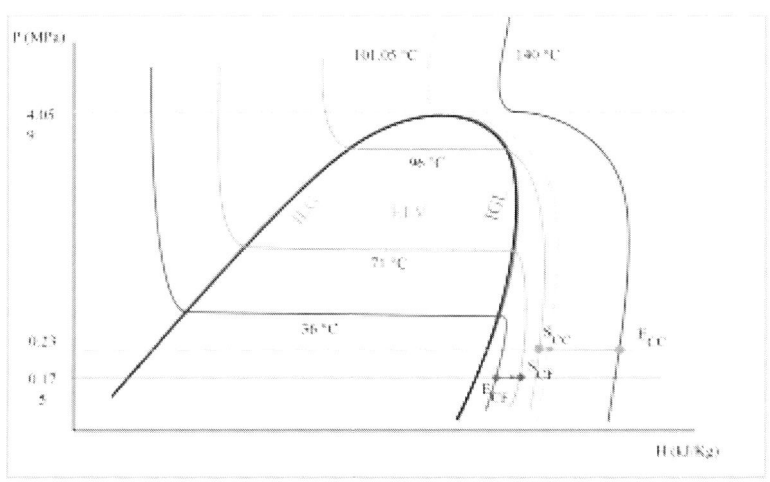

Figura 3.15. Trayectoria de las corrientes caliente y fría (ejercicio 3.1.6).

3.1.7. Intercambiador de calor con caídas de presión

Se requiere enfriar agua tratada. El agua caliente entra a una presión de 1.87 MPa y una temperatura de 1380 °C; esta corriente sale a 1180 °C. La corriente de agua fría entra a 940 °C y sale a 1140 °C con una presión de 0.24 MPa. Considere un proceso isóbaro. La corriente caliente entra con un flujo de 0.17 kg/s. Determine el flujo de calor para cada corriente, así como el flujo másico de la corriente fría. Grafique la trayectoria de cada corriente en un diagrama de temperatura-entalpía.

Datos del problema

Corriente caliente

Entrada:
— Temperatura: 1380 °C
— Presión: 0.187 MPa
— Flujo másico: 0.17 kg/s

Salida:
— Temperatura: 1180 °C
— Presión: 0.187 MPa

Generales:
— Compuesto: agua.
— El proceso es reversible.

Corriente fría

Entrada:
— Temperatura: 940 °C
— Presión: 0.24 MPa

Salida:
— Temperatura: 1140 °C
— Presión: 0.24 MPa

Generales:
— Compuesto: agua.
— El proceso es reversible.

Resolución del problema

Identificación del sistema, las fronteras y el alrededor

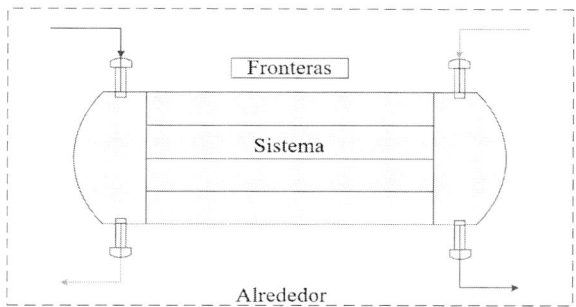

Figura 3.16. Identificación del sistema, las fronteras y el alrededor del intercambiador (ejercicio 3.1.7).

Planteamiento de los balances

$$\frac{dmU_{sis}}{dt} = \sum_{sal} \dot{m}_{sal} \ (U + PV + E_k + E_p)_{sal} - \sum_{ent} \dot{m}_{ent} \ (U + PV + E_k + E_p)_{ent} \pm \dot{Q} \pm \dot{W}$$

Corriente caliente

$$\dot{m}\left[\left(H_{sal} - H_{ent}\right)\right] = -\dot{Q}$$

$$\dot{m}\left(\Delta H\right) = -\dot{Q}$$

$$\dot{H} = -\dot{Q}$$

Corriente fría

$$\dot{m}\left(\Delta H\right) = \dot{Q}$$

$$\dot{H} = \dot{Q}$$

Corriente caliente

Entrada:

Dado que esta corriente viene a una temperatura mayor que la temperatura crítica del compuesto, se concluye que viene en estado gaseoso con una calidad de 1. Con estos datos es posible conocer todas las propiedades del sistema. Para esto, se debe consultar la tabla A-6 (Çengel y Boles, 2018). Como se puede observar, no se encuentran datos para la presión de 1.87 MPa, solo para 1.80 o 2.00 MPa, por lo que se sabe que se deberá hacer una interpolación. Sin embargo, los últimos datos para las presiones de 1.80 y 2.00 MPa están reportados a 1300 °C, así que se deberá llevar a cabo una extrapolación para cada presión. Al hacer una correlación lineal de cada propiedad con la temperatura, 1380 °C, se obtienen las siguientes propiedades:

1.80 MPa
— Volumen específico (V_{esp}) = 0.4271 m³/kg
— Energía interna (U) = 4779.776 kJ/kg
— Entalpía (H) = 5548.5342 kJ/kg

2.00 MPa
— Volumen específico (V_{esp}) = 0.3847 m³/kg
— Energía interna (U) = 4781.618 kJ/kg
— Entalpía (H) = 5551.053 kJ/kg

Estos resultados son los que deben ser interpolados para una presión de 1.87 MPa. Los datos finales para la corriente son los siguientes:

— Volumen específico (V_{esp}) = 0.41227 m³/kg
— Energía interna (U) = 4780.4204 kJ/kg
— Entalpía (H) = 5549.4159 kJ/kg

Con estos datos y despejando la ecuación C-9, se obtiene un flujo volumétrico de 0.07009 m³/s.

Salida:

Nuevamente observamos que esta corriente viene a una temperatura mayor que la temperatura crítica del compuesto, por lo que se concluye que viene en estado gaseoso con una calidad de 1. Con estos datos es posible conocer todas las propiedades del sistema. Para esto, se debe consultar la tabla A-6 (Çengel y Boles, 2018), pero se observa que ni la presión ni la temperatura se encuentran en ella, por lo que se debe llevar a cabo una interpolación triple. El valor a interpolar es la temperatura de 1180 °C a las presiones de 1.80 y 2.00 MPa, y por tanto los valores de la tabla utilizados son todas las propiedades termodinámicas correspondientes a las temperaturas de 1100 y 1200 °C. Los resultados son los siguientes:

1.80 MPa
— Volumen específico (V_{esp}) = 0.3725 m³/kg
— Energía interna (U) = 4425.32 kJ/kg
— Entalpía (H) = 5095.76 kJ/kg

2.00 MPa
- — Volumen específico (V_{esp}) = 0.4271 m³/kg
- — Energía interna (U) = 4779.776 kJ/kg
- — Entalpía (H) = 5548.5342 kJ/kg

Estos resultados son los que deben ser interpolados para una presión de 1.87 MPa. Los datos finales para la corriente son los siguientes:

- — Volumen específico (V_{esp}) = 0.4271 m³/kg
- — Energía interna (U) = 4779.776 kJ/kg
- — Entalpía (H) = 5548.5342 kJ/kg

Con estos datos y despejando la ecuación C-9, se obtiene un flujo volumétrico de 0.06111 m³/s.

Una vez conseguidos estos valores, se calcula la carga térmica. De acuerdo con el balance de energía establecido anteriormente:

$$\dot{m}\left(H_{sal} - H_{ent}\right) = -\dot{Q}$$

$$0.17\frac{kg}{s}\left[5095.641\frac{kJ}{kg} - 5549.4159\frac{kJ}{kg}\right] = -\dot{Q}$$

$$\dot{Q} = 77.142\,kW$$

Corriente fría

Entrada:

Nuevamente observamos que esta corriente viene a una temperatura mayor que la temperatura crítica, por lo que la viene en estado gaseoso y con una calidad de 1. Con estos datos es posible conocer todas las propiedades del sistema. Para esto, se debe consultar la tabla A-6 (Çengel y Boles, 2018), pero se observa que ni la presión ni la temperatura se encuentran en ella, así que se debe hacer una interpolación triple. El valor a interpolar es la temperatura de 940 °C a las presiones de 0.2 y 0.3 MPa, por lo que los valores de la tabla utilizados son todas las propiedades termodinámicas correspondientes a las temperaturas de 900 y 1000 °C. Los resultados son los siguientes:

0.2 MPa
- — Volumen específico (V_{esp}) = 2.7990 m³/kg
- — Energía interna (U) = 3935.7 kJ/kg
- — Entalpía (H) = 4495.54 kJ/kg

0.3 MPa
- — Volumen específico (V_{esp}) = 1.8658 m³/kg
- — Energía interna (U) = 3935.4 kJ/kg
- — Entalpía (H) = 4495.18 kJ/kg

Estos resultados son los que deben ser interpolados para una presión de 0.24 MPa. Los datos finales para la corriente son los siguientes:

- — Volumen específico (V_{esp}) = 2.4257 m³/kg
- — Energía interna (U) = 3935.58 kJ/kg
- — Entalpía (H) = 4495.396 kJ/kg

Salida:

Nuevamente observamos que esta corriente viene a una temperatura mayor que la temperatura crítica, por lo que se concluye que viene en estado gaseoso y con una calidad de 1. Con estos datos es posible conocer todas las propiedades del sistema. Para esto, se debe consultar la tabla A-6 (Çengel y Boles, 2018), pero se observa que ni la presión ni la temperatura se encuentran en ella, así que se debe llevar a cabo una interpolación triple. El valor a interpolar es la temperatura de 1140 °C a las presiones de 0.2 y 0.3 MPa. Los valores de la tabla utilizados son todas las propiedades correspondientes a las temperaturas de 1100 y 1200 °C. Los resultados son los siguientes:

0.2 MPa
- — Volumen específico (V_{esp}) = 3.2608 m³/kg
- — Energía interna (U) = 4343.96 kJ/kg
- — Entalpía (H) = 4996.14 kJ/kg

0.3 MPa
- — Volumen específico (V_{esp}) = 2.1739 m³/kg
- — Energía interna (U) = 4343.76 kJ/kg
- — Entalpía (H) = 4995.94 kJ/kg

Estos resultados son los que deben ser interpolados para una presión de 0.24 MPa. Los datos finales para la corriente son los siguientes:

- — Volumen específico (V_{esp}) = 2.8261 m³/kg
- — Energía interna (U) = 4343.88 kJ/kg
- — Entalpía (H) = 4996.06 kJ/kg

El dato que falta de esta corriente es el flujo másico. Sin embargo, se sabe que el calor liberado por la corriente caliente para enfriarse es el mismo que el calor absorbido por la fría para calentarse. Por lo tanto, el valor del flujo de calor en la corriente fría es igualmente 77.142 kW. A partir de estos valores, y utilizando el balance de energía, es posible calcular el flujo másico requerido por la corriente:

$$\dot{m}\left(H_{sal} - H_{ent}\right) = -\dot{Q}$$

$$\dot{m} = \frac{77.142\,\text{kW}}{4996.06\dfrac{\text{kJ}}{\text{kg}} - 4495.396\dfrac{\text{kJ}}{\text{kg}}}$$

$$\dot{m} = 0.154\,\text{kg/s}$$

Con estos datos y despejando la ecuación C-9 del apéndice C, se obtiene un flujo volumétrico de 0.3738 m³/s para la corriente de entrada y uno de 0.4354 m³/s para la de salida.

Estos valores se resumen en la siguiente tabla:

	Entrada CC	Salida CC	Entrada CF	Salida CF
i	H_2O	H_2O	H_2O	H_2O
T (°C)	1380	1180	940	1140
P (MPa)	1.87	1.87	0.24	0.24
Fase	gas	gas	gas	gas
X	1	1	1	1
$\dot{m}$ (kg/s)	0.17	0.17	0.15408	0.15408
u (m³/s)	0.07009	0.06111	0.37375	0.43543
V_{esp} (m³/kg)	0.41227	0.35946	2.42569	2.82604
ρ_{esp} (kg/m³)	2.42561	2.78192	0.41225	0.35385
U (kJ/kg)	4780.420355	4425.173	3935.58	4343.88
H (kJ/kg)	5549.415905	5095.641	4495.396	4996.06
ΔH (kJ/kg)	−453.7749052		500.664	
$\dot{H}$ (kW)	−77.14173389		77.14173	
Q (kW)	77.14173389		77.14173389	

Tabla 3.7. Resultados del balance de energía.

Gráfico de la trayectoria en un diagrama de temperatura-entalpía

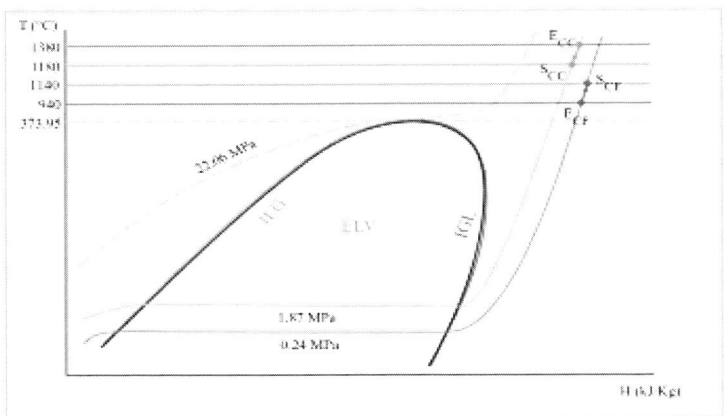

Figura 3.17. Trayectoria de las corrientes caliente y fría (ejercicio 3.1.7).

3.1.8. Flujos másicos en las corrientes de un intercambiador de calor

Se requiere enfriar vapor de agua. El agua caliente entra a 2.4 MPa y 1800 °C; esta corriente sale a una temperatura de 1640 °C. La corriente de agua fría entra con una temperatura de 203 °C y una presión de 1.56 MPa; sale a una temperatura de 320 °C. Se considera que el proceso es isóbaro. La corriente caliente entra con un flujo másico de 0.0656 kg/s. Determine el flujo de calor para cada corriente, así como el flujo másico de la corriente fría. Posteriormente, grafique la trayectoria de cada corriente en un diagrama de temperatura-entalpía.

Datos del problema

Corriente caliente

Entrada:
— Temperatura: 1800 °C
— Presión: 2.4 MPa
— Flujo másico: 0.0656 kg/s

Salida:
— Temperatura: 1640 °C
— Presión: 2.4 MPa

Generales:
— Compuesto: agua.
— El proceso es reversible.

Corriente fría

Entrada:
— Temperatura: 203 °C
— Presión: 1.56 MPa

Salida:
— Temperatura: 320 °C
— Presión: 1.56 MPa

Generales:
— Compuesto: agua.
— El proceso es reversible.

Resolución del problema

Identificación del sistema, las fronteras y el alrededor

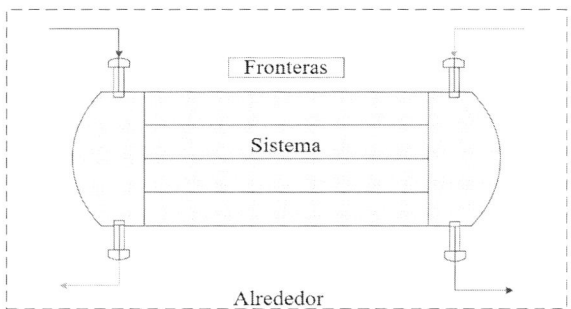

Figura 3.18. Identificación del sistema, las fronteras y el alrededor del intercambiador (ejercicio 3.1.8).

Planteamiento de los balances

$$\frac{dmU_{sis}}{dt} = \sum_{sal} \dot{m}_{sal} \ (U + PV + E_k + E_p)_{sal} - \sum_{ent} \dot{m}_{ent} \ (U + PV + E_k + E_p)_{ent} \pm \dot{Q} \pm \dot{W}$$

Corriente caliente

$$\dot{m}\left[\left(H_{sal} - H_{ent}\right)\right] = -\dot{Q}$$

$$\dot{m}\left(\Delta H\right) = -\dot{Q}$$

$$\dot{H} = -\dot{Q}$$

Corriente fría

$$\dot{m}\left[\left(H_{sal} - H_{ent}\right)\right] = \dot{Q}$$

$$\dot{m}\left(\Delta H\right) = \dot{Q}$$

$$\dot{H} = \dot{Q}$$

Corriente caliente

Entrada:

Dado que esta corriente viene a una temperatura mayor que la temperatura crítica del compuesto, se concluye que viene en estado gaseoso con una calidad de 1. Con estos datos es posible conocer todas las propiedades del sistema. Para esto, se debe consultar la tabla A-6 (Çengel y Boles, 2018). Como se puede observar, en ella no se encuentran datos para la presión de 2.4 MPa, solo para 2.0 o 2.5 MPa, por lo que se sabe que se deberá hacer una interpolación. Sin embargo, los últimos datos a 2.0 y 2.5 MPa están reportados a 1300 °C, así que se deberá realizar una extrapolación para cada presión. Al hacer una correlación lineal de cada propiedad con la temperatura, y usando la temperatura de 1800 °C, se obtienen las siguientes propiedades:

2.0 MPa
  — Volumen específico (V_{esp}) = 0.4857 m³/kg
  — Energía interna (U) = 5570.009 kJ/kg
  — Entalpía (H) = 6541.4306 kJ/kg

2.5 MPa
  — Volumen específico (V_{esp}) = 0.3899 m³/kg
  — Energía interna (U) = 5581.6353 kJ/kg
  — Entalpía (H) = 6556.4336 kJ/kg

Estos resultados son los que deben ser interpolados para una presión de 2.4 MPa. Los datos finales para la corriente son los siguientes:

  — Volumen específico (V_{esp}) = 0.40911 m³/kg
  — Energía interna (U) = 5579.3101 kJ/kg
  — Entalpía (H) = 6553.4330 kJ/kg

Con estos datos y despejando la ecuación C-9, se obtiene un flujo volumétrico de 0.02684 m³/s.

Salida:

Dado que esta corriente viene a una temperatura mayor que la temperatura crítica del compuesto, se concluye que viene en estado gaseoso y con una calidad de 1. Con estos datos es posible conocer todas las propiedades del sistema. Para esto, se debe consultar la tabla A-6 (Çengel y Boles, 2018). Como se puede observar, en ella no se encuentran datos para la presión de 2.4 MPa, solo para 2.0 o 2.5 MPa, por lo que se sabe que se deberá hacer una interpolación. Sin embargo, los últimos datos a 2.0 y 2.5 MPa están reportados a 1300 °C, así que se deberá realizar una extrapolación para cada presión. Al hacer una correlación lineal de cada propiedad con la temperatura, y usando la temperatura de 1640 °C, se obtienen las siguientes propiedades:

2.00 MPa
— Volumen específico (V_{esp}) = 0.44724 m³/kg
— Energía interna (U) = 5269.6696 kJ/kg
— Entalpía (H) = 6164.144 kJ/kg

2.50 MPa
— Volumen específico (V_{esp}) = 0.3589 m³/kg
— Energía interna (U) = 5278.7279 kJ/kg
— Entalpía (H) = 6175.8797 kJ/kg

Estos resultados son los que deben ser interpolados para una presión de 2.4 MPa. Los datos finales para la corriente son los siguientes:

— Volumen específico (V_{esp}) = 0.37657 m³/kg
— Energía interna (U) = 5276.9162 kJ/kg
— Entalpía (H) = 6173.5326 kJ/kg

Con estos datos y despejando la ecuación C-9, se obtiene un flujo volumétrico de 0.02470 m³/s.

Una vez conseguidos estos valores, se calcula la carga térmica.

De acuerdo con el balance de energía establecido anteriormente:

$$\dot{m}\left(H_{sal} - H_{ent}\right) = -\dot{Q}$$

$$0.0656\frac{kg}{s}\left[6173.533\frac{kJ}{kg} - 6553.433\frac{kJ}{kg}\right] = -\dot{Q}$$

$$\dot{Q} = 24.922\,kW$$

Corriente fría

Entrada:

Si se revisa la tabla A-4 (Çengel y Boles, 2018), se constata que la temperatura de la corriente está por encima de la temperatura de equilibrio, por lo que viene en estado gaseoso y con una calidad de 1. Con estos datos es posible conocer todas las propiedades del sistema. Para esto, se debe consultar la tabla A-6 (Çengel y Boles, 2018), pero se observa que ni la presión ni la temperatura se encuentran en ella, por lo que se debe hacer una interpolación triple. El valor a interpolar es la temperatura de 203 °C a 1.4 y 1.6 MPa, y por tanto los valores utilizados son las propiedades correspondientes a 200 y 250 °C, y 201.37 y 225 °C. Los resultados son los siguientes:

1.4 MPa
— Volumen específico (V_{esp}) = 0.1443 m³/kg
— Energía interna (U) = 2608.472 kJ/kg
— Entalpía (H) = 2810.494 kJ/kg

1.6 MPa
— Volumen específico (V_{esp}) = 0.1244 m³/kg
— Energía interna (U) = 2598.270 kJ/kg
— Entalpía (H) = 2797.2837 kJ/kg

Estos resultados son los que deben ser interpolados para una presión de 1.56 MPa. Los datos finales para la corriente son los siguientes:

— Volumen específico (V_{esp}) = 0.1284 m³/kg
— Energía interna (U) = 2600.3101 kJ/kg
— Entalpía (H) = 2799.9258 kJ/kg

Salida:

Si se revisa la tabla A-4 (Çengel y Boles, 2018), se constata que la temperatura de la corriente está por encima de la de equilibrio, por lo que se sabe que viene en estado gaseoso y con una calidad de 1. Con estos datos es posible conocer todas las propiedades del sistema. Para esto, se debe consultar la tabla A-6 (Çengel y Boles, 2018), pero se observa que ni la presión ni la temperatura se encuentran en ella, por lo que se debe hacer una interpolación triple. El valor a interpolar es la temperatura de 320 °C a 1.4 y 1.6 MPa, y por tanto los valores utilizados son todas las propiedades correspondientes a las temperaturas de 300 y 350 °C. Los resultados son los siguientes:

1.4 MPa
  — Volumen específico (V_{esp}) = 0.18951 m³/kg
  — Energía interna (U) = 2819.3 kJ/kg
  — Entalpía (H) = 3084.58 kJ/kg

1.6 MPa
  — Volumen específico (V_{esp}) = 0.16503 m³/kg
  — Energía interna (U) = 2815.6 kJ/kg
  — Entalpía (H) = 3079.64 kJ/kg

Estos resultados son los que deben ser interpolados para una presión de 1.56 MPa. Los datos finales para la corriente son los siguientes:

  — Volumen específico (V_{esp}) = 0.16993 m³/kg
  — Energía interna (U) = 2816.34 kJ/kg
  — Entalpía (H) = 3080.628 kJ/kg

El dato que falta de esta corriente es el flujo másico. Sin embargo, se sabe que el calor liberado por la corriente caliente para enfriarse es el mismo que el calor absorbido por la fría para calentarse. Por lo tanto, el valor del flujo de calor en la corriente fría es igualmente 24.922 kW. A partir de estos valores, y usando el balance de energía, es posible calcular el flujo másico requerido:

$$\dot{m}\left(H_{sal} - H_{ent}\right) = -\dot{Q}$$

$$\dot{m} = \frac{24.922\,\text{kW}}{3080.628\,\dfrac{\text{kJ}}{\text{kg}} - 2799.926\,\dfrac{\text{kJ}}{\text{kg}}}$$

$$\dot{m} = 0.089\,\text{kg/s}$$

Con estos datos y despejando la ecuación C-9 del apéndice C, se obtiene un flujo volumétrico de 0.01140 m³/s para la corriente de entrada y uno de 0.01509 m³/s para la de salida.

Estos valores se resumen en la siguiente tabla:

	Entrada CC	**Salida CC**	**Entrada CF**	**Salida CF**
i	H_2O	H_2O	H_2O	H_2O
T (°C)	1800	1640	203	320
P (MPa)	2.4	2.4	1.56	1.56
Fase	gas	gas	gas	gas
X	1	1	1	1

	Entrada CC	**Salida CC**	**Entrada CF**	**Salida CF**
$\dot{m}$ (kg/s)	0.0656	0.0656	0.089	0.089
u (m³/s)	0.027	0.025	0.011	0.015
V_{esp} (m³/kg)	0.4091	0.3766	0.1284	0.1699
ρ_{esp} (kg/m³)	2.444	2.656	7.791	5.885
U (kJ/kg)	5579.310	5276.916	2600.310	2816.340
H (kJ/kg)	6553.433	6173.533	2799.926	3080.628
ΔH (kJ/kg)	−379.9004		280.7022	
$\dot{H}$ (kW)	−24.9215		24.9215	
Q (kW)	24.9215		24.9215	

Tabla 3.8. Resultados del balance de energía.

Gráfico de la trayectoria en un diagrama de temperatura-entalpía

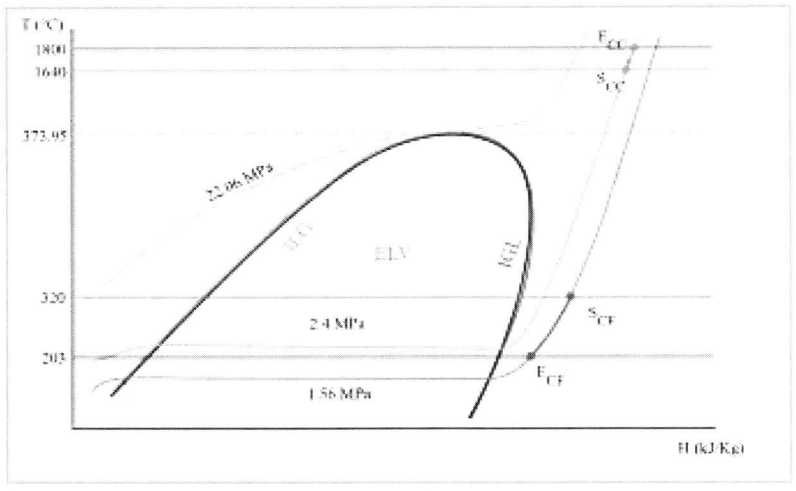

Figura 3.19. Trayectoria de las corrientes caliente y fría (ejercicio 3.1.8).

3.1.9. Intercambiador de calor isóbaro

Se están haciendo pruebas para comprobar si el R-134a en fase gas es un buen enfriador. Para ello se cuenta con el siguiente intercambiador: en la corriente caliente entran 0.8 kg/s de agua a 0.042 MPa y 154 °C. Esta corriente sale con una calidad de 0.6. El refrigerante entra a 0.069 MPa, y con una temperatura de inicio de 62 °C y una final de 94 °C. Determine el flujo de calor para cada corriente, así como el flujo másico de la corriente fría. Posteriormente, grafique la trayectoria de cada corriente en un diagrama de temperatura-entalpía.

Datos del problema

Corriente caliente

Entrada:
— Temperatura: 154 °C
— Presión: 0.42 MPa
— Flujo másico: 0.8 kg/s

Salida:
— Presión: 0.42 MPa
— Calidad: 0.6

Generales:
— Compuesto: agua.
— El proceso es reversible.

Corriente fría

Entrada:
— Temperatura: 62 °C
— Presión: 0.069 MPa

Salida:
— Temperatura: 94 °C
— Presión: 0.09 MPa

Generales:
— Compuesto: R-134a.
— El proceso es reversible.

Resolución del problema

Identificación del sistema, las fronteras y el alrededor

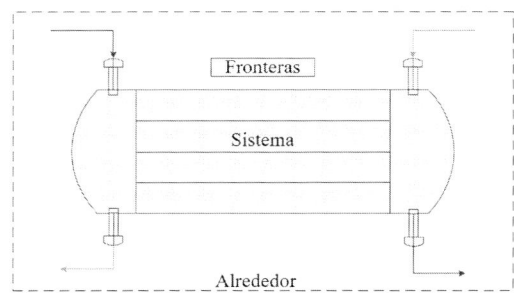

Figura 3.20. Identificación del sistema, las fronteras y el alrededor del intercambiador (ejercicio 3.1.9).

Planteamiento de los balances

$$\frac{dmU_{sis}}{dt} = \sum_{sal} \dot{m}_{sal} \ (U + PV + E_k + E_p)_{sal} - \sum_{ent} \dot{m}_{ent} \ (U + PV + E_k + E_p)_{ent} \pm \dot{Q} \pm \dot{W}$$

Corriente caliente

$$\dot{m}\left[\left(H_{sal} - H_{ent}\right)\right] = -\dot{Q}$$

$$\dot{m}\left(\Delta \mathrm{H}\right) = -\dot{Q}$$

$$\dot{H} = -\dot{Q}$$

Corriente fría

$$\dot{m}\left[\left(H_{sal} - H_{ent}\right)\right] = \dot{Q}$$

$$\dot{m}\left(\Delta \mathrm{H}\right) = \dot{Q}$$

$$\dot{H} = \dot{Q}$$

Corriente caliente

Entrada:

Si se revisa la tabla A-4 (Çengel y Boles, 2018), se constata que la temperatura de la corriente está por encima de la de equilibrio, por lo que se concluye que viene en estado gaseoso y con una calidad de 1. Para esto, se debe consultar la tabla A-6 (Çengel y Boles, 2018), pero se observa que ni la presión ni la temperatura se encuentran en ella, por lo que se debe llevar a cabo una interpolación triple. El valor a interpolar es la temperatura de 154 °C a las presiones de 0.01 y 0.05 MPa, y por tanto los valores de la tabla utilizados son todas las propiedades correspondientes a las temperaturas de 150 y 200 °C. Los resultados son los siguientes:

0.01 MPa
  — Volumen específico (V_{esp}) = 19.6980 m³/kg
  — Energía interna (U) = 2593.78 kJ/kg
  — Entalpía (H) = 2790.728 kJ/kg

0.05 MPa
  — Volumen específico (V_{esp}) = 3.927 m³/kg
  — Energía interna (U) = 2591.644 kJ/kg
  — Entalpía (H) = 2788.008 kJ/kg

Estos resultados son los que deben ser interpolados para una presión de 0.042 MPa. Los datos finales para la corriente son los siguientes:

— Volumen específico (V_{esp}) = 7.0812 m^3/kg
— Energía interna (U) = 2592.071 kJ/kg
— Entalpía (H) = 2788.552 kJ/kg

Con estos datos y despejando la ecuación C-9 del apéndice C, se obtiene un flujo volumétrico de 5.6650 m^3/s.

Salida:

De acuerdo con los datos del problema, esta corriente sale a 0.042 MPa (por ser un proceso isóbaro) y, al estar en ELV, tiene una calidad de 0.6. Conociendo estos datos, y haciendo uso de la ecuación C-6 del apéndice C, así como de una interpolación de los datos de equilibrio entre 40 y 50 kPa, es posible conocer todas las propiedades de la salida. Los resultados son los siguientes:

— Temperatura (T) = 76.952 °C
— Volumen específico (V_{esp}) = 2.3060 m^3/kg
— Energía interna (U) = 1615.473 kJ/kg
— Entalpía (H) = 1711.634 kJ/kg

Despejando la ecuación C-9 del apéndice C, se obtiene un flujo volumétrico de 1.8448 m^3/s.

Una vez conseguidos estos valores, se calcula la carga térmica. De acuerdo con el balance de energía establecido anteriormente:

$$\dot{m}\left(H_{sal} - H_{ent}\right) = -\dot{Q}$$

$$0.8\,\frac{kg}{s}\left[1711.634\,\frac{kJ}{kg} - 3788.552\,\frac{kJ}{kg}\right] = -\dot{Q}$$

$$\dot{Q} = 861.535\,kW$$

Corriente fría

Entrada:

Si se revisa la tabla A-11 (Çengel y Boles, 2018), se constata que la temperatura de la corriente está por encima de la de equilibrio, por lo que se concluye que viene en estado gaseoso y con una calidad de 1. Con estos datos es posible conocer todas las propiedades del sistema. Para esto, se debe consultar la tabla A-13 (Çengel y Boles, 2018), pero se observa que ni la presión ni la temperatura se encuentran en ella, por lo que se debe llevar a cabo una interpolación triple. El valor a interpolar es la temperatura de 62 °C a las presiones de 0.06 y 0.1 MPa, y por tanto los valores de la tabla utilizados son todas las propiedades termodinámicas correspondientes a las temperaturas de 60 y 70 °C. Los resultados son los siguientes:

0.06 MPa

- Volumen específico (V_{esp}) = 0.4516 m³/kg
- Energía interna (U) = 282.382 kJ/kg
- Entalpía (H) = 309.478 kJ/kg

0.1 MPa

- Volumen específico (V_{esp}) = 0.4516 m³/kg
- Energía interna (U) = 282.382 kJ/kg
- Entalpía (H) = 309.478 kJ/kg

Estos resultados son los que deben ser interpolados para una presión de 0.069 MPa. Los datos finales para la corriente son los siguientes:

- Volumen específico (V_{esp}) = 0.4516 m³/kg
- Energía interna (U) = 282.382 kJ/kg
- Entalpía (H) = 309.478 kJ/kg

Salida:

Si se revisa la tabla A-11 (Çengel y Boles, 2018), se constata que la temperatura de la corriente está por encima de la de equilibrio, por lo que se concluye que viene en estado gaseoso y con una calidad de 1. Con estos datos es posible conocer todas las propiedades del sistema. Para esto, se debe consultar la tabla A-13 (Çengel y Boles, 2018), pero se observa que ni la presión ni la temperatura se encuentran en ella, por lo que se debe llevar a cabo una interpolación triple. El valor a interpolar es la temperatura de 94 °C a las presiones de 0.06 y 0.1 MPa, y por tanto los valores de la tabla utilizados son todas las propiedades termodinámicas correspondientes a las temperaturas de 90 y 100 °C. Los resultados son los siguientes:

0.06 MPa

- Volumen específico (V_{esp}) = 0.4516 m³/kg
- Energía interna (U) = 282.382 kJ/kg
- Entalpía (H) = 309.478 kJ/kg

0.1 MPa

— Volumen específico (V_{esp}) = 0.4516 m³/kg
— Energía interna (U) = 282.382 kJ/kg
— Entalpía (H) = 309.478 kJ/kg

Estos resultados son los que deben ser interpolados para una presión de 0.069 MPa. Los datos finales para la corriente son los siguientes:

— Volumen específico (V_{esp}) = 0.4516 m³/kg
— Energía interna (U) = 282.382 kJ/kg
— Entalpía (H) = 309.478 kJ/kg

El dato que falta de esta corriente es el flujo másico. Sin embargo, se sabe que el calor liberado por la corriente caliente para enfriarse es el mismo que el calor absorbido por la fría para calentarse. Por lo tanto, el valor del flujo de calor en la corriente fría es igualmente de 861.535 kW. A partir de estos valores, y utilizando el balance de energía, es posible calcular el flujo másico requerido.

$$\dot{m}\left(H_{sal} - H_{ent}\right) = -\dot{Q}$$

$$\dot{m} = \frac{861.535 \, \text{kW}}{339.155 \dfrac{\text{kJ}}{\text{kg}} - 309.361 \dfrac{\text{kJ}}{\text{kg}}}$$

$$\dot{m} = 28.916 \, \text{kg/s}$$

Con estos datos y despejando la ecuación C-9 del apéndice C, se obtiene un flujo volumétrico de 11.874 m³/s para la corriente de entrada y uno de 13.040 m³/s para la corriente de salida.

Estos valores se resumen en la siguiente tabla:

	Entrada CC	Salida CC	Entrada CF	Salida CF
i	H_2O	H_2O	R-134a	R-134a
T (°C)	154	76.952	62	94
P (MPa)	0.042	0.042	0.069	0.069
Fase	gas	ELV	gas	gas
X	1	0.6	1	1
$\dot{m}$ (kg/s)	0.8	0.8	28.91609	28.91609
u (m³/s)	5.66498	1.84482	11.87389	13.03980
V_{esp} (m³/kg)	7.08122	2.30603	0.41063	0.45095
ρ_{esp} (kg/m³)	0.14122	0.43365	2.43527	2.21753

	Entrada CC	**Salida CC**	**Entrada CF**	**Salida CF**
U (kJ/kg)	2592.0712	1615.4728	282.29785	309.42895
H (kJ/kg)	2788.552	1711.6336	309.36055	339.15485
ΔH (kJ/kg)	−1076.9184		29.7943	
$\dot{H}$ (kW)	−861.53472		861.53472	
Q (kW)	861.53472		861.53472	

Tabla 3.9. Resultados del balance de energía.

Gráfico de la trayectoria en un diagrama de temperatura-entalpía

Al ser dos compuestos diferentes, sus puntos críticos son distintos. Por lo tanto, se debe elaborar un diagrama para cada corriente.

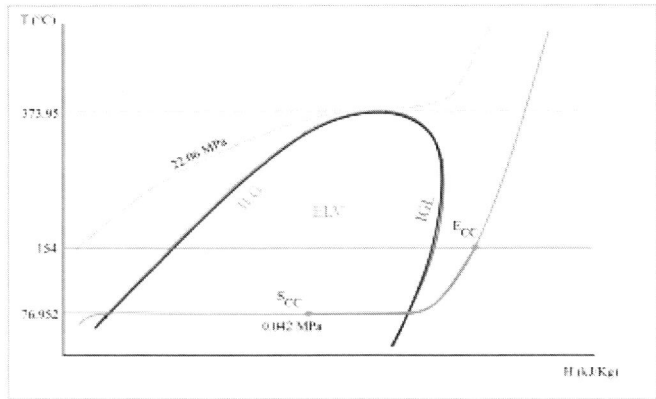

Figura 3.21. Trayectoria de la corriente caliente de agua (ejercicio 3.1.9).

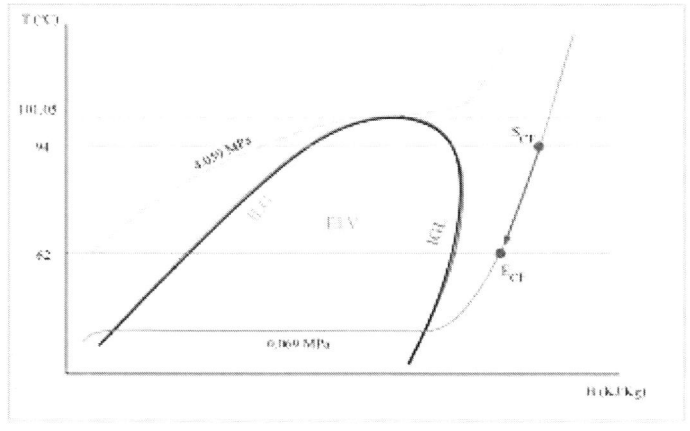

Figura 3.22. Trayectoria de la corriente fría de refrigerante (ejercicio 3.1.9).

3.1.10. Manejo de R-134a en una empresa de refrigeración

Se enfriará vapor de agua con agua; por lo tanto, la corriente caliente entra a una temperatura de 300° C y sale a 240 °C con una presión de 194.6 kPa. La corriente restante entra con un flujo másico de 0.25 kg/s a 150 °C y sale a 230 °C a una presión de 158.5 kPa. Considere un proceso isóbaro. Determine el flujo de calor para cada corriente, así como el flujo másico de la corriente caliente. Posteriormente, grafique la trayectoria de cada corriente en un diagrama presión-volumen específico.

Datos del problema

Corriente caliente

Entrada:
— Temperatura: 300 °C
— Presión: 0.1946 MPa

Salida:
— Temperatura: 240 °C
— Presión: 0.1946 MPa

Generales:
— Compuesto: agua.
— El proceso es reversible.

Corriente fría

Entrada:
— Flujo másico: 0.25 kg/s
— Temperatura: 150 °C
— Presión: 0.1585 MPa

Salida:
— Temperatura: 230 °C
— Presión: 0.1585 MPa

Generales:
— Compuesto: agua.
— El proceso es reversible.

Resolución del problema

Identificación del sistema, las fronteras y el alrededor

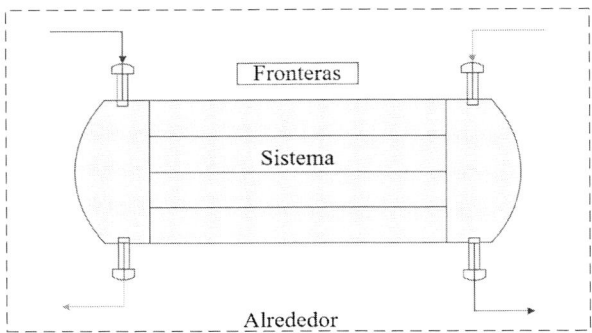

Figura 3.23. Identificación del sistema, las fronteras y el alrededor del intercambiador (ejercicio 3.1.10).

Planteamiento de los balances

$$\frac{dmU_{sis}}{dt} = \sum_{sal} \dot{m}_{sal} \ (U + PV + E_k + E_p)_{sal} - \sum_{ent} \dot{m}_{ent} \ (U + PV + E_k + E_p)_{ent} \pm \dot{Q} \pm \dot{W}$$

Corriente caliente

$$\dot{m}\left[\left(H_{sal} - H_{ent}\right)\right] = -\dot{Q}$$

$$\dot{m}\left(\Delta H\right) = -\dot{Q}$$

$$\dot{H} = -\dot{Q}$$

Corriente fría

$$\dot{m}\left[\left(H_{sal} - H_{ent}\right)\right] = \dot{Q}$$

$$\dot{m}\left(\Delta H\right) = \dot{Q}$$

$$\dot{H} = \dot{Q}$$

Corriente fría

Entrada:

Se debe empezar resolviendo la corriente fría, ya que es la corriente de la que tenemos la mayor cantidad de datos. Si se revisa la tabla A-4 (Çengel y Boles, 2018), se observa que la temperatura está por encima de la de equilibrio, por lo que la corriente viene en estado gaseoso y con una calidad de 1. La temperatura sí se encuentra en la tabla

A-6 (Çengel y Boles, 2018); sin embargo, no se encuentra a la presión especificada, así que se debe hacer una interpolación sencilla. Los resultados son los siguientes:

— Volumen específico (V_{esp}) 1.3653 m³/kg
— Energía interna (U) = 2579.507 kJ/kg
— Entalpía (H) = 7.420 kJ/kg

Despejando la ecuación C-9, se obtiene un flujo volumétrico de 0.3413 m³/s.

Salida:

Si se revisa la tabla A-4 (Çengel y Boles, 2018), se constata que la temperatura de la corriente está por encima de la de equilibrio, por lo que se concluye que viene en estado gaseoso y con una calidad de 1. Para esto, se debe consultar la tabla A-6 (Çengel y Boles, 2018), pero se observa que ni la presión ni la temperatura se encuentran en ella, por lo que se debe llevar a cabo una interpolación triple. El valor a interpolar es la temperatura de 230 °C a las presiones de 0.1 y 0.2 MPa, y por tanto los valores de la tabla utilizados son todas las propiedades termodinámicas correspondientes a las temperaturas de 200 y 250 °C. Los resultados son los siguientes:

0.1 MPa
— Volumen específico (V_{esp}) = 2.3127 m³/kg
— Energía interna (U) = 2703.62 kJ/kg
— Entalpía (H) = 2934.9 kJ/kg

0.2 MPa
— Volumen específico (V_{esp}) = 1.1515 m³/kg
— Energía interna (U) = 2700.68 kJ/kg
— Entalpía (H) = 2931 kJ/kg

Estos resultados son los que deben ser interpolados para una presión de 0.1585 MPa. Los datos finales para la corriente son los siguientes:

— Volumen específico (V_{esp}) = 1.6334m³/kg
— Energía interna (U) = 2701.9001 kJ/kg
— Entalpía (H) = 2932.6185 kJ/kg

Despejando la ecuación C-9, se obtiene un flujo volumétrico de 0.40835 m³/s.

Una vez conseguidos estos valores, se calcula la carga térmica. De acuerdo con el balance de energía establecido anteriormente:

$$\dot{m}\left(H_{sal} - H_{ent}\right) = -\dot{Q}$$

$$0.25\frac{\text{kg}}{\text{s}}\left[2932.6185\frac{\text{kJ}}{\text{kg}} - 2772.2125\frac{\text{kJ}}{\text{kg}}\right] = -\dot{Q}$$

$$\dot{Q} = 40.102\,\text{kW}$$

Corriente caliente

Entrada:

Si se revisa la tabla A-4 (Çengel y Boles, 2018), se constata que la temperatura de la corriente está por encima de la de equilibrio, por lo que se concluye que viene en estado gaseoso y con una calidad de 1. La temperatura sí se encuentra en la tabla A-6 (Çengel y Boles, 2018); sin embargo, no se encuentra a la presión especificada, así que se debe hacer una interpolación sencilla. Los resultados son los siguientes:

— Volumen específico (V_{esp}) = 1.3877 m³/kg
— Energía interna (U) = 2808.903 kJ/kg
— Entalpía (H) = 3072.230 kJ/kg

Salida:

Si se revisa la tabla A-4 (Çengel y Boles, 2018), se constata que la temperatura de la corriente está por encima de la de equilibrio, por lo que se concluye que viene en estado gaseoso y con una calidad de 1.Con estos datos es posible conocer las propiedades del sistema. Para esto, se debe consultar la tabla A-6 (Çengel y Boles, 2018), pero se observa que ni la presión ni la temperatura se encuentran en ella, por lo que se debe llevar a cabo una interpolación triple. El valor a interpolar es la temperatura de 240 °C a las presiones de 0.1 y 0.2 MPa, y por tanto los valores de la tabla utilizados son todas las propiedades termodinámicas correspondientes a 200 y 250 °C. Los resultados son los siguientes:

0.1 MPa
— Volumen específico (V_{esp}) = 1.2392 m³/kg
— Energía interna (U) = 2716.1869 kJ/kg
— Entalpía (H) = 2951.2944 kJ/kg

0.2 MPa
— Volumen específico (V_{esp}) = 1.1752 m³/kg
— Energía interna (U) = 2716.04 kJ/kg
— Entalpía (H) = 2951.1 kJ/kg

Estos resultados son los que deben ser interpolados para una presión de 0.1585 MPa. Los datos finales para la corriente son los siguientes:

- Volumen específico (V_{esp}) = 1.2392 m³/kg
- Energía interna (U) = 2716.1869 kJ/kg
- Entalpía (H) = 2951.2944 kJ/kg

El dato que falta de esta corriente es el flujo másico. Sin embargo, se sabe que el calor liberado por la corriente caliente para enfriarse es el mismo que el calor absorbido por la fría para calentarse. Por lo tanto, el valor del flujo de calor en la corriente caliente es igualmente 40.102 kW. A partir de estos valores, y utilizando el balance de energía, es posible calcular el flujo másico requerido por la corriente:

$$\dot{m}\left(H_{sal} - H_{ent}\right) = -\dot{Q}$$

$$\dot{m} = \frac{-40.102 \text{ kW}}{2951.2944 \dfrac{\text{kJ}}{\text{kg}} - 3072.2296 \dfrac{\text{kJ}}{\text{kg}}}$$

$$\dot{m} = 0.332 \text{ kg/s}$$

Con estos datos y despejando la ecuación C-9 del apéndice C, se obtiene un flujo volumétrico de 0.4601 m³/s para la corriente de entrada y uno de 0.4109 m³/s para la corriente de salida.

Estos valores se resumen en la siguiente tabla:

	Entrada CC	Salida CC	Entrada CF	Salida CF
i	H_2O	H_2O	H_2O	H_2O
T (°C)	300	240	150	230
P (MPa)	0.1946	0.1946	0.1585	0.1585
Fase	gas	gas	gas	gas
X	1	1	1	1
$\dot{m}$ (kg/s)	0.332	0.332	0.250	0.250
u (m³/s)	0.46014	0.41090	0.34131	0.40835
V_{esp} (m³/kg)	1.38765418	1.23917	1.36525	1.63341
ρ_{esp} (kg/m³)	0.721	0.807	0.732	0.612
U (kJ/kg)	2808.9026	2716.18688	2579.507	2701.9001
H (kJ/kg)	3072.2296	2951.2944	2772.2125	2932.6185
ΔH (kJ/kg)	−120.9352		160.406	
$\dot{H}$ (kW)	−40.10150		40.10150	
Q (kW)	40.1015		40.1015	

Tabla 3.10. Resultados del balance de energía.

Gráfico de la trayectoria en un diagrama de presión-volumen específico

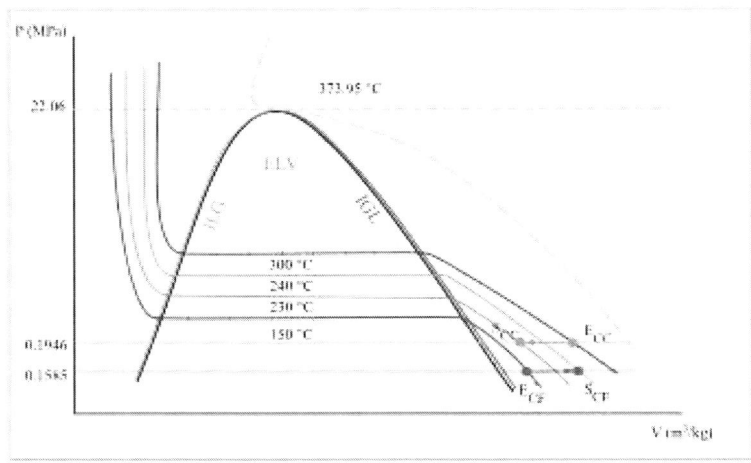

Figura 3.24. Trayectoria de las corrientes caliente y fría (ejercicio 3.1.10).

3.1.11. Intercambiador de calor de altas temperaturas

En un intercambiador de calor entra refrigerante R-134a para adquirir energía de una corriente de agua que cuenta con un flujo de 0.01 kg/s a 0.66 MPa y una temperatura de 172 °C; la corriente sale como líquido saturado. La corriente fría entra a 0.8 MPa a 10 °C y sale con una calidad de 0.9. Considere un proceso isóbaro. Determine el flujo de calor para cada corriente, así como el flujo másico de la corriente caliente. Posteriormente, grafique la trayectoria de cada corriente en un diagrama de presión-volumen específico.

Datos del problema

Corriente caliente

Entrada:
— Temperatura: 172 °C
— Presión: 0.66 MPa

Salida:
— Presión: 0.66 MPa
— Fase: ILG

Generales:
— Compuesto: agua.
— El proceso es reversible.

Corriente fría

Entrada:
- — Temperatura: 10 °C
- — Presión: 0.8 MPa

Salida:
- — Calidad: 0.9
- — Presión: 0.8 MPa

Generales:
- — Compuesto: R-134a.
- — El proceso es reversible.

Resolución del problema

Identificación del sistema, las fronteras y el alrededor

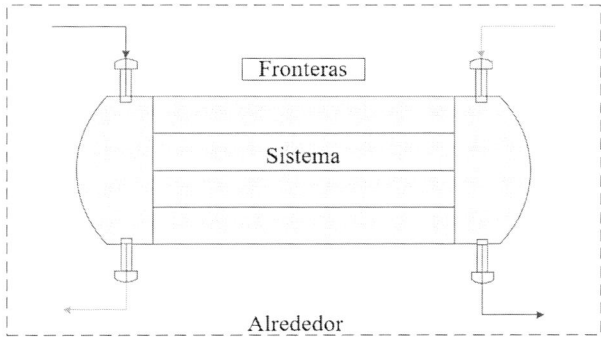

Figura 3.25. Identificación del sistema, las fronteras y el alrededor del intercambiador (ejercicio 3.1.11).

Planteamiento de los balances

$$\frac{dmU_{sis}}{dt} = \sum_{sal} \dot{m}_{sal} \ (U + PV + E_k + E_p)_{sal} - \sum_{ent} \dot{m}_{ent} \ (U + PV + E_k + E_p)_{ent} \pm \dot{Q} \pm \dot{W}$$

Corriente caliente

$$\dot{m}\left[\left(H_{sal} - H_{ent}\right)\right] = -\dot{Q}$$

$$\dot{m}\left(\Delta H\right) = -\dot{Q}$$

$$\dot{H} = -\dot{Q}$$

Corriente fría

$$\dot{m}\left[\left(H_{sal} - H_{ent}\right)\right] = \dot{Q}$$

$$\dot{m}\left(\Delta H\right) = \dot{Q}$$

$$\dot{H} = \dot{Q}$$

Corriente caliente

Entrada:

Si se revisa la tabla A-4 (Çengel y Boles, 2018), se constata que la temperatura de la corriente está por encima de la temperatura de equilibrio, por lo que se concluye que viene en estado gaseoso y con una calidad de 1. Con estos datos es posible conocer las propiedades del sistema Para esto, se debe consultar la tabla A-6 (Çengel y Boles, 2018), pero se observa que ni la presión ni la temperatura se encuentran en ella, por lo que se debe llevar a cabo una interpolación triple. El valor a interpolar es la temperatura de 172 °C a las presiones de 0.6 y 0.8 MPa, y por tanto los valores de la tabla utilizados son todas las propiedades termodinámicas correspondientes a las temperaturas de 158.83 y 200 °C, y 170.41 y 200 °C. Los resultados son los siguientes:

0.6 MPa

- — Volumen específico (V_{esp}) = 0.3273 m³/kg
- — Energía interna (U) = 2590.024 kJ/kg
- — Entalpía (H) = 2786.398 kJ/kg

0.8 MPa

- — Volumen específico (V_{esp}) = 0.2415 m³/kg
- — Energía interna (U) = 2578.961 kJ/kg
- — Entalpía (H) = 2772.142 kJ/kg

Estos resultados son los que deben ser interpolados para una presión de 0.66 MPa. Los datos finales para la corriente son los siguientes:

- — Volumen específico (V_{esp}) = 0.30153 m³/kg
- — Energía interna (U) = 2586.705 kJ/kg
- — Entalpía (H) = 2782.121 kJ/kg

Con estos datos y despejando la ecuación C-9 del apéndice C, se obtiene un flujo volumétrico de 0.00302 m³/s.

Salida:

Los datos presentados en el problema indican que la corriente viene en la interfase líquido-gas y con calidad de 0, y se indica la presión del sistema por tratatse de un proceso isóbaro. Con estos datos es posible conocer todas las propiedades del sistema. Al consultar la tabla A-11 (Çengel y Boles, 2018), se observa que la presión no se encuentra en ella, por lo que se debe hacer una interpolación a los datos de equilibrio. Los resultados son los siguientes:

- Temperatura (T) = 162.574 °C
- Volumen específico (V_{esp}) = 0.00110 m³/kg
- Energía interna (U) = 685.942 kJ/kg
- Entalpía (H) = 686.664 kJ/kg

Despejando la ecuación C-9 del apéndice C, se obtiene un flujo volumétrico de 0.00001 m³/s.

Una vez conseguidos estos valores, se calcula la carga térmica. De acuerdo con el balance de energía establecido anteriormente:

$$\dot{m}\left(H_{sal} - H_{ent}\right) = -\dot{Q}$$

$$0.01\frac{kg}{s}\left[686.664\frac{kJ}{kg} - 2782.121\frac{kJ}{kg}\right] = -\dot{Q}$$

$$\dot{Q} = 20.955\,kW$$

Corriente fría

Entrada:

Si se revisa la tabla A-11 (Çengel y Boles, 2018), se constata que la temperatura de la corriente está por debajo de la de equilibrio, por lo que se concluye que viene en estado líquido con una calidad de 0. Sin embargo, no se cuenta con ninguna tabla de propiedades termodinámicas para R-134a en estado líquido. Cuando esto sucede, se aproxima la interfase líquido-gas usando el dato de la temperatura. La temperatura de 10 °C sí viene en la tabla, y por tanto solo se hace una lectura de datos. Los resultados son los siguientes:

- Volumen específico (V_{esp}) = 0.00079 m³/kg
- Energía interna (U) = 65.1 kJ/kg
- Entalpía (H) = 65.43 kJ/kg

Salida:

De acuerdo con los datos del problema, esta corriente sale a 0.8 MPa (por ser un proceso isóbaro) y, al estar en ELV, tiene una calidad de 0.9. Conociendo estos datos, y haciendo uso de la ecuación C-6 del apéndice C, es posible conocer todas las propiedades termodinámicas de la salida. Los resultados son los siguientes:

— Temperatura (T) = 31.31 °C
— Volumen específico (V_{esp}) = 0.02314 m³/kg
— Energía interna (U) = 231.59 kJ/kg
— Entalpía (H) = 250.108 kJ/kg

El dato que falta de esta corriente es el flujo másico. Sin embargo, se sabe que el calor liberado por la corriente caliente para enfriarse es el mismo que el calor absorbido por la fría para calentarse. Por lo tanto, el valor del flujo de calor en la corriente fría es igualmente 20.955 kW. A partir de estos valores, y utilizando el balance de energía, es posible calcular el flujo másico requerido por la corriente:

$$\dot{m}\left(H_{sal} - H_{ent}\right) = -\dot{Q}$$

$$\dot{m} = \frac{20.955\,\text{kW}}{250.108\,\dfrac{\text{kJ}}{\text{kg}} - 65.43\,\dfrac{\text{kJ}}{\text{kg}}}$$

$$\dot{m} = 0.114\,\text{kg/s}$$

Con estos datos y despejando la ecuación C-9 del apéndice C, se obtiene un flujo volumétrico de 0.00009 m³/s para la corriente de entrada y uno de 0.00263 m³/s para la de salida.

Estos valores se resumen en la siguiente tabla:

	Entrada CC	Salida CC	Entrada CF	Salida CF
i	H_2O	H_2O	R-134a	R-134a
T (°C)	172	162.574	10	31.31
P (MPa)	0.66	0.66	0.8	0.8
Fase	gas	ILG	líquido	ELV
X	1	0.6	0	0.9
$\dot{m}$ (kg/s)	0.01	0.01	0.11347	0.11347
u (m³/s)	0.00302	0.00001	0.00009	0.00263
V_{esp} (m³/kg)	0.30153	0.00110	0.00079	0.02314
ρ_{esp} (kg/m³)	3.31638	905.14120	1261.03405	43.20871

	Entrada CC	Salida CC	Entrada CF	Salida CF
U (kJ/kg)	2586.705198	685.942	65.1	231.59
H (kJ/kg)	2782.12114	686.664	65.43	250.108
ΔH (kJ/kg)	−2095.45714		184.678	
$\dot{H}$ (kW)	−20.9545714		20.95457	
Q (kW)	20.9545714		20.9545714	

Tabla 3.11. Resultados del balance de energía.

Gráfico de la trayectoria en un diagrama de presión-volumen específico

Al ser dos compuestos diferentes, sus puntos críticos son distintos. Por lo tanto, se debe elaborar un diagrama para cada corriente.

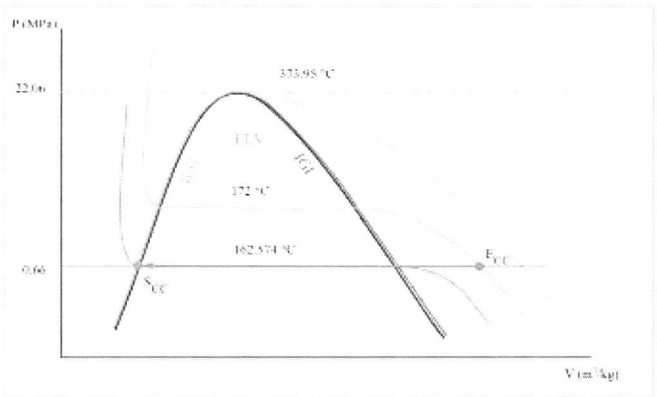

Figura 3.26. Trayectoria de la corriente caliente de agua (ejercicio 3.1.11).

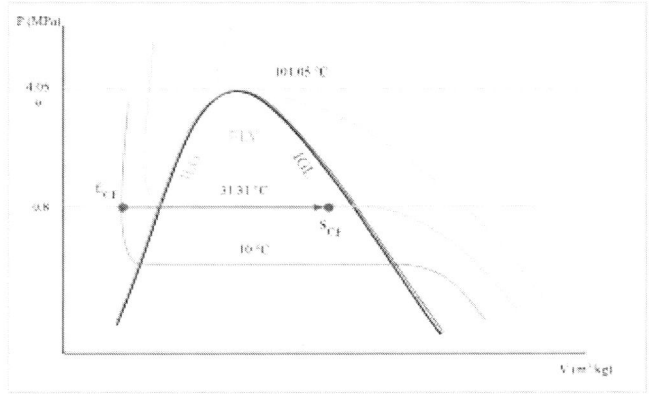

Figura 3.27. Trayectoria de la corriente fría de refrigerante (ejercicio 3.1.11).

3.1.12. Disminución de la temperatura de vapor de agua

En un intercambiador de calor las corrientes trabajan con agua. La entrada de la corriente fría se encuentra en interfase líquido-gas a una presión de 0.15 bar y sale como interfase gas-líquido. El flujo másico es de 15 kg/s y el proceso es isóbaro. Determine el calor liberado por la corriente caliente, los flujos másicos, la entropía generada y la energía degradada de los respectivos casos.

Caso 1
— Presión: 0.3 bar.
— Fase de entrada de corriente caliente: interfase gas-líquido.
— Fase de salida de corriente caliente: interfase líquido-gas.

Caso 2
— Presión: 0.225 bar.
— Fase de entrada de corriente caliente: interfase gas-líquido.
— Fase de salida de corriente caliente: interfase líquido-gas.

Caso 3
— Presión: 0.15 bar.
— Fase de entrada de corriente caliente: interfase gas-líquido.
— Fase de salida de corriente caliente: interfase líquido-gas.

Caso 4
— Presión: 0.075 bar.
— Fase de entrada de corriente caliente: interfase gas-líquido.
— Fase de salida de corriente caliente: interfase líquido-gas.

Caso 5
— Presión: 0.015 bar.
— Fase de entrada de corriente caliente: interfase gas-líquido.
— Fase de salida de corriente caliente: interfase líquido-gas.

Datos del problema

Corrientes calientes

Presión del sistema:

— Caso 1: 0.3 bar = 0.03 MPa
— Caso 2: 0.225 bar = 0.0225 MPa
— Caso 3: 0.15 bar = 0.0315MPa
— Caso 4: 0.075 bar = 0.0075 MPa
— Caso 5: 0.015 bar = 0.015 MPa

Interfases de entrada:
— Interfase gas-líquido.

Interfases de salida:
— Interfase líquido-gas.

Generales:
— Compuesto: agua.
— El proceso no es reversible en ningún caso.

Corriente fría

Entrada:
— Flujo másico: 15 kg/s
— Fase de la corriente: interfase líquido-gas
— Presión: 0.15 bar = 0.015 MPa

Salida:
— Fase de la corriente: interfase gas-líquido
— Presión: 0.15 bar = 0.015 MPa

General:
— Compuesto: agua.
— El proceso no es reversible.

Resolución del problema

Identificación del sistema, las fronteras y el alrededor

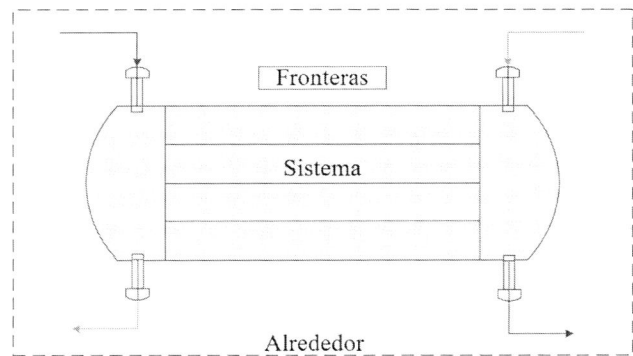

Figura 3.28. Identificación del sistema, las fronteras y el alrededor del intercambiador (ejercicio 3.1.12).

Planteamiento de los balances

Balance general de energía:

$$\frac{dmU_{sis}}{dt} = \sum_{sal} \dot{m}_{sal} \ (U + PV + E_k + E_p)_{sal} - \sum_{ent} \dot{m}_{ent} \ (U + PV + E_k + E_p)_{ent} \pm \dot{Q} \pm \dot{W}$$

Corriente caliente

$$\dot{m}\left[\left(H_{sal} - H_{ent}\right)\right] = -\dot{Q}$$

$$\dot{m}\left(\Delta H\right) = -\dot{Q}$$

$$\dot{H} = -\dot{Q}$$

Corriente fría

$$\dot{m}\left[\left(H_{sal} - H_{ent}\right)\right] = \dot{Q}$$

$$\dot{m}\left(\Delta H\right) = \dot{Q}$$

$$\dot{H} = \dot{Q}$$

Balance de entropía:

$$\frac{d\left(mS_{sis}\right)}{dt} = \sum_{ent} \dot{m}_{ent}\dot{S}_{ent} - \sum_{sal} \dot{m}_{sal}\dot{S}_{sal} + \sum \frac{Q}{T} + \dot{S}_{gen}$$

$$S_{gen} = \dot{m}\left(S_{sal} - S_{ent}\right) - \frac{Q}{T}$$

Corriente fría

Entrada:

Se debe empezar resolviendo la corriente fría, ya que es la corriente de la que tenemos la mayor cantidad de datos. El problema indica la presión y la fase de la corriente, así que ya es posible conocer las propiedades termodinámicas del sistema. Dado que la corriente de entrada viene en interfase líquido-gas, se determina que su calidad es de 0. Si se revisa la tabla A-5 (Çengel y Boles, 2018), se puede observar que la presión especificada sí viene en ella. En este caso solo se hace una lectura de datos. Los resultados son los siguientes:

- Temperatura (T) = 53.97 °C
- Volumen específico (V_{esp}) = 0.001014 m³/kg
- Energía interna (U) = 2225.93 kJ/kg
- Entalpía (H) = 225.94 kJ/kg
- Entropía (S) = 0.7549 kJ/kg K

Con estos datos y despejando la ecuación C-9 del apéndice C, se obtiene un flujo volumétrico de 0.01521 m³/s.

Salida:

El proceso es isóbaro, por lo que la salida de esta corriente se mantiene a una misma presión. La fase de salida es intefase gas-líquido. Nuevamente se debe revisar la tabla A-5 (Çengel y Boles, 2018). Dado que la presión es la misma y ya se comprobó que sí viene en la tabla, se debe hacer una lectura de datos; sin embargo, en esta ocasión se lleva a cabo para la interfase gas-líquido. Los resultados son los siguientes:

- Temperatura (T) = 53.97 °C
- Volumen específico (V_{esp}) = 10.02m³/kg
- Energía interna (U) = 2448 kJ/kg
- Entalpía (H) = 2598.3 kJ/kg
- Entropía (S) = 8.0071 kJ/kg K

Con estos datos y despejando la ecuación C-9 del apéndice C, se obtiene un flujo volumétrico de 150.3 m³/s.

Una vez conseguidos estos valores, se calcula la carga térmica. De acuerdo con el balance de energía establecido anteriormente:

$$\dot{m}\left(H_{sal} - H_{ent}\right) = -\dot{Q}$$

$$15\frac{kg}{s}\left[2598.3\frac{kJ}{kg} - 225.94\frac{kJ}{kg}\right] = -\dot{Q}$$

$$\dot{Q} = 35585.4\,kW$$

Del mismo modo se calcula el flujo de entropía de acuerdo con la siguiente ecuación:

$$\dot{m}\left(S_{sal} - S_{ent}\right) = \dot{S}$$

$$15\frac{kg}{s}\left[8.0071\frac{kJ}{kg}\cdot K - 0.7549\frac{kJ}{kg}\cdot K\right] = \dot{S}$$

$$\dot{S} = 108.783\ kJ/s\ K$$

Este valor se debe tener muy presente, ya que con él se podrá calcular la entropía generada a partir de las corrientes calientes.

Caso 1

Corriente caliente

Entrada:

El problema indica la presión y la fase de la corriente, así que ya es posible conocer las propiedades termodinámicas del sistema. Dado que la corriente de entrada viene en interfase gas-líquido, se determina que su calidad es de 1. Si se revisa la tabla A-5 (Çengel y Boles, 2018), se observa que la presión especificada sí viene en ella. En este caso, solo se hace una lectura de datos. Los resultados son los siguientes:

— Temperatura (T) = 69.09 °C
— Volumen específico (V_{esp}) = 5.2287 m³/kg
— Energía interna (U) = 2467.7 kJ/kg
— Entalpía (H) = 2624.6 kJ/kg
— Entropía (S) = 7.7675 kJ/kg K

Salida:

El proceso es isóbaro, por lo que la salida de esta corriente se mantiene a una misma presión. La salida es en la interfase líquido-gas. Nuevamente se debe revisar la tabla A-5 (Çengel y Boles, 2018). Dado que la presión es la misma y ya se comprobó que si viene en ella, se debe hacer una lectura de datos; sin embargo, en esta ocasión se lleva a cabo para la interfase líquido-gas. Los resultados son los siguientes:

— Temperatura (T) = 69.09 °C
— Volumen específico (V_{esp}) = 0.00102 m³/kg
— Energía interna (U) = 289.24 kJ/kg
— Entalpía (H) = 289.27 kJ/kg
— Entropía (S) = 0.9441 kJ/kg K

El dato que falta de esta corriente es el flujo másico. Sin embargo, se sabe que el calor liberado por la corriente caliente para enfriarse es el mismo que el calor absorbido por la fría para calentarse. Por lo tanto, el valor del flujo de calor en la corriente caliente es igualmente 35585.4 kW. A partir de estos valores, y utilizando el balance de energía, es posible calcular el flujo másico requerido por la corriente:

$$\dot{m}\left(H_{sal} - H_{ent}\right) = -\dot{Q}$$

$$\dot{m} = \frac{-35585.4 \, \text{kW}}{289.27 \, \dfrac{\text{kJ}}{\text{kg}} - 2623.6 \, \dfrac{\text{kJ}}{\text{kg}}}$$

$$\dot{m} = 15.238 \, \text{kg/s}$$

Con estos datos y despejando la ecuación C-9 del apéndice C, se obtiene un flujo volumétrico de 79.6741 m³/s para la corriente de entrada y uno de 0.0156 m³/s para la de salida.

Del mismo modo se calcula el flujo de entropía de acuerdo con la siguiente ecuación:

$$\dot{m}\left(S_{sal} - S_{ent}\right) = \dot{S}$$

$$15.238 \, \frac{\text{kg}}{\text{s}} \left[0.9441 \, \frac{\text{kJ}}{\text{kg}} \cdot \text{K} - 7.7675 \, \frac{\text{kJ}}{\text{kg}} \cdot \text{K} \right] = \dot{S}$$

$$\dot{S} = -103.9739 \ \text{kJ/s K}$$

La entropía generada es la suma de los flujos entrópicos de las corrientes fría y caliente:

$$S_{gen} = 108.783 \, \frac{\text{kJ}}{\text{s} \cdot \text{K}} - 7.7675 \, \frac{\text{kJ}}{\text{s} \cdot \text{K}} = 4.8091 \, \frac{\text{kJ}}{\text{s} \cdot \text{K}}$$

Energía degradada del sistema:

$$4.8091 \, \frac{\text{kJ}}{\text{snK}} \cdot 342.24 \, \text{K} = 1645.8590 \, \frac{\text{kJ}}{\text{s}}$$

Energía degradada del alrededor:

$$4.8091 \, \frac{\text{kJ}}{\text{snK}} \cdot 298.15 K = 1433.8267 \, \frac{\text{kJ}}{\text{s}}$$

Caso 2

Corriente caliente

Entrada:

El problema indica la presión y la fase de la corriente, así que ya es posible conocer las propiedades termodinámicas del sistema. Dado que la corriente de entrada viene en interfase gas-líquido, se determina que su calidad es de 1. Si se revisa la tabla A-5

(Çengel y Boles, 2018), se puede observar que la presión especificada no viene en ella, por lo que se debe hacer una interpolación a los datos de equilibrio entre 20 y 25 kPa. Los resultados son los siguientes:

— Temperatura (T) = 62.51 °C
— Volumen específico (V_{esp}) = 6.9258 m³/kg
— Energía interna (U) = 2459.2 kJ/kg
— Entalpía (H) = 2613.2 kJ/kg
— Entropía (S) = 7.8688 kJ/kg K

Salida:

El proceso es isóbaro, por lo que la salida de esta corriente se mantiene a una misma presión. La salida es en la interfase líquido-gas. Nuevamente se debe revisar la tabla A-5 (Çengel y Boles, 2018), dado que la presión es la misma y ya se interpolaron los datos; sin embargo, en esta ocasión se toman los datos para la interfase líquido-gas. Los resultados son los siguientes:

— Temperatura (T) = 62.51 °C
— Volumen específico (V_{esp}) = 0.00102 m³/kg
— Energía interna (U) = 261.665 kJ/kg
— Entalpía (H) = 261.69 kJ/kg
— Entropía (S) = 0.8626 kJ/kg K

El dato que falta de esta corriente es el flujo másico. Sin embargo, se sabe que el calor liberado por la corriente caliente para enfriarse es el mismo que el calor absorbido por la fría para calentarse. Por lo tanto, el valor del flujo de calor en la corriente caliente es igualmente de 35585.4 kW. A partir de estos valores, y utilizando el balance de energía, es posible calcular el flujo másico requerido por la corriente.

$$\dot{m}\left(H_{sal} - H_{ent}\right) = -\dot{Q}$$

$$\dot{m} = \frac{-35585.4\,\text{kW}}{261.69\,\dfrac{\text{kJ}}{\text{kg}} - 2613.2\,\dfrac{\text{kJ}}{\text{kg}}}$$

$$\dot{m} = 15.133\,\text{kg/s}$$

Con estos datos y despejando la ecuación C-9 del apéndice C, se obtiene un flujo volumétrico de 104.807 m³/s para la corriente de entrada y uno de 0.0154 m³/s para la de salida.

Del mismo modo se calcula el flujo de entropía de acuerdo con la siguiente ecuación:

$$\dot{m}\left(S_{sal} - S_{ent}\right) = \dot{S}$$

$$15.133\frac{\text{kg}}{\text{s}}\left[0.8626\frac{\text{kJ}}{\text{kg}}\cdot\text{K} - 7.8688\frac{\text{kJ}}{\text{kg}}\cdot\text{K}\right] = \dot{S}$$

$$\dot{S} = -106.024\,\text{kJ/s K}$$

La entropía generada es la suma de los flujos entrópicos de las corrientes fría y caliente.

$$S_{gen} = 108.783\frac{\text{kJ}}{\text{s}\cdot\text{K}} - 106.024\frac{\text{kJ}}{\text{s}\cdot\text{K}} = 2.7589\frac{\text{kJ}}{\text{s}\cdot\text{K}}$$

Energía degradada del sistema:

$$2.7589\frac{\text{kJ}}{\text{s}\cdot\text{K}}\cdot 335.66K = 926.0640\frac{\text{kJ}}{\text{s}}$$

Energía degradada del alrededor:

$$2.7589\frac{\text{kJ}}{\text{s}\cdot\text{K}}\cdot 298.15K = 822.6763\frac{\text{kJ}}{\text{s}}$$

Caso 3

Corriente caliente

Entrada:

El problema indica la presión y la fase de la corriente, así que ya es posible conocer las propiedades termodinámicas del sistema. Dado que la corriente de entrada viene en interfase gas-líquido, se determina que su calidad es de 1. Si se revisa la tabla A-5 (Çengel y Boles, 2018), se puede observar que la presión especificada sí viene en ella. En este caso solo se hace una lectura de datos. Los resultados son los siguientes:

- Temperatura (T) = 53.97 °C
- Volumen específico (V_{esp}) = 10.02 m³/kg
- Energía interna (U) = 2448 kJ/kg
- Entalpía (H) = 2598.3 kJ/kg
- Entropía (S) = 8.0071 kJ/kg K

Salida:

El proceso es isóbaro, por lo que la salida de esta corriente se mantiene a una misma presión. La salida es en la interfase líquido-gas. Nuevamente se debe revisar la tabla A-5 (Çengel y Boles, 2018). Dado que la presión es la misma y ya se comprobó que sí viene en la tabla, se debe hacer una lectura de datos; sin embargo, en esta ocasión se lleva a cabo para la interfase líquido-gas. Los resultados son los siguientes:

- — Temperatura (T) = 53.97 °C
- — Volumen específico (V_{esp}) = 0.001014 m³/kg
- — Energía interna (U) = 225.93 kJ/kg
- — Entalpía (H) = 225.94 kJ/kg
- — Entropía (S) = 0.7549 kJ/kg K

El dato que falta de esta corriente es el flujo másico. Sin embargo, se sabe que el calor liberado por la corriente caliente para enfriarse es el mismo que el calor absorbido por la fría para calentarse. Por lo tanto, el valor del flujo de calor en la corriente caliente es igualmente de 35585.4 kW. A partir de estos valores, y utilizando el balance de energía, es posible calcular el flujo másico requerido por la corriente:

$$\dot{m}\left(H_{sal} - H_{ent}\right) = -\dot{Q}$$

$$\dot{m} = \frac{-35585.4\,\text{kW}}{225.94\,\dfrac{\text{kJ}}{\text{kg}} - 2598.3\,\dfrac{\text{kJ}}{\text{kg}}}$$

$$\dot{m} = 15\ \text{kg/s}$$

Con estos datos y despejando la ecuación C-9 del apéndice C, se obtiene un flujo volumétrico de 150.3 m³/s para la corriente de entrada y uno de 0.01521 m³/s para la corriente de salida.

Del mismo modo se calcula el flujo de entropía de acuerdo con la siguiente ecuación:

$$\dot{m}\left(S_{sal} - S_{ent}\right) = \dot{S}$$

$$15\frac{\text{kg}}{\text{s}}\left[0.7549\frac{\text{kJ}}{\text{kg}}\cdot\text{K} - 8.0071\frac{\text{kJ}}{\text{kg}}\cdot\text{K}\right] = \dot{S}$$

$$\dot{S} = -108.738\ \text{kJ/s K}$$

La entropía generada es la suma de los flujos entrópicos de las corrientes fría y caliente:

$$S_{gen} = 108.783\frac{\text{kJ}}{\text{s}\cdot\text{K}} - 108.738\frac{\text{kJ}}{\text{s}\cdot\text{K}} = 0\frac{\text{kJ}}{\text{s}\cdot\text{K}}$$

No hay energía degradada del sistema ni hacia el alrededor.

Caso 4

Corriente caliente

Entrada:

El problema indica la presión y la fase de la corriente, así que ya es posible conocer las propiedades termodinámicas del sistema. Dado que la corriente de entrada viene en interfase gas-líquido, se determina que su calidad es de 1. Si se revisa la tabla A-5 (Çengel y Boles, 2018), se puede observar que la presión especificada sí viene en ella. En este caso solo se hace una lectura de datos. Los resultados son los siguientes:

- Temperatura (T) = 40.29 °C
- Volumen específico (V_{esp}) = 19.233 m³/kg
- Energía interna (U) = 2429.8 kJ/kg
- Entalpía (H) = 2574 kJ/kg
- Entropía (S) = 8.2501 kJ/kg K

Salida:

El proceso es isóbaro, por lo que la salida de esta corriente se mantiene a una misma presión. La salida es en la interfase líquido-gas. Nuevamente se debe revisar la tabla A-5 (Çengel y Boles, 2018). Dado que la presión es la misma y ya se comprobó que sí viene en la tabla, se debe hacer una lectura de datos; sin embargo, en esta ocasión se lleva a cabo para la interfase líquido-gas. Los resultados son los siguientes:

- Temperatura (T) = 40.29 °C
- Volumen específico (V_{esp}) = 0.001008 m³/kg
- Energía interna (U) =168.74 kJ/kg
- Entalpía (H) = 168.75 kJ/kg
- Entropía (S) = 0.5763 kJ/kg K

El dato que falta de esta corriente es el flujo másico. Sin embargo, se sabe que el calor liberado por la corriente caliente para enfriarse es el mismo que el calor absorbido por la fría para calentarse. Por lo tanto, el valor del flujo de calor en la corriente caliente es igualmente de 35585.4 kW. A partir de estos valores, y utilizando el balance de energía, es posible calcular el flujo másico requerido por la corriente:

$$\dot{m}\left(H_{sal} - H_{ent}\right) = -\dot{Q}$$

$$\dot{m} = \frac{-35585.4\,\text{kW}}{168.74\,\dfrac{\text{kJ}}{\text{kg}} - 2574\,\dfrac{\text{kJ}}{\text{kg}}}$$

$$\dot{m} = 14.795\,\text{kg/s}$$

Con estos datos y despejando la ecuación C-9 del apéndice C, se obtiene un flujo volumétrico de 284.5501 m³/s para la corriente de entrada y uno de 0.01491 m³/s para la corriente de salida.

Del mismo modo se calcula el flujo de entropía de acuerdo con la siguiente ecuación:

$$\dot{m}\left(S_{sal} - S_{ent}\right) = \dot{S}$$

$$14.795\frac{kg}{s}\left[0.5763\frac{kJ}{kg}\cdot K - 8.2501\frac{kJ}{kg}\cdot K\right] = \dot{S}$$

$$\dot{S} = -113.5330 \text{ kJ/s K}$$

La entropía generada es la suma de los flujos entrópicos de las corrientes fría y caliente:

$$S_{gen} = 108.783\frac{kJ}{s\cdot K} - 113.5330\frac{kJ}{s\cdot K} = -4.7500\frac{kJ}{s\cdot K}$$

Energía degradada del sistema:

$$-4.7500\frac{kJ}{s\cdot K}\cdot 335.66\,K = -1488.839\frac{kJ}{s}$$

Energía degradada del alrededor:

$$-4.7500\frac{kJ}{s\cdot K}\cdot 298.15\,K = -1416.212\frac{kJ}{s}$$

Los valores de la entropía generada y la energía degradada no pueden ser negativos, puesto que la termodinámica indica que la entropía generada siempre es mayor que cero. La metodología de resolución del problema es correcta; el error estuvo en cómo se abordó el problema. Si se observa la temperatura de la corriente caliente, se puede ver que es menor que la de la corriente fría. En este caso, la corriente caliente es en realidad la fría, y todos los balances de energía deberían de ser adaptados para ajustarse a este cambio.

Caso 5

Corriente caliente

Entrada:

El problema indica la presión y la fase de la corriente, así que ya es posible conocer las propiedades termodinámicas del sistema. Dado que la corriente de entrada viene en interfase gas-líquido, se determina que su calidad es de 1. Si se revisa la tabla A-5

(Çengel y Boles, 2018), se puede observar que la presión especificada sí viene en ella. En este caso solo se hace una lectura de datos. Los resultados son los siguientes:

— Temperatura (T) = 13.02 °C
— Volumen específico (V_{esp}) = 87.964 m^3/kg
— Energía interna (U) = 2392.8 kJ/kg
— Entalpía (H) = 2524.7 kJ/kg
— Entropía (S) = 8.827 kJ/kg K

Salida:

El proceso es isóbaro, por lo que la salida de esta corriente se mantiene a una misma presión. La salida es en la interfase líquido-gas. Nuevamente se debe revisar la tabla A-5 (Çengel y Boles, 2018). Dado que la presión es la misma y ya se comprobó que sí viene en la tabla, se debe hacer una lectura de datos; sin embargo, en esta ocasión se lleva a cabo para la interfase líquido-gas. Los resultados son los siguientes:

— Temperatura (T) = 13.02 °C
— Volumen específico (V_{esp}) = 0.001001 m^3/kg
— Energía interna (U) = 54.686 kJ/kg
— Entalpía (H) = 54.688 kJ/kg
— Entropía (S) = 0.1956 kJ/kg K

El dato que falta de esta corriente es el flujo másico. Sin embargo, se sabe que el calor liberado por la corriente caliente para enfriarse es el mismo que el calor absorbido por la fría para calentarse. Por lo tanto, el valor del flujo de calor en la corriente caliente es igualmente de 35585.4 kW. A partir de estos valores, y utilizando el balance de energía, es posible calcular el flujo másico requerido por la corriente:

$$\dot{m}\left(H_{sal} - H_{ent}\right) = -\dot{Q}$$

$$\dot{m} = \frac{-35585.4\,\text{kW}}{54.688\,\dfrac{\text{kJ}}{\text{kg}} - 2524.7\,\dfrac{\text{kJ}}{\text{kg}}}$$

$$\dot{m} = 14.407\,\text{kg/s}$$

Con estos datos y despejando la ecuación C-9 del apéndice C, se obtiene un flujo volumétrico de 1267.2951 m^3/s para la corriente de entrada y uno de 0.01442 m^3/s para la de salida.

Del mismo modo se calcula el flujo de entropía de acuerdo con la siguiente ecuación:

$$\dot{m}\left(S_{sal} - S_{ent}\right) = \dot{S}$$

$$14.407\,\frac{kg}{s}\left[0.1956\,\frac{kJ}{kg}\cdot K - 8.827\,\frac{kJ}{kg}\cdot K\right] = \dot{S}$$

$$\dot{S} = -124.3524\,kJ/s\,K$$

La entropía generada es la suma de los flujos entrópicos de las corrientes fría y caliente:

$$S_{gen} = 108.783\,\frac{kJ}{s\cdot K} - 124.3524\,\frac{kJ}{s\cdot K} = -15.5694\,\frac{kJ}{s\cdot K}$$

Energía degradada del sistema:

$$-15.5694\,\frac{kJ}{s\cdot K}\cdot 335.66\,K = -4455.4848\,\frac{kJ}{s}$$

Energía degradada del alrededor:

$$-15.5694\,\frac{kJ}{s\cdot K}\cdot 298.15\,K = -4642.0047\,\frac{kJ}{s}$$

Este caso es similar al anterior. Los valores de la entropía generada y la energía degradada no pueden ser negativos, puesto que la termodinámica indica que la entropía generada siempre es mayor que cero. La metodología de resolución del problema es correcta; el error estuvo en cómo se abordó. Si se observa la temperatura de la corriente caliente, se puede ver que es menor que la de la corriente fría. En este caso, la corriente caliente es en realidad la fría, y todos los balances de energía deberían de ser adaptados para ajustarse a este cambio. El resumen de los casos se muestra en la siguiente tabla:

	Caso 1				Caso 2	
	Entrada CF	Salida CF	Entrada CC	Salida CC	Entrada CC	Salida CC
I	H_2O	H_2O	H_2O	H_2O	H_2O	H_2O
T (K)	327.12	327.12	342.24	342.24	335.66	335.66
T (°C)	53.97	53.97	69.09	69.09	62.51	62.51
P (bar)	0.15	0.15	0.3	0.3	0.225	0.225
P (MPa)	0.015	0.015	0.03	0.03	0.0225	0.0225
Fase	ILG	IGL	IGL	ILG	IGL	ILG
X	0	1	1	0	1	0
$\dot{m}$ (kg/s)	15	15	15.238	15.238	15.133	15.133
u (m³/s)	0.01521	150.300	79.67413	0.01557	104.807	0.01541

			Caso 1		Caso 2	
V_{esp} (m³/kg)	0.00101	10.02	5.22870	0.00102	6.92575	0.00102
ρ_{esp} (kg/m³)	986.193	0.100	0.191	978.474	0.144	981.836
U (kJ/kg)	225.93	2448	2467.7	289.24	2459.2	261.665
H (kJ/kg)	225.94	2598.3	2624.6	289.27	2613.2	261.69
ΔH (kJ/kg)	2372.36		−2335.33		−2351.51	
$\dot{H}$ (kW)	35585.40000		−35585.40000		-35585.40000	
Q (kW)	35585.4000		35585.4000		35585.4000	
S (kJ/kg K)	0.7549	8.0071	7.7675	0.9441	7.86875	0.8626
ΔS (kJ/kg K)	7.2522		−6.8234		−7.00615	
$\dot{S}$ (kJ/kg K)	108.783		−103.9739216		−106.0240655	
S_{gen} (kJ/s K)			4.809078387		2.758934523	
$E_{deg\,sist}$ (kJ/s)			1645.858987		926.063962	
$E_{deg\,air}$ (kJ/s)			1433.826721		822.576328	

	Caso 3		Caso 4		Caso 5	
	Entrada CC	Salida CC	Entrada CC	Salida CC	Entrada CC	Salida CC
I	H_2O	H_2O	H_2O	H_2O	H_2O	H_2O
T (K)	327.12	327.12	313.44	313.44	286.17	286.17
T (°C)	53.97	53.97	40.29	40.29	13.02	13.02
P (bar)	0.15	0.15	0.075	0.075	0.015	0.015
P (MPa)	0.015	0.015	0.0075	0.0075	0.0015	0.0015
Fase	IGL	ILG	IGL	ILG	IGL	ILG
X	1	0	1	0	1	0
$\dot{m}$ (kg/s)	15.000	15.000	14.795	14.795	14.407	14.407
u (m³/s)	150.300	0.01521	284.550	0.01491	1267.295	0.01442
V_{esp} (m³/kg)	10.02	0.00101	19.233	0.00101	87.964	0.001
ρ_{esp} (kg/m³)	0.100	986.193	0.052	992.063	0.011	999.001
U (kJ/kg)	2448	225.93	2429.8	168.74	2392.8	54.686
H (kJ/kg)	2598.3	225.94	2574	168.75	2524.7	54.688
ΔH (kJ/kg)	−2372.36		−2405.25		−2470.012	
$\dot{H}$ (kW)	-35585.40000		-35585.40000		−35585.40000	
Q (kW)	35585.4000		35585.4000		35585.4000	
S (kJ/kg K)	8.0071	0.7549	8.2501	0.5763	8.827	0.1956
ΔS (kJ/kg K)	−7.2522		−7.6738		−8.6314	
$\dot{S}$ (kJ/kg K)	−108.783		−113.5329976		−124.3523601	
S_{gen} (kJ/s K)	0		−4.749997618		−15.56936005	
$E_{deg\,sist}$ (kJ/s)	0		−1488.839253		−4455.483766	
$E_{deg\,air}$ (kJ/s)	0		−1416.21179		−4642.0047	

Tabla 3.12. Resultados del balance de energía y entropía.

3.1.13. Enfriamiento de agua con ayuda de refrigerante R-134a

En un intercambiador de calor las corrientes trabajan con R-134a. La entrada de la corriente fría se encuentra en interfase líquido-gas a una presión de 5.7 bar y sale como interfase gas-líquido. El flujo másico es de 10 kg/s y el proceso es isóbaro. Determine el calor liberado por la corriente caliente, los flujos másicos, la entropía generada y la energía degradada de los respectivos casos.

Caso 1
   — Presión: 11.4 bar.
   — Fase de entrada de corriente caliente: interfase gas-líquido.
   — Fase de salida de corriente caliente: interfase líquido-gas.

Caso 2
   — Presión: 8.55 bar.
   — Fase de entrada de corriente caliente: interfase gas-líquido.
   — Fase de salida de corriente caliente: interfase líquido-gas.

Caso 3
   — Presión: 5.7 bar.
   — Fase de entrada de corriente caliente: interfase gas-líquido.
   — Fase de salida de corriente caliente: interfase líquido-gas.

Caso 4
   — Presión: 2.85 bar.
   — Fase de entrada de corriente caliente: interfase gas-líquido.
   — Fase de salida de corriente caliente: interfase líquido-gas.

Caso 5
   — Presión: 0.63 bar.
   — Fase de entrada de corriente caliente: interfase gas-líquido.
   — Fase de salida de corriente caliente: interfase líquido-gas.

Datos del problema

Corrientes calientes

Presión del sistema:

   — Caso 1: 11.4 bar = 1.14 MPa
   — Caso 2: 8.55 bar = 0.855 MPa
   — Caso 3: 5.7 bar = 0.57 MPa
   — Caso 4: 2.85 bar = 0.285 MPa
   — Caso 5: 0.63 bar = 0.063 MPa

Interfases de entrada:
— Interfase gas-líquido

Interfases de salida:
— Interfase líquido-gas

Generales:
— Compuesto: R-134a.
— El proceso no es reversible en ningún caso.

Corriente fría

Entrada:
— Flujo másico: 10 kg/s
— Fase de la corriente: interfase líquido-gas
— Presión: 5.7 bar = 0.57 MPa

Salida:
— Fase de la corriente: interfase gas-líquido
— Presión: 5.7 bar = 0.57 MPa

Generales:
— Compuesto: R-134a.
— El proceso no es reversible.

Resolución del problema

Identificación del sistema, las fronteras y el alrededor

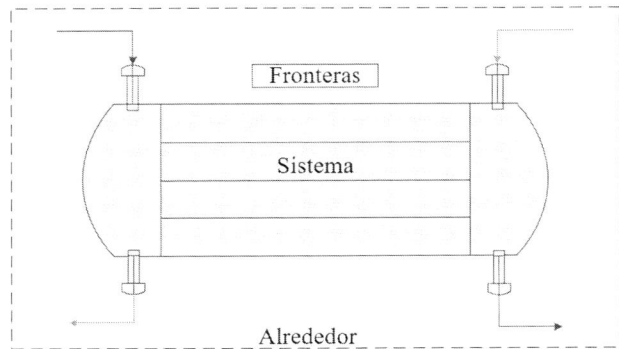

Figura 3.29. Identificación del sistema, las fronteras y el alrededor del intercambiador (ejercicio 3.1.13).

Planteamiento de los balances

Balance general de energía:

$$\frac{dmU_{sis}}{dt} = \sum_{sal} \dot{m}_{sal} \ (U + PV + E_k + E_p)_{sal} - \sum_{ent} \dot{m}_{ent} \ (U + PV + E_k + E_p)_{ent} \pm \dot{Q} \pm \dot{W}$$

Corriente caliente

$$\dot{m}\left[\left(H_{sal} - H_{ent}\right)\right] = -\dot{Q}$$

$$\dot{m}\left(\Delta H\right) = -\dot{Q}$$

$$\dot{H} = -\dot{Q}$$

Corriente fría

$$\dot{m}\left[\left(H_{sal} - H_{ent}\right)\right] = \dot{Q}$$

$$\dot{m}\left(\Delta H\right) = \dot{Q}$$

$$\dot{H} = \dot{Q}$$

Balance de entropía:

$$\frac{d\left(mS_{sis}\right)}{dt} = \sum_{ent} \dot{m}_{ent}\dot{S}_{ent} - \sum_{sal} \dot{m}_{sal}\dot{S}_{sal} + \sum \frac{Q}{T} + \dot{S}_{gen}$$

$$S_{gen} = \dot{m}\left(S_{sal} - S_{ent}\right) - \frac{Q}{T}$$

Corriente fría

Entrada:

Se debe empezar resolviendo la corriente fría, ya que es la corriente de la que tenemos la mayor cantidad de datos. El problema indica la presión y la fase de la corriente, así que ya es posible conocer las propiedades termodinámicas del sistema. Dado que la corriente de entrada viene en interfase líquido-gas, se determina que su calidad es de 0. Si se revisa la tabla A-12 (Çengel y Boles, 2018), se puede observar que la presión especificada no viene en ella, por lo que se debe hacer una interpolación a los datos de equilibrio entre 550 y 60 kPa. Los resultados son los siguientes:

— Temperatura (T) = 19.858 °C
— Volumen específico (V_{esp}) = 0.00081 m³/kg
— Energía interna (U) = 78.668 kJ/kg

- Entalpía (H) = 79.128 kJ/kg
- Entropía (S) = 0.2999 kJ/kg K

Con estos datos y despejando la ecuación C-9 del apéndice C, se obtiene un flujo volumétrico de 0.00816 m³/s.

Salida:

El proceso es isóbaro, por lo que la salida de esta corriente se mantiene a una misma presión. La salida es en la interfase gas-líquido. Nuevamente se debe revisar la tabla A-12 (Çengel y Boles, 2018). Dado que la presión es la misma y ya se hizo la interpolación, se debe llevar a cabo una lectura de los datos calculados; sin embargo, en esta ocasión se hace para la interfase gas-líquido. Los resultados son los siguientes:

- Temperatura (T) = 19.858 °C
- Volumen específico (V_{esp}) = 0.0362 m³/kg
- Energía interna (U) = 240.942 kJ/kg
- Entalpía (H) = 261.512 kJ/kg
- Entropía (S) = 0.9224 kJ/kg K

Con estos datos y despejando la ecuación C-9 del apéndice C, se obtiene un flujo volumétrico de 0.3616 m³/s.

Una vez conseguidos estos valores, se calcula la carga térmica. De acuerdo con el balance de energía establecido anteriormente:

$$\dot{m}\left(H_{sal} - H_{ent}\right) = -\dot{Q}$$

$$10\frac{\text{kg}}{\text{s}}\left[261.512\frac{\text{kJ}}{\text{kg}} - 79.128\frac{\text{kJ}}{\text{kg}}\right] = -\dot{Q}$$

$$\dot{Q} = 1823.84\,\text{kW}$$

Del mismo modo se calcula el flujo de entropía de acuerdo con la siguiente ecuación:

$$\dot{m}\left(S_{sal} - S_{ent}\right) = \dot{S}$$

$$10\frac{\text{kg}}{\text{s}}\left[0.9224\frac{\text{kJ}}{\text{kg}}\cdot\text{K} - 0.2999\frac{\text{kJ}}{\text{kg}}\cdot\text{K}\right] = \dot{S}$$

$$\dot{S} = 6.2244\,\text{kJ/s K}$$

Este valor se debe tener muy presente, ya que con él se podrá calcular la entropía generada a partir de las corrientes calientes.

Caso 1

Corriente caliente

Entrada:

El problema indica la presión y la fase de la corriente, así que ya es posible conocer las propiedades termodinámicas del sistema. Dado que la corriente de entrada viene en interfase gas-líquido, se determina que su calidad es de 1. Si se revisa la tabla A-12 (Çengel y Boles, 2018), se puede observar que la presión especificada no viene en ella, por lo que se debe hacer una interpolación a los datos de equilibrio entre 1000 y 1200 kPa. Los resultados son los siguientes:

— Temperatura (T) = 44.214 °C
— Volumen específico (V_{esp}) = 0.01779 m³/kg
— Energía interna (U) = 252.871 kJ/kg
— Entalpía (H) = 273.006 kJ/kg
— Entropía (S) = 0.9138 kJ/kg K

Salida:

El proceso es isóbaro, por lo que la salida de esta corriente se mantiene a una misma presión. La salida es en la interfase líquido-gas. Nuevamente se debe revisar la tabla A-12 (Çengel y Boles, 2018). Dado que la presión es la misma y ya se interpoló, se debe hacer una lectura de los datos calculados; sin embargo, en esta ocasión se lleva a cabo para la interfase líquido-gas. Los resultados son los siguientes:

— Temperatura (T) = 44.214 °C
— Volumen específico (V_{esp}) = 0.00089 m³/kg
— Energía interna (U) = 113.625 kJ/kg
— Entalpía (H) = 114.635 kJ/kg
— Entropía (S) = 0.4147 kJ/kg K

El dato que falta de esta corriente es el flujo másico. Sin embargo, se sabe que el calor liberado por la corriente caliente para enfriarse es el mismo que el calor absorbido por la fría para calentarse. Por lo tanto, el valor del flujo de calor en la corriente caliente es igualmente 1823.84 kW. A partir de estos valores, y utilizando el balance de energía, es posible calcular el flujo másico requerido por la corriente:

$$\dot{m}\left(H_{sal} - H_{ent}\right) = -\dot{Q}$$

$$\dot{m} = \frac{-1823.84\,\text{kW}}{114.653\,\dfrac{\text{kJ}}{\text{kg}} - 273.006\,\dfrac{\text{kJ}}{\text{kg}}}$$

$$\dot{m} = 11.516 \text{ kg/s}$$

Con estos datos y despejando la ecuación C-9 del apéndice C, se obtiene un flujo volumétrico de 0.2049 m³/s para la corriente de entrada y uno de 0.0102 m³/s para la corriente de salida.

Del mismo modo se calcula el flujo de entropía de acuerdo con la siguiente ecuación:

$$\dot{m}\left(S_{sal} - S_{ent}\right) = \dot{S}$$

$$11.516\,\frac{\text{kg}}{\text{s}}\left[0.9441\,\frac{\text{kJ}}{\text{kg}}\cdot\text{K} - 7.7675\,\frac{\text{kJ}}{\text{kg}}\cdot\text{K}\right] = \dot{S}$$

$$\dot{S} = -5.7482\,\text{kJ/s K}$$

La entropía generada es la suma de los flujos entrópicos de las corrientes fría y caliente:

$$S_{gen} = 6.2244\,\frac{\text{kJ}}{\text{s}\cdot\text{K}} - 5.7482\,\frac{\text{kJ}}{\text{s}\cdot\text{K}} = 0.4761\,\frac{\text{kJ}}{\text{s}\cdot\text{K}}$$

Energía degradada del sistema:

$$0.4761\,\frac{\text{kJ}}{\text{s}\cdot\text{K}}\cdot 317.364\,\text{K} = 151.1121\,\frac{\text{kJ}}{\text{s}}$$

Energía degradada del alrededor:

$$0.4761\,\frac{\text{kJ}}{\text{s}\cdot\text{K}}\cdot 298.15\,\text{K} = 141.963\,\frac{\text{kJ}}{\text{s}}$$

Caso 2

Corriente caliente

Entrada:

El problema indica la presión y la fase de la corriente, así que ya es posible conocer las propiedades termodinámicas del sistema. Dado que la corriente de entrada viene en interfase gas-líquido, se determina que su calidad es de 1. Si se revisa la tabla A-

12 (Çengel y Boles, 2018), se puede observar que la presión especificada no viene en ella, por lo que se debe hacer una interpolación a los datos de equilibrio entre 850 y 900 kPa. Los resultados son los siguientes:

- Temperatura (T) = 33.656 °C
- Volumen específico (V_{esp}) = 0.0239 m³/kg
- Energía interna (U) = 247.95 kJ/kg
- Entalpía (H) = 268.405 kJ/kg
- Entropía (S) = 0.9176 kJ/kg K

Salida:

El proceso es isóbaro, por lo que la salida de esta corriente se mantiene a una misma presión. La salida es en la interfase líquido-gas. Nuevamente se debe revisar la tabla A-12 (Çengel y Boles, 2018), dado que la presión es la misma y ya se interpolaron los datos; sin embargo, en esta ocasión se toman los datos para la interfase líquido-gas. Los resultados son los siguientes:

- Temperatura (T) = 33.656 °C
- Volumen específico (V_{esp}) = 0.00085 m³/kg
- Energía interna (U) = 98.166 kJ/kg
- Entalpía (H) = 98.901 kJ/kg
- Entropía (S) = 0.3651 kJ/kg K

El dato que falta de esta corriente es el flujo másico. Sin embargo, se sabe que el calor liberado por la corriente caliente para enfriarse es el mismo que el calor absorbido por la fría para calentarse. Por lo tanto, el valor del flujo de calor en la corriente caliente es igualmente 1823.84 kW. A partir de estos valores, y utilizando el balance de energía, es posible calcular el flujo másico requerido por la corriente:

$$\dot{m}\left(H_{sal} - H_{ent}\right) = -\dot{Q}$$

$$\dot{m} = \frac{-1823.84\,\text{kW}}{98.901\,\dfrac{\text{kJ}}{\text{kg}} - 268.405\,\dfrac{\text{kJ}}{\text{kg}}}$$

$$\dot{m} = 10.760\,\text{kg/s}$$

Con estos datos y despejando la ecuación C-9 del apéndice C, se obtiene un flujo volumétrico de 0.2575 m³/s para la corriente de entrada y uno de 0.00917 m³/s para la corriente de salida.

Del mismo modo se calcula el flujo de entropía de acuerdo con la siguiente ecuación:

$$\dot{m}\left(S_{sal} - S_{ent}\right) = \dot{S}$$

$$10.760 \frac{\text{kg}}{\text{s}}\left[0.3651\frac{\text{kJ}}{\text{kg}}\cdot\text{K} - 0.9176\frac{\text{kJ}}{\text{kg}}\cdot\text{K}\right] = \dot{S}$$

$$\dot{S} = -5.9443\,\text{kJ/s K}$$

La entropía generada es la suma de los flujos entrópicos de las corrientes fría y caliente:

$$S_{gen} = 6.2244\,\frac{\text{kJ}}{\text{s}\cdot\text{K}} - 5.9443\,\frac{\text{kJ}}{\text{s}\cdot\text{K}} = 0.2800\,\frac{\text{kJ}}{\text{s}\cdot\text{K}}$$

Energía degradada del sistema:

$$0.2800\,\frac{\text{kJ}}{\text{s}\cdot\text{K}}\cdot 306.806\,\text{K} = 85.914\,\frac{\text{kJ}}{\text{s}}$$

Energía degradada del alrededor:

$$0.2800\,\frac{\text{kJ}}{\text{s}\cdot\text{K}}\cdot 298.15\,K = 83.491\,\frac{\text{kJ}}{\text{s}}$$

Caso 3

Corriente caliente

Entrada:

El problema indica la presión y la fase de la corriente, así que ya es posible conocer las propiedades termodinámicas del sistema. Dado que la corriente de entrada viene en interfase gas-líquido, se determina que su calidad es de 1. Si se revisa la tabla A-12 (Çengel y Boles, 2018), se puede observar que la presión especificada no viene en ella, por lo que se debe hacer una interpolación a los datos de equilibrio entre 550 y 600 kPa. Los resultados son los siguientes:

- Temperatura (T) = 19.858 °C
- Volumen específico (V_{esp}) = 0.0362 m³/kg
- Energía interna (U) = 240.942 kJ/kg
- Entalpía (H) = 261.512 kJ/kg
- Entropía (S) = 0.9224 kJ/kg K

Salida:

El proceso es isóbaro, por lo que la salida de esta corriente se mantiene a una misma presión. La salida es en la interfase líquido-gas. Nuevamente se debe revisar la tabla

A-12 (Çengel y Boles, 2018), dado que la presión es la misma y ya se interpolaron los datos; sin embargo, en esta ocasión se toman los datos para la interfase líquido-gas. Los resultados son los siguientes:

- Temperatura (T) = 19.858 °C
- Volumen específico (V_{esp}) = 0.00082 m³/kg
- Energía interna (U) = 78.668 kJ/kg
- Entalpía (H) = 79.128 kJ/kg
- Entropía (S) = 0.2999 kJ/kg K

El dato que falta de esta corriente es el flujo másico. Sin embargo, se sabe que el calor liberado por la corriente caliente para enfriarse es el mismo que el calor absorbido por la fría para calentarse. Por lo tanto, el valor del flujo de calor en la corriente caliente es igualmente 1823.84 kW. A partir de estos valores, y utilizando el balance de energía, es posible calcular el flujo másico requerido por la corriente:

$$\dot{m}\left(H_{sal} - H_{ent}\right) = -\dot{Q}$$

$$\dot{m} = \frac{-1823.84\,\text{kW}}{79.128\,\dfrac{\text{kJ}}{\text{kg}} - 261.512\,\dfrac{\text{kJ}}{\text{kg}}}$$

$$\dot{m} = 10\,\text{kg/s}$$

Con estos datos y despejando la ecuación C-9 del apéndice C, se obtiene un flujo volumétrico de 0.3616 m³/s para la corriente de entrada y uno de 0.0082 m³/s para la corriente de salida.

Del mismo modo se calcula el flujo de entropía de acuerdo con la siguiente ecuación:

$$\dot{m}\left(S_{sal} - S_{ent}\right) = \dot{S}$$

$$10\,\frac{\text{kg}}{\text{s}}\left[0.2999\,\frac{\text{kJ}}{\text{kg}}\cdot\text{K} - 0.9224\,\frac{\text{kJ}}{\text{kg}}\cdot\text{K}\right] = \dot{S}$$

$$\dot{S} = -6.2244\,\text{kJ/s K}$$

La entropía generada es la suma de los flujos entrópicos de las corrientes fría y caliente:

$$S_{gen} = 6.2244\,\frac{\text{kJ}}{\text{s}\cdot\text{K}} - 6.2244\,\frac{\text{kJ}}{\text{s}\cdot\text{K}} = 0\,\frac{\text{kJ}}{\text{s}\cdot\text{K}}$$

No hay energía degradada del sistema ni hacia el alrededor.

Caso 4

Corriente caliente

Entrada:

El problema indica la presión y la fase de la corriente, así que ya es posible conocer las propiedades termodinámicas del sistema. Dado que la corriente de entrada viene en interfase gas-líquido, se determina que su calidad es de 1. Si se revisa la tabla A-12 (Çengel y Boles, 2018), se puede observar que la presión especificada no viene en ella, por lo que se debe hacer una interpolación a los datos de equilibrio entre 280 y 320 kPa. Los resultados son los siguientes:

— Temperatura $(T) = -0.786$ °C
— Volumen específico $(V_{esp}) = 0.0713$ m³/kg
— Energía interna $(U) = 229.718$ kJ/kg
— Entalpía $(H) = 249.99$ kJ/kg
— Entropía $(S) = 0.9319$ kJ/kg K

Salida:

El proceso es isóbaro, por lo que la salida de esta corriente se mantiene a una misma presión. La salida es en la interfase líquido-gas. Nuevamente se debe revisar la tabla A-12 (Çengel y Boles, 2018), dado que la presión es la misma y ya se interpolaron los datos; sin embargo, en esta ocasión se toman los datos para la interfase líquido-gas. Los resultados son los siguientes:

— Temperatura $(T) = -0.786$ °C
— Volumen específico $(V_{esp}) = 0.00077$ m³/kg
— Energía interna $(U) = 50.589$ kJ/kg
— Entalpía $(H) = 50.803$ kJ/kg
— Entropía $(S) = 0.2006$ kJ/kg K

El dato que falta de esta corriente es el flujo másico. Sin embargo, se sabe que el calor liberado por la corriente caliente para enfriarse es el mismo que el calor absorbido por la fría para calentarse. Por lo tanto, el valor del flujo de calor en la corriente caliente es igualmente 1823.84 kW. A partir de estos valores, y utilizando el balance de energía, es posible calcular el flujo másico requerido por la corriente:

$$\dot{m}\left(H_{sal} - H_{ent}\right) = -\dot{Q}$$

$$\dot{m} = \frac{-1823.84\,\text{kW}}{50.803\,\dfrac{\text{kJ}}{\text{kg}} - 249.99\,\dfrac{\text{kJ}}{\text{kg}}}$$

$$\dot{m} = 9.156 \text{ kg/s}$$

Con estos datos y despejando la ecuación C-9 del apéndice C, se obtiene un flujo volumétrico de 0.6525 m³/s para la corriente de entrada y uno de 0.00706 m³/s para la corriente de salida.

Del mismo modo se calcula el flujo de entropía de acuerdo con la siguiente ecuación:

$$\dot{m}\left(S_{sal} - S_{ent}\right) = \dot{S}$$

$$9.156\,\frac{kg}{s}\left[0.2006\,\frac{kJ}{kg}\cdot K - 0.9319\,\frac{kJ}{kg}\cdot K\right] = \dot{S}$$

$$\dot{S} = -6.6960 \text{ kJ/s K}$$

La entropía generada es la suma de los flujos entrópicos de la corriente fría y caliente:

$$S_{gen} = 6.2244\,\frac{kJ}{s\cdot K} - 6.6960\,\frac{kJ}{s\cdot K} = -0.4717\,\frac{kJ}{s\cdot K}$$

Energía degradada del sistema:

$$-0.4717\,\frac{kJ}{s\cdot K}\cdot 272.364\,K = -128.460$$

Energía degradada del alrededor:

$$-0.4717\,\frac{kJ}{s\cdot K}\cdot 298.15\,K = -140.622\,\frac{kJ}{s}$$

Los valores de la entropía generada y la energía degradada no pueden ser negativos, puesto que la termodinámica indica que la entropía generada siempre es mayor que cero. La metodología de resolución del problema es correcta; el error estuvo en cómo se abordó el problema. Si se observa la temperatura de la corriente caliente, se puede ver que es menor que la temperatura de la corriente fría. En este caso, la corriente caliente es en realidad la fría, y todos los balances de energía deberían de ser adaptados para ajustarse a este cambio.

Caso 5

Corriente caliente

Entrada:

El problema indica la presión y la fase de la corriente, así que ya es posible conocer las propiedades termodinámicas del sistema. Dado que la corriente de entrada viene en interfase gas-líquido, se determina que su calidad es de 1. Si se revisa la tabla A-12 (Çengel y Boles, 2018), se puede observar que la presión especificada no viene en ella, por lo que se debe hacer una interpolación a los datos de equilibrio entre 60 y 70 kPa. Los resultados son los siguientes:

— Temperatura (T) = −36.026 °C
— Volumen específico (V_{esp}) = 0.2986 m³/kg
— Energía interna (U) = 209.648 kJ/kg
— Entalpía (H) = 228.372 kJ/kg
— Entropía (S) = 0.9632 kJ/kg K

Salida:

El proceso es isóbaro, por lo que la salida de esta corriente se mantiene a una misma presión. La salida es en la interfase líquido-gas. Nuevamente se debe revisar la tabla A-12 (Çengel y Boles, 2018), dado que la presión es la misma y ya se interpolaron los datos; sin embargo, en esta ocasión se toman los datos para la interfase líquido-gas. Los resultados son los siguientes:

— Temperatura (T) = −36.026 °C
— Volumen específico (V_{esp}) = 0.00071 m³/kg
— Energía interna (U) = 4.9626 kJ/kg
— Entalpía (H) = 5.0077 kJ/kg
— Entropía (S) = 0.0212 kJ/kg K

El dato que falta de esta corriente es el flujo másico. Sin embargo, se sabe que el calor liberado por la corriente caliente para enfriarse es el mismo que el calor absorbido por la fría para calentarse. Por lo tanto, el valor del flujo de calor en la corriente caliente es igualmente 1823.84 kW. A partir de estos valores, y utilizando el balance de energía, es posible calcular el flujo másico requerido por la corriente:

$$\dot{m}\left(H_{sal} - H_{ent}\right) = -\dot{Q}$$

$$\dot{m} = \frac{-1823.84\,\text{kW}}{5.0077\,\dfrac{\text{kJ}}{\text{kg}} - 228.372\,\dfrac{\text{kJ}}{\text{kg}}}$$

$$\dot{m} = 8.165\,\text{kg/s}$$

Con estos datos y despejando la ecuación C-9 del apéndice C, se obtiene un flujo volumétrico de 2.4384 m³/s para la corriente de entrada y uno de 0.0058 m³/s para la corriente de salida.

Del mismo modo se calcula el flujo de entropía de acuerdo con la siguiente ecuación:

$$\dot{m}\left(S_{sal} - S_{ent}\right) = \dot{S}$$

$$8.165\frac{kg}{s}\left[0.0212\frac{kJ}{kg}\cdot K - 0.9632\frac{kJ}{kg}\cdot K\right] = \dot{S}$$

$$\dot{S} = -7.6915 \ kJ/s \ K$$

La entropía generada es la suma de los flujos entrópicos de las corrientes fría y caliente:

$$S_{gen} = 6.2244\frac{kJ}{s\cdot K} - 7.6915\frac{kJ}{s\cdot K} = -1.4671\frac{kJ}{s\cdot K}$$

Energía degradada del sistema:

$$-1.4671\frac{kJ}{s\cdot K}\cdot 237.124 \ K = -347.893\frac{kJ}{s}$$

Energía degradada del alrededor:

$$-1.4671\frac{kJ}{s\cdot K}\cdot 298.15\,K = -437.426\frac{kJ}{s}$$

Este caso es similar al anterior. Los valores de la entropía generada y la energía degradada no pueden ser negativos, puesto que la termodinámica indica que la entropía generada siempre es mayor que cero. La metodología de resolución del problema es correcta; el error estuvo en cómo se abordó. Si se observa la temperatura de la corriente caliente, se puede ver que es menor que la de la corriente fría. En este caso, la corriente caliente es en realidad la fría, y todos los balances de energía deberían de ser adaptados para ajustarse a este cambio. El resumen de los casos se muestra en la siguiente tabla:

			Caso 1		Caso 2	
	Entrada CF	Salida CF	Entrada CC	Salida CC	Entrada CC	Salida CC
I	R-134a	R-134a	R-134a	R-134a	R-134a	R-134a
T (K)	293.01	293.01	317.36	317.36	306.81	306.81
T (°C)	19.858	19.858	44.214	44.214	33.656	33.656
P (bar)	5.7	5.7	11.4	11.4	8.55	8.55
P (MPa)	0.57	0.57	1.14	1.14	0.855	0.855
Fase	ILG	IGL	IGL	ILG	IGL	ILG
X	0	1	1	0	1	0
$\dot{m}$ (kg/s)	10	10	11.516	11.516	10.760	10.760
u (m³/s)	0.0082	0.3616	0.2049	0.0102	0.2575	0.0092
V_{esp} (m³/kg)	0.0008	0.0362	0.0178	0.0009	0.0239	0.0009
ρ_{esp} (kg/m³)	1225.85	27.65	56.20	1128.18	41.79	1172.88

			Caso 1		Caso 2	
U (kJ/kg)	78.668	240.942	252.871	113.625	247.950	98.166
H (kJ/kg)	79.128	261.512	273.006	114.635	268.405	98.901
ΔH (kJ/kg)	182.384		−158.371		−169.504	
$\dot{H}$ (kW)	1823.84000		−1823.84000		−1823.84000	
Q (kW)	1823.8400		1823.8400		1823.8400	
S (kJ/kg K)	0.3000	0.9224	0.9138	0.4147	0.9176	0.3651
ΔS (kJ/kg K)	0.622438		−0.499141		−0.552456	
$\dot{S}$ (kJ/kg K)	6.22438		−5.748232451		−5.944351467	
S_{gen}(kJ/s K)			0.476147549		0.280028533	
$E_{deg\ sist}$(kJ/s)			151.1120909		85.91443414	
$E_{deg\ air}$(kJ/s)			141.9633918		83.49050715	

	Caso 3		Caso 4		Caso 5	
	Entrada CC	Salida CC	Entrada CC	Salida CC	Entrada CC	Salida CC
I	R-134a	R-134a	R-134a	R-134a	R-134a	R-134a
T (K)	293.01	293.01	272.36	272.36	237.12	237.12
T (°C)	19.858	19.858	−0.7862	−0.7862	−36.026	−36.026
P (bar)	5.7	5.7	2.85	2.85	0.63	0.63
P (MPa)	0.57	0.57	0.285	0.285	0.063	0.063
Fase	IGL	ILG	IGL	ILG	IGL	ILG
X	1	0	1	0	1	0
$\dot{m}$ (kg/s)	10.000	10.000	9.156	9.156	8.165	8.165
u (m³/s)	0.3616	0.0082	0.6525	0.0071	2.4384	0.0058
V_{esp} (m³/kg)	0.0362	0.0008	0.0713	0.0008	0.2986	0.0007
ρ_{esp} (kg/m³)	27.65	1225.85	14.03	1297.33	3.35	1406.11
U (kJ/kg)	240.942	78.668	229.718	50.589	209.648	4.963
H (kJ/kg)	261.512	79.128	249.990	50.803	228.372	5.008
ΔH (kJ/kg)	−182.384		−199.1875		−223.3643	
$\dot{H}$ (kW)	−1823.84000		−1823.84000		−1823.84000	
Q (kW)	1823.8400		1823.8400		1823.8400	
S (kJ/kg K)	0.9224	0.3000	0.9318	0.2006	0.9632	0.0212
ΔS (kJ/kg K)	−0.622438		−0.731295		−0.941974	
$\dot{S}$ (kJ/kg K)	−6.22438		−6.696027978		−7.691514983	
S_{gen}(kJ/s K)	0		−0.471647978		−1.467134983	
$E_{deg\ sist}$(kJ/s)	0		−128.4598119		−347.8929158	
$E_{deg\ air}$(kJ/s)	0		−140.6218445		−437.4262952	

Tabla 3.13. Resultados del balance de energía y entropía.

3.1.14. Disminución de la temperatura en vapor de agua

En un intercambiador de calor entra refrigerante R-134a a 374 °F y a una presión de 1 MPa para salir a la misma presión y a una temperatura de 77 °F. En la otra corriente de dicho intercambiador entra agua a 313.15 K para salir a una temperatura de 35 K superior a la inicial mediante un proceso isóbaro de 2250.19 mmHg. Determine el flujo másico de la corriente fría si la caliente entra a 3.5 kg/s. Posteriormente, grafique la trayectoria de cada corriente en un diagrama de temperatura-entalpía para el R-134a y para H_2O.

Datos del problema

Corriente caliente

Entrada:
  — Temperatura: 374 °F = 190 °C
  — Presión: 1 MPa
  — Flujo másico: 3.5 kg/s

Salida:
  — Temperatura: 77 °F = 25 °C
  — Presión: 1 MPa
  — Flujo másico: 3.5 kg/s

Generales:
  — Compuesto: R-134a.

Corriente fría

Entrada:
  — Temperatura: 313.15 K = 40 °C
  — Presión: 2250.19 mmH g = 0.3 MPa
  — Proceso isóbaro

Salida:
  — Temperatura: 313.15 + 35 = 348.15 K = 75 °C
  — Presión: 2250.19 mmHg = 0.3 MPa

Generales:
  — Compuesto: agua.
  — El proceso es isóbaro.

Resolución del problema

Identificación del sistema, las fronteras y el alrededor

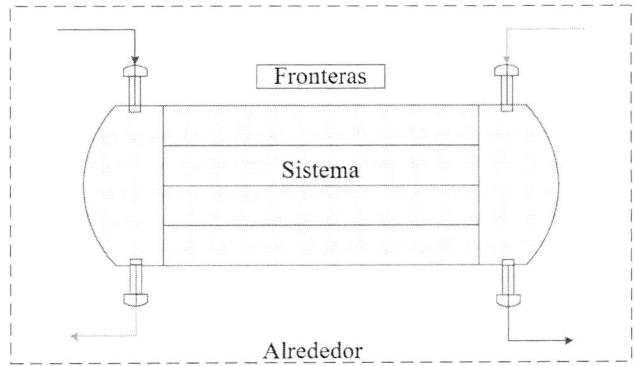

Figura 3.30. Identificación del sistema, las fronteras y el alrededor del intercambiador (ejercicio 3.1.14).

Planteamiento de los balances

$$\frac{dmU_{sis}}{dt} = \sum_{sal} \dot{m}_{sal} \ (U + PV + E_k + E_p)_{sal} - \sum_{ent} \dot{m}_{ent} \ (U + PV + E_k + E_p)_{ent} \pm \dot{Q} \pm \dot{W}$$

Corriente caliente

$$\dot{m}\Big[\big(H_{sal} - H_{ent}\big)\Big] = -\dot{Q}$$

$$\dot{m}\big(\Delta H\big) = -\dot{Q}$$

$$\dot{H} = -\dot{Q}$$

Corriente fría

$$\dot{m}\Big[\big(H_{sal} - H_{ent}\big)\Big] = \dot{Q}$$

$$\dot{m}\big(\Delta H\big) = \dot{Q}$$

$$\dot{H} = \dot{Q}$$

Corriente caliente

Entrada:

Debido a que no se proporciona presión de salida, se considera que el proceso es isóbaro. De acuerdo con las condiciones de operación, el fluido entra en estado gaseoso con una calidad de 1. Con esta información se pueden determinar las propiedades termodinámicas de entrada a través de una extrapolación de los datos de la tabla A-13 (Çengel y Boles, 2018).

— Volumen específico (V_{esp}) = 0.037 m³/kg
— Energía interna (U) = 430.96 kJ/kg
— Entalpía (H) = 394.24 kJ/kg

Con estos datos y despejando la ecuación C-9 del apéndice C, se obtiene un flujo volumétrico de 0.1285 m³/s.

Salida:

Para encontrar las propiedades termodinámicas de salida, se sabe que el componente R-134a se encuentra en estado líquido y con una calidad de 0. Sin embargo, en Çengel (2018) no hay tablas para dicho componente en estado líquido. Por esta razón se utiliza la tabla A-11 (Çengel y Boles, 2018) para buscar la aproximación tomando en cuenta el valor de temperatura de 25 °C en ILG, y así se obtienen los siguientes valores para las propiedades termodinámicas:

— Volumen específico (V_{esp}) = 0.001 m³/kg
— Energía interna (U) = 86.41 kJ/kg
— Entalpía (H) = 85.85 kJ/kg

Despejando la ecuación C-9 del apéndice C, se obtiene un flujo volumétrico de 0.0035 m³/s.

Una vez conseguidos estos valores, se calcula la carga térmica. De acuerdo con el balance de energía establecido anteriormente:

$$\dot{m}\left(H_{sal} - H_{ent} \right) = -\dot{Q}$$

$$3.5\,\frac{kg}{s}\left[86.40\,\frac{kJ}{kg} - 430.96\,\frac{kJ}{kg} \right] = -\dot{Q}$$

$$\dot{Q} = 1205.96\,kW$$

Corriente fría

Entrada:

Se menciona que el proceso es isóbaro, y con esta información se procede a determinar el estado de la corriente. Debido a que la temperatura de equilibrio a una presión de saturación de 300 kPa es mayor que la de operación, la corriente debe ser líquida, con una calidad de 0. Se leen los datos de interfase líquido-gas de ambas temperaturas en la tabla termodinámica A-4 (Çengel y Boles, 2018), correspondiente al componente agua:

— Volumen específico (V_{esp}) = 0.001 m³/kg
— Energía interna (U) = 167.53 kJ/kg
— Entalpía (H) = 167.53 kJ/kg

Salida:

Se menciona que la corriente de salida se encuentra a una temperatura de 35 K por encima de la inicial mediante un proceso isóbaro. De la misma manera, debido a que la temperatura de equilibrio a una presión de saturación de 300 kPa es mayor que la de operación, la corriente debe ser líquida, con una calidad de 0. Se leen los datos de interfase líquido-gas de ambas temperaturas en la tabla termodinámica A-4 (Çengel y Boles, 2018), correspondiente al componente agua:

— Volumen específico (V_{esp}) = 0.001 m³/kg
— Energía interna (U) = 314.03 kJ/kg
— Entalpía (H) = 313.99 kJ/kg

El dato que falta de esta corriente es el flujo másico. Sin embargo, se sabe que el calor liberado por la corriente caliente para enfriarse es el mismo que el calor absorbido por la fría para calentarse. Por lo tanto, el valor del flujo de calor en la corriente fría es igualmente 1205.96 kW. A partir de estos valores, y utilizando el balance de energía, es posible calcular el flujo másico requerido por la corriente:

$$\dot{m}\left(H_{sal} - H_{ent}\right) = -\dot{Q}$$

$$\dot{m} = \frac{1205.96\,\text{kW}}{314.03\,\dfrac{\text{kJ}}{\text{kg}} - 167.53\,\dfrac{\text{kJ}}{\text{kg}}}$$

$$\dot{m} = 8.232\,\text{kg/s}$$

Estos valores se resumen en la siguiente tabla:

	Entrada CC	**Salida CC**	**Entrada CF**	**Salida CF**
i	R-134a	R-134a	H_2O	H_2O
T (°C)	190.000	25.000	40.000	75.000
P (MPa)	1.000	1.000	0.300	0.300
Fase	gas	líquido	líquido	líquido
X	1.000	0.000	0.000	0.000
$\dot{m}$ (kg/s)	3.500	3.500	8.232	8.232
u (m³/s)	0.1295	0.0035	0.0083	0.0082
V_{esp} (m³/kg)	430.964	86.405	167.530	314.030
ρ_{esp} (kg/m³)	394.248	85.850	167.530	313.990
U (kJ/kg)	0.037	0.001	0.001008	0.001
H (kJ/kg)	27.234	1206.709	992.063	974.659
ΔH (kJ/kg)	−344.559		146.500	
$\dot{H}$ (kW)	−1205.958		1205.958	
Q (kW)	−1205.958		1205.958	

Tabla 3.14. Resultados del balance de energía.

Gráfico de la trayectoria en un diagrama de temperatura-entalpía

Al ser dos compuestos diferentes, sus puntos críticos son distintos. Por lo tanto, se debe elaborar un diagrama para cada corriente.

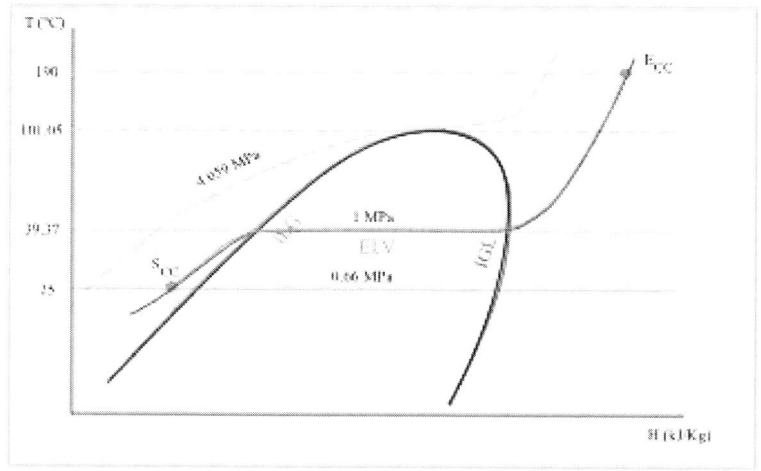

Figura 3.31. Trayectoria de la corriente caliente de agua (ejercicio 3.1.14).

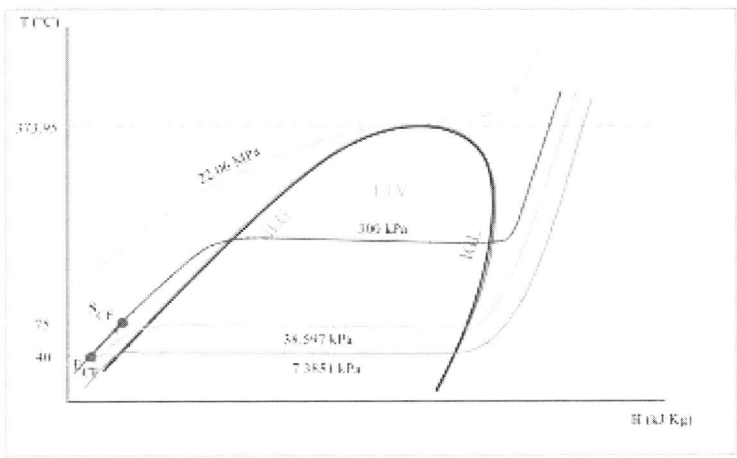

Figura 3.32. Trayectoria de la corriente fría de refrigerante (ejercicio 3.1.14).

3.1.15. Intercambiador de calor isóbaro

En un intercambiador de calor entra refrigerante R-134a a 509.67 R con una presión de 460 kPa para salir en interfase gas-líquido. Por otra parte, se lleva agua de una temperatura inicial de 752.67 R hasta una de 671.67 R con una presión de entrada de 0.4 MPa. Considere para la corriente caliente una caída de presión de 1 bar y para la fría una caída de presión de 0.01 bar. Determine el flujo másico de la corriente fría si la caliente entra a 0.340 kg/s. Posteriormente, grafique la trayectoria de cada corriente en un diagrama de temperatura-entalpía.

Datos del problema

Corriente caliente

Entrada:
— Temperatura: 752.7 R = 145 °C
— Presión: 0.4 MPa
— Flujo másico: 0.340 kg/s

Salida:
— Temperatura: 671.6R = 100 °C
— Presión: 0.4 MPa
— Flujo másico: 0.340 kg/s

Generales:
— Compuesto: agua.

Corriente fría

Entrada:
- — Temperatura: 509.67 R = 10 °C
- — Presión: 460 kPa = 0.460 MPa

Salida:
- — Presión: 0.450 MPa
- — Estado: interfase gas-líquido

Generales:
- — Compuesto: R-134a.

Resolución del problema

Identificación del sistema, las fronteras y el alrededor

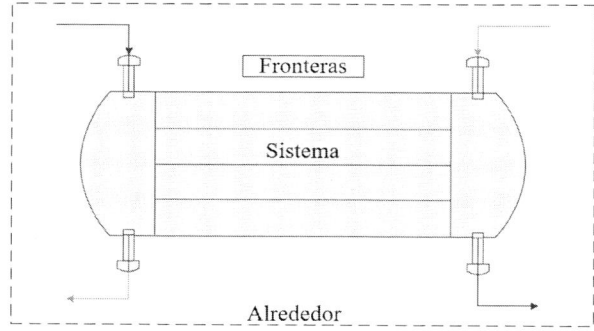

Figura 3.33. Identificación del sistema, las fronteras y el alrededor del intercambiador (ejercicio 3.1.15).

Planteamiento de los balances

$$\frac{dmU_{sis}}{dt} = \sum_{sal} \dot{m}_{sal} \ (U + PV + E_k + E_p)_{sal} - \sum_{ent} \dot{m}_{ent} \ (U + PV + E_k + E_p)_{ent} \pm \dot{Q} \pm \dot{W}$$

Corriente caliente

$$\dot{m}\left[\left(H_{sal} - H_{ent}\right)\right] = -\dot{Q}$$

$$\dot{m}\left(\Delta H\right) = -\dot{Q}$$

$$\dot{H} = -\dot{Q}$$

Corriente fría

$$\dot{m}\left[\left(H_{sal} - H_{ent}\right)\right] = \dot{Q}$$

$$\dot{m}\left(\Delta H\right) = \dot{Q}$$

$$\dot{H} = \dot{Q}$$

Corriente caliente

Entrada:

De acuerdo con las condiciones de operación, el fluido entra en estado gaseoso con una calidad de 1. Con esta información se pueden determinar las propiedades a través de una interpolación con datos de la tabla A-6 para el estado gaseoso y efectuando una aproximación con respecto a la temperatura en la interfase líquido-gas para el estado líquido mediante la tabla A-4 (Çengel y Boles, 2018).

— Volumen específico (V_{esp}) = 0.464 m³/kg
— Energía interna (U) = 2741.30 kJ/kg
— Entalpía (H) = 2555.56 kJ/kg

Despejando la ecuación C-9 del apéndice C, se obtiene un flujo volumétrico de 0.1578 m³/s.

Salida:

Al revisar la tabla A-11 (Çengel y Boles, 2018), se observa que la temperatura está por debajo de la de equilibrio, así que la corriente viene en estado líquido y con calidad de 0. Sin embargo, no se cuenta con una tabla de propiedades para el agua en estado líquido a esa presión. Cuando esto sucede, se lleva a cabo una aproximación a la interfase líquido-gas usando el dato de la temperatura, 100 °C. Los resultados son los siguientes:

— Volumen específico (V_{esp}) = 0.001 m³/kg
— Energía interna (U) = 419.17 kJ/kg
— Entalpía (H) = 419.06 kJ/kg

Despejando la ecuación C-9 del apéndice C, se obtiene un flujo volumétrico de 0.00034 m³/s.

Una vez conseguidos estos valores, se calcula la carga térmica. De acuerdo con el balance de energía establecido anteriormente:

$$\dot{m}\left(H_{sal} - H_{ent}\right) = -\dot{Q}$$

$$0.34\,\frac{\text{kg}}{\text{s}}\left[419.17\,\frac{\text{kJ}}{\text{kg}} - 2741.30\,\frac{\text{kJ}}{\text{kg}}\right] = -\dot{Q}$$

$$\dot{Q} = 789.523\,\text{kW}$$

Corriente fría

Entrada:

Para la corriente de entrada, debido a que se encuentra en estado líquido (calidad de 0), es posible llevar a cabo una aproximación con respecto a la temperatura en la ILG leyendo sus propiedades en la tabla A-11 (Çengel y Boles, 2018). Los datos obtenidos son los siguientes:

— Volumen específico (V_{esp}) = 0.00079 m³/kg
— Energía interna (U) = 65.43 kJ/kg
— Entalpía (H) = 65.10 kJ/kg

Salida:

Se menciona que la condición es en IGL (calidad 1), por lo que con la presión de salida es posible determinar las propiedades haciendo una lectura de la tabla A-12.

— Temperatura (T) = 126.46 °C
— Volumen específico (V_{esp}) = 0.046 m³/kg
— Energía interna (U) = 257.53 kJ/kg
— Entalpía (H) = 237.00 kJ/kg

El dato que falta de esta corriente es el flujo másico. Sin embargo, se sabe que el calor liberado por la corriente caliente para enfriarse es el mismo que el calor absorbido por la fría para calentarse. Por lo tanto, el valor del flujo de calor en la corriente fría es igualmente 20.955 kW. A partir de estos valores, y utilizando el balance de energía, es posible calcular el flujo másico requerido:

$$\dot{m}\left(H_{sal} - H_{ent}\right) = -\dot{Q}$$

$$\dot{m} = \frac{789.523\,\text{kW}}{257.53\,\dfrac{\text{kJ}}{\text{kg}} - 64.43\,\dfrac{\text{kJ}}{\text{kg}}}$$

$$\dot{m} = 4.11\,\text{kg/s}$$

Con estos datos y despejando la ecuación C-9 del apéndice C, se obtiene un flujo volumétrico de 0.0032 m³/s para la corriente de entrada y uno de 0.1875 m³/s para la de salida.

Estos valores se resumen en la siguiente tabla:

	Entrada CC	Salida CC	Entrada CF	Salida CF
i	H_2O	H_2O	R-134a	R-134a
T (°C)	145.000	100.000	10.000	12.460
P (MPa)	0.400	0.300	0.460	0.350
Fase	gas	líquido	líquido	IGL
X	1.000	0.000	1.000	0.000
$\dot{m}$ (kg/s)	0.340	0.340	4.110	4.110
u (m³/s)	0.1578	0.00034	0.0032	0.1875
Vesp (m³/kg)	2741.298	419.170	65.430	257.530
ρesp (kg/m³)	2555.558	419.060	65.100	237.00
U (kJ/kg)	0.464	0.001	0.0008	0.046
H (kJ/kg)	2.154	958.773	1261.034	21.921
ΔH (kJ/kg)	−2322.128		192.100	
$\dot{H}$ (kW)	−789.523		789.523	
Q (kW)	−789.523		789.523	

Tabla 3.15. Resultados del balance de energía.

Gráfico de la trayectoria en un diagrama de temperatura-entalpía

Al ser dos compuestos diferentes, sus puntos críticos son distintos. Por lo tanto, se debe elaborar un diagrama para cada corriente.

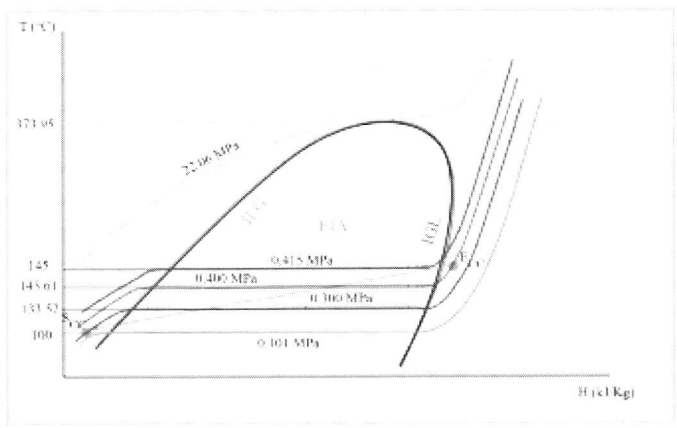

Figura 3.34. Trayectoria de la corriente caliente de agua (ejercicio 3.1.15).

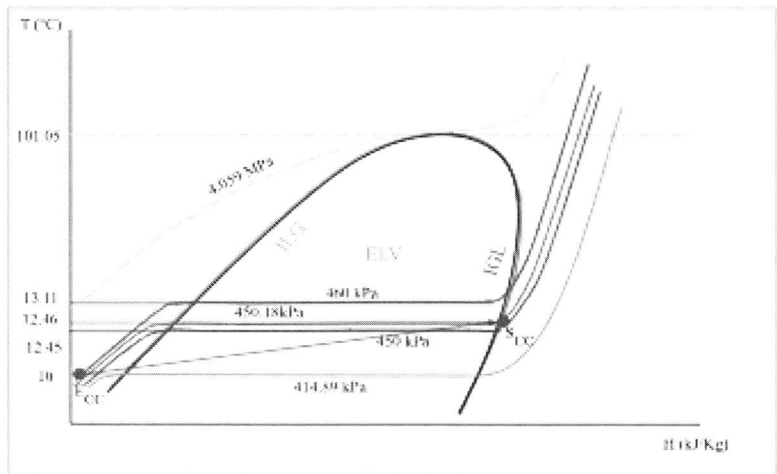

Figura 3.35. Trayectoria de la corriente fría de refrigerante (ejercicio 3.1.15).

3.2. Intercambiadores de calor con generación de entropía

3.2.1. Intercambiado de calor con energía cinética y potencial

En un intercambiador de calor entra agua a una temperatura de 300 °C con una presión de 0.650 MPa, para obtener una temperatura a la mitad del valor inicial mediante un proceso isóbaro, con tubería de diámetro de 200 cm y una altura de 2 m. Tiene una altura de salida de 5 m, un área de 0.066 m² y un flujo másico de 3.98 kg/s. Por otra parte, entra agua a 25 °C con una presión de 145 kPa y con un flujo másico de 8.5 kg/s, un diámetro de 450 cm y una altura de 5 m. Sale en equilibrio líquido-vapor a la misma presión que la de entrada con una calidad de 0.35, un diámetro de 0.340 m y la misma altura que la entrada de la corriente caliente. Determine la velocidad de entrada de la corriente caliente. Grafique la trayectoria de cada corriente en un diagrama de temperatura-entalpía.

Datos del problema
Corriente caliente

Entrada:
— Presión: 0.65 MPa
— Flujo másico: 3.981 kg/s
— Velocidad: 3.98 m/s
— Diámetro: 200 cm = 2 m
— Altura respecto al suelo: 2 m

Salida:
- — Temperatura: 150 °C
- — Presión 0.65 MPa
- — Área: 0.066 m²
- — Altura respecto al suelo: 5 m
- — Flujo másico 3.98 kg/s

Generales:
- — Compuesto: agua.
- — El proceso es reversible.

Corriente fría

Entrada:
- — Temperatura: 25 °C
- — Presión: 145 kPa = 0.145 MPa
- — Flujo másico: 8.5 kg/s
- — Diámetro: 450 cm = 0.45 m
- — Altura respecto al suelo: 5 m

Salida:
- — Estado: equilibrio líquido-vapor
- — Calidad: 0.35
- — Presión: 145 kPa = 0.145 MPa
- — Diámetro: 0.340 m
- — Altura respecto al suelo: 2 m

Generales:
- — Compuesto: agua.
- — El proceso es reversible.

Resolución del problema

Identificación del sistema, las fronteras y el alrededor

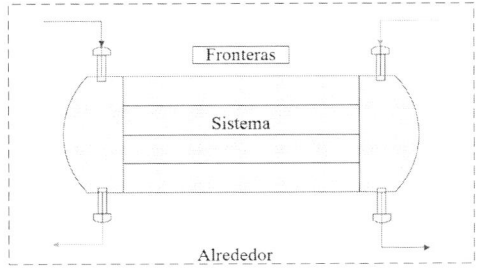

Figura 3.36. Identificación del sistema, las fronteras y el alrededor del intercambiador (ejercicio 3.2.1).

Planteamiento de los balances

$$\frac{dmU_{sis}}{dt} = \sum_{sal} \dot{m}_{sal}\ (U + PV + E_k + E_p)_{sal} - \sum_{ent} \dot{m}_{ent}\ (U + PV + E_k + E_p)_{ent} \pm \dot{Q} \pm \dot{W}$$

Corriente caliente

$$\dot{m}\left[\left(H_{sal} - H_{ent}\right) + \left(Ek_{sal} - Ek_{ent}\right) + \left(Ep_{sal} - Ep_{ent}\right)\right] = -\dot{Q}$$

$$\dot{m}\left(\Delta\mathrm{H} + \Delta\mathrm{Ek} + \Delta\mathrm{Ep}\right) = \dot{Q}$$

$$\dot{H} + \dot{E}k + \dot{E}p = -\dot{Q}$$

Corriente fría

$$\dot{m}\left[\left(H_{sal} - H_{ent}\right) + \left(Ek_{sal} - Ek_{ent}\right) + \left(Ep_{sal} - Ep_{ent}\right)\right] = \dot{Q}$$

$$\dot{m}\left(\Delta\mathrm{H} + \Delta\mathrm{Ek} + \Delta\mathrm{Ep}\right) = \dot{Q}$$

$$\dot{H} + \dot{E}k + \dot{E}p = \dot{Q}$$

Corriente caliente

Entrada:

Se debe empezar resolviendo la corriente fría, ya que es la corriente de la que tenemos la mayor cantidad de datos. Si se revisa la tabla A-4 (Çengel y Boles, 2018), se puede observar que la temperatura de la corriente está por debajo de la de equilibrio, por lo que se concluye que viene en estado líquido con una calidad de 0. Sin embargo, la presión de esta corriente es mucho menor que 5 MPa, por lo que no se puede consultar la tabla A-7 (Çengel y Boles, 2018) para obtener las propiedades termodinámicas. Cuando esto sucede, se efectúa una aproximación a la interfase líquido-gas usando el dato de la temperatura. De esta manera, las propiedades se obtienen aproximando a la temperatura de 25° y tomando los valores en ILG.

- Volumen específico (V_{esp}) = 0.001 m³/kg
- Energía interna (U) = 104.83 kJ/kg
- Entalpía (H) = 104.83 kJ/kg

Con estos datos y despejando la ecuación C-9 del apéndice C, se obtiene un flujo volumétrico de 0.0085 m³/s.

Salida:

Tomando las condiciones del problema, la salida se encuentra en ELV y la temperatura de la corriente será la de saturación a 145 kPa. Al observar la tabla A-5 (Çengel y Boles, 2018), se constata que la presión no está reportada explícitamente en ella. Por esta razón se debe llevar a cabo una interpolación sencilla (C-3) para todas las propiedades en ILG y en IGL. Posteriormente se utiliza la fórmula de propiedad termodinámica en ELV (C-6) para encontrar los valores que se reportan a continuación:

- Calidad = 0.35
- Volumen específico (V_{esp}) = 0.422 m³/kg
- Entalpía (H) = 1242.68 kJ/kg
- Energía interna (U) = 1181.86 kJ/kg

Con estos datos y despejando la ecuación C-9 del apéndice C, se obtiene un flujo volumétrico de 3.587 m³/s.

Con los diámetros de entrada y salida, se calculan ambas áreas (véase la ecuación C-14), lo cual da como resultado 0.159 y 0.091 m² para entrada y salida, respectivamente. Además, se calcula la velocidad de entrada y salida utilizando la ecuación C-8, de lo cual se obtienen los datos de 0.054 y 39.467 m/s para entrada y salida, respectivamente.

Posteriormente, se calcula la energía cinética de entrada y salida. Para la entrada se cuenta con una energía cinética de 1.44x10⁻⁶ kJ/kg, y para la salida, de 0.779 kJ/kg. Se calculan a partir de las ecuaciones de C-10 a C-10.2 Finalmente, se calcula la energía potencial de entrada y salida para la corriente fría. Para la entrada se cuenta con un valor de 0.049 kJ/kg, y para la salida, uno de 0.020 kJ/kg, y estos valores son obtenidos a partir de las ecuaciones C-11 y C-11.1

Una vez conseguidos estos valores, se calcula la carga térmica. De acuerdo con el balance de energía establecido anteriormente:

$$\dot{m}\left(\Delta H + \Delta EK + \Delta Ep\right) = -\dot{Q}$$

$$8.5\frac{kg}{s}\left[\left(1242.68\frac{kJ}{kg} - 104.83\frac{kJ}{kg}\right) + \left(0.779\frac{kJ}{kg} - 1.44x10^{-6}\frac{kJ}{kg}\right) + \left(0.02\frac{kJ}{kg} - 0.049\frac{kJ}{kg}\right)\right] = -\dot{Q}$$

$$\dot{Q} = 9678.141\,kW$$

Corriente fría

Las condiciones de operación presentadas en el problema indican que la entrada tiene vapor de agua, mientras que la salida tiene agua líquida.

Entrada:

Primero, los datos presentados en el problema indican que la corriente de entrada, al ser la caliente, viene en estado gaseoso, calidad de 1. La presión y la temperatura son indicados, por lo que con estos datos es posible conocer todas las propiedades del sistema. Al consultar la tabla A-6 (Çengel y Boles, 2018), se observa que en ella no se reportan valores para la presión de 0.65 MPa. Sin embargo, sí se reportan para 300 °C y para las presiones de 0.60 y 0.80 MPa. Se lleva a cabo una interpolación sencilla (a partir de la tabla C-3) y se obtienen los siguientes resultados:

— Volumen específico (V_{esp}) = 0.4069 m³/kg
— Energía interna (U) = 3060.725 kJ/kg
— Entalpía (H) = 2800.425 kJ/kg

Salida:

De acuerdo con la presión y la temperatura indicadas dentro del problema, se sabe que la salida de la corriente caliente se encuentra en estado líquido y tiene una calidad de 0. Sin embargo, la presión de esta corriente es mucho menor que 5 MPa, por lo que no se puede consultar la tabla A-7 (Çengel y Boles, 2018) para obtener las propiedades termodinámicas. Cuando esto sucede, se lleva a cabo una aproximación de la interfase líquido-gas usando el dato de la temperatura. Los datos para la temperatura de 150 °C vienen en la tabla A-4 (Çengel y Boles, 2018), por lo que solo se debe hacer una lectura de datos en relación con la ILG. Los resultados son los siguientes:

— Volumen específico (V_{esp}) = 0.001 m³/kg
— Energía interna (U) = 632.18 kJ/kg
— Entalpía (H) = 631.66 kJ/kg

Utilizando la ecuación C-14, se calcula el área de la entrada y el diámetro de la salida, que son 0.031 m² y 0.290 m², respectivamente. Se calcula la energía potencial de entrada y salida con las ecuaciones C-11 y C-11.1. Para la entrada se cuenta con un valor de 0.020 kJ/kg, y para la salida, uno de 0.049 kJ/kg. Además, se calcula la energía cinética para entrada y salida a partir de las ecuaciones de C-10 a C-10.2. Para la entrada se obtiene un valor de 0.049 kJ/kg, y para la salida, de 0.020 kJ/kg.

Con la cantidad de calor transferido y un proceso iterativo, es posible obtener el flujo másico de la corriente caliente. Esto se lleva a cabo suponiendo un flujo másico. Se calculan las velocidades de entrada y salida para obtener la energía cinética y así conseguir la cantidad de calor. Se repite el proceso hasta obtener el mismo calor en las corrientes fría y caliente.

Ejemplo de proceso iterativo:

Flujo másico supuesto: 1 kg/s

$$V = \frac{m \cdot u}{A} = \frac{1\frac{kg}{s} \cdot 0.473\frac{m^2}{kg}}{0.31 \, m^2} = 15.056\frac{m}{s}$$

$$Ek = \frac{V^2}{2} = \frac{1\frac{kg}{s}}{1000\frac{m^2}{s^2}} = \frac{\left(15.056\frac{m}{s}\right)^2}{0.31 \, m^2} \cdot \frac{1\frac{kJ}{kg}}{1000\frac{m^2}{s^2}} = 0.133\frac{kJ}{kg}$$

$$\dot{m}\left(\Delta H + \Delta EK + \Delta Ep\right) = -\dot{Q}$$

$$1\frac{kg}{s}\left[\left(632.18\frac{kJ}{kg} - 3060.73\frac{kJ}{kg}\right) + \left(2.16x10^{-6}\frac{kJ}{kg} - 0.133\frac{kJ}{kg}\right) + \left(0.049\frac{kJ}{kg} - 0.02\frac{kJ}{kg}\right)\right] = -\dot{Q}$$

$$1\frac{kg}{s}\left[\left(-2428.55\frac{kJ}{kg}\right) + \left(-0.133\frac{kJ}{kg}\right) + \left(0.029\frac{kJ}{kg}\right)\right] = -\dot{Q}$$

$$-2428.468 \; kW \neq 9678.141 \; kW$$

Como se observa en el ejemplo, el calor transferido y adquirido en las corrientes no es el mismo, por lo que se debe llevar a cabo un proceso iterativo hasta que ambos sean iguales, y de esta manera se cumpla el balance de energía. Del proceso iterativo se obtuvo un flujo másico de 3.982 kg/s y unas velocidades de entrada y salida de 51.573 y 0.066 m/s, respectivamente.

Con estos datos y despejando la ecuación C-9 del apéndice C, se obtiene un flujo volumétrico de 1.6207 m³/s para la corriente de entrada y uno de 0.0040 m³/s para la de salida.

Estos valores se resumen en la siguiente tabla:

	Entrada CC	Salida CC	Entrada CF	Salida CF
i	H_2O	H_2O	H_2O	H_2O
T (°C)	300.000	150.000	25.000	110.274
P (MPa)	0.650	0.650	0.145	0.145
Fase	gas	líquido	líquido	ELV
X	1.000	0.000	0.000	0.350
$\dot{m}$ (kg/s)	3.982	3.982	8.500	8.500
u (m³/s)	1.6207	0.0040	0.0085	3.587
D (m)	0.200	0.290	0.450	0.340
A (m²)	0.031	0.066	0.159	0.091
u (m³/s)	1.620	0.004	0.009	3.583
H (kJ/kg)	3060.725	632.180	104.830	1242.685
U (kJ/kg)	2800.425	631.660	104.830	1181.860
Vesp (m³/kg)	0.407	0.001	0.001	0.422
ρesp (kg/m³)	2.458	916.590	997.009	2.372
V (m/s)	51.573	0.066	0.054	39.467
Ek (kJ/kg)	1.330	2.16E-06	1.44E-06	0.779
Z (m)	2.000	5.000	5.000	2.000
Ep (kJ/kg)	0.020	0.049	0.049	0.020
ΔEk (kJ/kg)	−1.330		0.779	
ΔEp (kJ/kg)	0.029		−0.029	
ΔH (kJ/kg)	−2428.545		1137.855	
$\dot{E}k$ (kW)	−5.296		6.620	
$\dot{E}p$ (kW)	0.117		−0.250	
$\dot{H}$ (kW)	−9671.771		9671.771	
Q (kW)	−9678.141		9678.141	

Tabla 3.16. Resultados del balance de energía.

Gráfico de la trayectoria en un diagrama de temperatura-entalpía

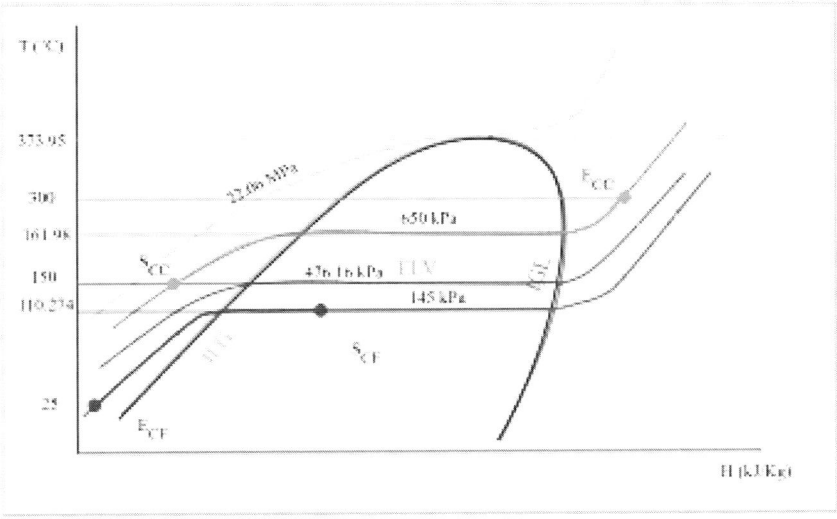

Figura 3.37. Trayectoria de las corrientes caliente y fría (ejercicio 3.2.1).

3.2.2. Entropía generada de un intercambiador de calor

En un intercambiador de calor entra agua a 86 °C, con flujo másico de 1 kg/s, una velocidad de 10 m/s y una altura de 2.5 m. Sale a una temperatura de 30 °C, con una velocidad de 5 m/s y una altura de 5 m. Entra agua a una temperatura de 10 °C con un flujo másico de 1 kg/s, una densidad de 1000 kg/m³, una velocidad de 2 m/s y una altura de 3 m. Sale con una velocidad de 14 m/s a una altura de 2 m en fase gas. Si todo el proceso se lleva a cabo a la misma presión de 35 kPa, determine la temperatura de salida de la corriente fría. Grafique la trayectoria de cada corriente en un diagrama de temperatura-entalpía.

Datos del problema

Corriente caliente

Entrada:

  − Presión: 35 kPa = 0.035 MPa
  − Flujo másico: 1.00 kg/s
  − Temperatura: 86 °C
  − Velocidad: 10 m/s
  − Altura respecto al suelo: 2.5 m

Salida:
  — Presión: 35 kPa = 0.035 MPa
  — Flujo másico: 1.00 kg/s
  — Temperatura: 30 °C
  — Velocidad: 5 m/s
  — Altura respecto al suelo: 5 m

Generales:
  — Compuesto: agua.
  — El proceso es reversible.

Corriente fría

Entrada:
  — Presión: 35 kPa = 0.035 MPa
  — Flujo másico: 1.00 kg/s
  — Temperatura: 10 °C
  — Densidad: 1000 kg/m³
  — Altura respecto al suelo: 3 m
  — Velocidad: 2 m/s

Salida:
  — Presión: 35 kPa = 0.035 MPa
  — Flujo másico: 1.00 kg/s
  — Altura respecto al suelo: 2 m
  — Velocidad salida: 14 m/s

Generales:
  — Compuesto: agua.
  — El proceso es reversible.

Resolución del problema

Identificación del sistema, las fronteras y el alrededor

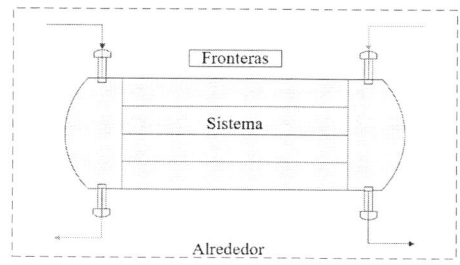

Figura 3.38. Identificación del sistema, las fronteras y el alrededor del intercambiador (ejercicio 3.2.2).

Planteamiento de los balances

$$\frac{dmU_{sis}}{dt} = \sum_{sal} \dot{m}_{sal} \left(U + PV + E_k + E_p \right)_{sal} - \sum_{ent} \dot{m}_{ent} \left(U + PV + E_k + E_p \right)_{ent} \pm \dot{Q} \pm \dot{W}$$

Corriente caliente

$$\dot{m}\left[\left(H_{sal} - H_{ent} \right) + \left(Ek_{sal} - Ek_{ent} \right) + \left(Ep_{sal} - Ep_{ent} \right) \right] = -\dot{Q}$$

$$\dot{m}\left(\Delta H + \Delta Ek + \Delta Ep \right) = -\dot{Q}$$

$$\dot{H} + \dot{Ek} + \dot{Ep} = -\dot{Q}$$

Corriente fría

$$\dot{m}\left[\left(H_{sal} - H_{ent} \right) + \left(Ek_{sal} - Ek_{ent} \right) + \left(Ep_{sal} - Ep_{ent} \right) \right] = \dot{Q}$$

$$\dot{m}\left(\Delta H + \Delta Ek + \Delta Ep \right) = \dot{Q}$$

$$\dot{H} + \dot{Ek} + \dot{Ep} = \dot{Q}$$

Corriente caliente

Entrada:

Si se revisa la tabla A-4 (Çengel y Boles, 2018), se constata que la temperatura de la corriente está por encima de la de equilibrio, por lo que se concluye que se encuentra en estado gaseoso con una calidad de 1. Con estos datos es posible conocer todas las propiedades del sistema dentro de la tabla A-6 (Çengel y Boles, 2018). Sin embargo, en la tabla A-6 no se reportan datos para una presión de 0.035 MPa y una temperatura de 86 °C, por lo que es necesario llevar a cabo una interpolación triple para estos datos. Se utilizó por triplicado la ecuación C-4 para obtener los siguientes valores:

— Volumen específico (V_{esp}) = 8.257 m³/kg
— Energía interna (U) = 2656.860 kJ/kg
— Entalpía (H) = 2492.163 kJ/kg

Con estos datos y despejando la ecuación C-9 del apéndice C, se obtiene un flujo volumétrico de 8.257 m³/s.

Salida:

Si se revisa la tabla A-4 (Çengel y Boles, 2018), se constata que la temperatura de la corriente está por debajo de la de equilibrio, por lo que se concluye que viene en estado líquido con una calidad de 0. Sin embargo, la presión de esta corriente es mucho menor que 5 MPa, por lo que no se puede consultar la tabla A-7 (Çengel y Boles, 2018) para obtener las propiedades termodinámicas. Cuando esto sucede, se lleva a cabo una aproximación de la interfase líquido-gas usando el dato de la temperatura. La temperatura de 30 °C viene en la tabla A-4 (Çengel y Boles, 2018), así que solo se hace lectura de los datos de equilibrio en la interfase líquido-gas. Los resultados son los siguientes:

— Volumen específico (V_{esp}) = 0.001004 m³/kg
— Entalpía (H) = 125.74 kJ/kg
— Energía interna (U) = 124.73 kJ/kg

Con estos datos y despejando la ecuación C-9 del apéndice C, se obtiene un flujo volumétrico de 0.001004 m³/s.

Se calcula el área de la entrada despejándola de la ecuación C-8, considerando que densidad y volumen son inversamente proporcionales, y de esta forma se puede calcular el diámetro, con valores de 0.826 m² para el área y un diámetro de entrada de 0.513 m. Se repite el mismo procedimiento para la salida. Se obtiene un área de 0.000201 m² y un diámetro de 0.008 m.

Se calcula la energía potencial y cinética de entrada y salida. Utilizando las ecuaciones de C-10 a C-10.2 para la energía cinética, en la entrada se cuenta con un valor de 0.050 kJ/kg, y en la salida, con uno de 0.013 kJ/kg. Utilizando las ecuaciones C-11 y C11.1 para la energía potencial, se cuenta en la entrada con un valor de 0.025 kJ/kg y con uno de 0.049 kJ/kg en la salida.

Una vez conseguidos estos valores, se calcula la carga térmica. De acuerdo con el balance de energía establecido anteriormente:

$$\dot{m}\left(\Delta H + \Delta EK + \Delta Ep\right) = -\dot{Q}$$

$$1\frac{kg}{s}\left[-2531.120\frac{kJ}{kg}\,0.038\frac{kJ}{kg}+0.025\frac{kJ}{kg}\right]=-\dot{Q}$$

$$\dot{Q} = 2531.133 \text{ kW}$$

Corriente fría

Primero, se calcula el área a la entrada y la salida de la misma forma que en la corriente caliente. Se obtienen valores de 0.0005 m² para el área y un diámetro de entrada de 0.013 m. Se repite el mismo procedimiento para la salida, y se obtienen un área de 0.321 m² y un diámetro de 0.320 m.

Se calcula la energía potencial y cinética de la entrada y la salida. Utilizando las ecuaciones de C-10 a C-10.2 para la energía cinética, en la entrada se cuenta con un valor de 0.020 kJ/kg, y en la salida, con uno de 0.098 kJ/kg. Utilizando las ecuaciones C-11 y C11.1 para la energía potencial, se cuenta en la entrada con un valor de 0.029 kJ/kg y con uno de 0.020 kJ/kg en la salida.

De acuerdo con las condiciones, a la entrada se cuenta con agua líquida y a la salida el estado aún es desconocido, pero se sabe que la temperatura debe ser necesariamente mayor que 10 °C.

Entrada:

Si se revisa la tabla A-4 (Çengel y Boles, 2018), se constata que la temperatura de la corriente está por debajo de la temperatura de equilibrio, por lo que se concluye que la corriente viene en estado líquido con una calidad de 0. Sin embargo, la presión de esta corriente es mucho menor que 5 MPa, por lo que no se puede consultar la tabla A-7 (Çengel y Boles, 2018) para obtener las propiedades termodinámicas. Cuando esto sucede, se lleva a cabo una aproximación de la interfase líquido-gas usando el dato de la temperatura. La temperatura de 10 °C viene en la tabla A-4 (Çengel y Boles, 2018), así que solo se hace una lectura de los datos de equilibrio en la interfase líquido-gas. Los resultados son los siguientes:

— Volumen específico (V_{esp}) = 0.001 m³/kg
— Energía interna (U) = 42.022 kJ/kg
— Entalpía (H) = 42.020 kJ/kg

Con estos datos y despejando la ecuación C-9 del apéndice C, se obtiene un flujo volumétrico de 0.001 m³/s.

Salida:

Debido a que se trabaja con sistemas ideales, una vez obtenida la entalpía de la corriente de entrada, a través del balance de energía es posible calcular la entalpía de la corriente de salida:

$$\dot{m}\left(\Delta H + \Delta EK + \Delta Ep\right) = -\dot{Q}$$

$$1\frac{kg}{s}\left[\left(H_{sal} - H_{ent}\right) + 0.096\frac{kJ}{kg} + \left(-0.010\frac{kJ}{kg}\right)\right] = 2531.133\,kW$$

$$H_{sal} = 42.022\frac{kJ}{kg} - 0.096\frac{kJ}{kg} - \left(-0.010\frac{kJ}{kg}\right) + 2531.133\,kW = 2573.069\frac{kJ}{kg}$$

Revisando la tabla A-5 (Çengel y Boles, 2018), se constata que no hay datos para la presión de 35 kPa, por lo que se necesita realizar una interpolación sencilla (a partir de la tabla C-3) para esa presión. Luego, se observa que, por el valor de entalpía conocido, el estado se encuentra en ELV, y la temperatura de equilibrio que le corresponde es de 72.475 °C. Posteriormente, es necesario encontrar la calidad para conocer las demás propiedades termodinámicas. Se utiliza la ecuación C-5 para obtener la calidad, y con la ecuación C-6 se obtienen las demás propiedades termodinámicas. Estos valores se muestran a continuación:

— Volumen específico (V_{esp}) = 0.001 m³/kg
— Energía interna (U) = 42.022 kJ/kg
— Entalpía (H) = 42.020 kJ/kg

Con estos datos y despejando la ecuación C-9 del apéndice C, se obtiene un flujo volumétrico de 4.498 m³/s.

Estos valores se resumen en la siguiente tabla:

	Entrada CC	**Salida CC**	**Entrada CF**	**Salida CF**
i	H_2O	H_2O	H_2O	H_2O
T (°C)	86.000	30.000	10.000	72.475
P (MPa)	0.035	0.035	0.035	0.035
Fase	gas	líquido	líquido	ELV
X	1.000	0.000	0.000	0.975
$\dot{m}$ (kg/s)	1.0	1.0	1.0	1.0
u (m³/s)	8.257	0.001004	0.001	4.498
D (m)	0.513	0.008	0.013	0.320
A (m²)	0.826	0.000201	0.000500	0.321
u (m³/s)	8.257	0.001	0.001	4.498
H (kJ/kg)	2656.860	125.74	42.022	2573.069
U (kJ/kg)	2492.163	125.73	42.020	2418.616
V_{esp} (m³/kg)	8.257	0.001004	0.001	4.498
ρ_{esp} (kg/m³)	0.121	996.016	1000.000	0.222
V (m/s)	10.000	5.000	2.000	14.000
Ek (kJ/kg)	0.050	0.013	0.00200	0.098
Z (m)	2.500	5.000	3.000	2.000
Ep (kJ/kg)	0.025	0.049	0.029	0.020

	Entrada CC	Salida CC	Entrada CF	Salida CF
ΔEk (kJ/kg)	-0.038		0.096	
ΔEp (kJ/kg)	0.025		-0.010	
ΔH (kJ/kg)	-2531.120		2531.047	
$\dot{Ek}$ (kW)	-0.038		0.276	
$\dot{Ep}$ (kW)	0.025		-0.010	
$\dot{H}$ (kW)	-2531.120		2531.047	
Q (kW)	-2531.133		2531.133	

Tabla 3.17. Resultados del balance de energía.

Gráfico de la trayectoria en un diagrama de temperatura-entalpía

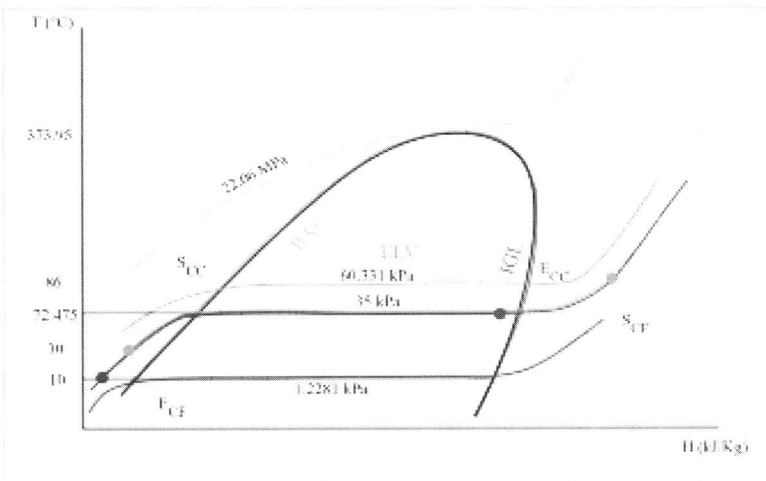

Figura 3.39. Trayectoria de las corrientes caliente y fría (ejercicio 3.2.2).

3.2.3. Energía degradada de un intercambiador de calor

En un intercambiador de calor entra refrigerante R-134a a una temperatura de 10 °C con una presión de 430 kPa, un flujo másico de 3.9925 kg/s, una velocidad de 5.4 m/s y una altura de 2.0 m. Sale a 41 °C con una velocidad de 8.2 m/s y una altura de 4.5 m. Entra agua a 270 °C con una presión de 569 kPa, un flujo másico de 1 kg/s, una velocidad de 7.6 m/s y una altura de 3 m. Sale con calidad 0.7 a una velocidad de 4.3 m/s y una altura de 6 m con una caída de presión de 9 kPa. Determine la tasa de transferencia de calor y la entropía generada. Grafique la trayectoria de cada corriente en un diagrama de entalpía-entropía, para el R-134a y para H_2O.

Datos del problema

Corriente caliente

Entrada:
— Flujo másico: 1 kg/s
— Presión: 569 kPa = 0.569 MPa
— Temperatura: 270 °C
— Velocidad: 7.6 m/s
— Altura respecto al suelo: 3 m

Salida:
— Presión salida: 560 kPa = 0.560 MPa
— Flujo másico: 1 kg/s
— Calidad salida: 0.7
— Velocidad salida: 4.3 m/s
— Altura respecto al suelo salida: 6 m

Generales:
— Compuesto: agua.
— El proceso es reversible.

Corriente fría

Entrada:
— Temperatura: 10 °C
— Presión: 430 kPa = 0.430 MPa
— Flujo másico: 3.9925 kg/s
— Velocidad: 5.4 m/s
— Altura respecto al suelo: 2 m

Salida:
— Temperatura: 41 °C
— Velocidad: 8.2 m/s
— Altura respecto al suelo: 4.5 m

Generales:
— Compuesto: R-134a.
— El proceso es reversible

Resolución del problema

Identificación del sistema, las fronteras y el alrededor

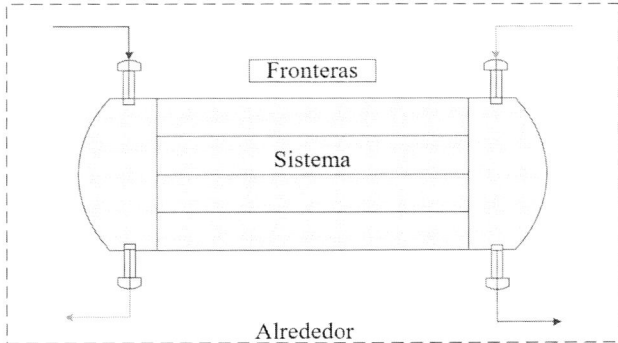

Figura 3.40. Identificación del sistema, las fronteras y el alrededor del intercambiador (ejercicio 3.2.3).

Planteamiento de los balances

Balance de energía:

$$\frac{dmU_{sis}}{dt} = \sum_{sal} \dot{m}_{sal}\ (U + PV + E_k + E_p)_{sal} - \sum_{ent} \dot{m}_{ent}\ (U + PV + E_k + E_p)_{ent} \pm \dot{Q} \pm \dot{W}$$

Corriente caliente

$$\dot{m}\left[\left(H_{sal} - H_{ent}\right) + \left(Ek_{sal} - Ek_{ent}\right) + \left(Ep_{sal} - Ep_{ent}\right)\right] = -\dot{Q}$$

$$\dot{m}\left(\Delta H + \Delta Ek + \Delta Ep\right) = -\dot{Q}$$

$$\dot{H} + \dot{E}k + \dot{E}p = -\dot{Q}$$

Corriente fría

$$\dot{m}\left[\left(H_{sal} - H_{ent}\right) + \left(Ek_{sal} - Ek_{ent}\right) + \left(Ep_{sal} - Ep_{ent}\right)\right] = \dot{Q}$$

$$\dot{m}\left(\Delta H + \Delta Ek + \Delta Ep\right) = \dot{Q}$$

$$\dot{H} + \dot{E}k + \dot{E}p = \dot{Q}$$

Balance de entropía:

$$\frac{d\left(mS_{sis}\right)}{dt} = \sum_{ent}\dot{m}_{ent}\dot{S}_{ent} - \sum_{sal}\dot{m}_{sal}\dot{S}_{sal} + \sum \frac{\dot{Q}}{T} + \dot{S}_{gen}$$

$$\dot{m}_{ent}\cdot S_{ent} - \dot{m}_{sal}\cdot S_{sal} + S_{gen} = 0$$

$$S_{gen} = \dot{m}\left(S_{sal} - S_{ent}\right)$$

Corriente caliente

Entrada:

Si se revisa la tabla A-4 (Çengel y Boles, 2018), se constata que la temperatura de la corriente está por encima de la de equilibrio, por lo que se concluye que viene en estado gas con una calidad de 1. Con estos datos es posible conocer todas las propiedades del sistema. Al consultar la tabla A-6 (Çengel y Boles, 2018) se observa que ni la presión ni la temperatura se encuentran en ella, por lo que se debe llevar a cabo una interpolación triple. El valor a interpolar es la temperatura de 270 °C a las presiones de 0.5 y 0.6 MPa, y por tanto los valores de la tabla utilizados son todas las propiedades termodinámicas correspondientes a las temperaturas de 250 y 300 °C. Posteriormente, con los valores obtenidos se interpola para la presión de 0.569 MPa. Los resultados son los siguientes:

— Volumen específico (V_{esp}) = 0.4937 m³/kg
— Energía interna (U) = 3000.315 kJ/kg 3002.44 kJ/kg
— Entalpía (H) = 2755.6 kJ/kg
— Entropía (S) = 7.287 kJ/kg K 7.3481 kJ/kg K

Con estos datos y despejando la ecuación C-9 del apéndice C, se obtiene un flujo volumétrico de 0.494 m³/s.

Salida:

El proceso en la salida se encuentra en ELV. De acuerdo con los datos del problema, esta corriente sale a 0.560 MPa y, al estar en ELV, tiene una calidad de 0.7. Se consulta la tabla A-5 (Çengel y Boles, 2018) y, haciendo uso de la ecuación C-3 para la interpolación y la C-6 para la propiedad en ELV (apéndice C), es posible conocer todas las propiedades termodinámicas de la salida. Los resultados son los siguientes:

— Calidad: 0.7
— Temperatura: 156.134 °C
— Volumen específico (V_{esp}) = 0.2364 m³/kg
— Entalpía (H) = 2124.82 kJ/kg
— Energía interna (U) = 1992.55 kJ/kg
— Entropía (S) = 5.319 kJ/kg K

Con estos datos y despejando la ecuación C-9 del apéndice C, se obtiene un flujo volumétrico de 0.236 m³/s.

Con el flujo másico y las velocidades de entrada y salida se calculan ambas áreas (utilizando la ecuación C-8), lo cual da como resultado 0.065 y 0.055 m² para entrada y salida, respectivamente. Los diámetros de entrada y salida son 0.288 y 0.265 m y se calculan con la fórmula de área de un círculo (utilizando la ecuación C-14).

Se calcula la energía cinética de entrada y salida. Para la entrada se cuenta con una energía cinética de 0.029 kJ/kg, y para la salida, de 9.25×10^{-3} kJ/kg (se utilizan las ecuaciones de C-10 a C-10.2).

Se calcula la energía potencial de entrada y salida. Para la entrada se cuenta con un valor de 0.029 kJ/kg, y para la salida, de 0.059 kJ/kg (se utilizan las ecuaciones C-11 y C-11.1).

Una vez conseguidos estos valores, se calcula la carga térmica. De acuerdo con el balance de energía establecido anteriormente:

$$\dot{m}\left(\Delta H + \Delta EK + \Delta Ep\right) = -\dot{Q}$$

$$1\frac{kg}{s}\left[\left(2124.82\frac{kJ}{kg} - 3000.315\frac{kJ}{kg}\right) + \left(9.25x10^{-3}\frac{kJ}{kg} - 0.029\frac{kJ}{kg}\right) + (0.059\frac{kJ}{kg} - 0.029\frac{kJ}{kg}\right] = -\dot{Q}$$

$$\dot{Q} = 875.48\,kW$$

Corriente fría

Entrada:

Si se revisa la tabla A-11 (Çengel y Boles, 2018), se constata que la temperatura de la corriente está por debajo de la de equilibrio, por lo que se concluye que viene en estado líquido con una calidad de 0. Sin embargo, no existen tablas en estado líquido para el componente R-134a. Cuando esto sucede, se aproxima la interfase líquido-gas usando el dato de la temperatura. La temperatura de 10 °C sí se encuentra en la tabla A-11 (Çengel y Boles, 2018), por lo que se hace una lectura de las propiedades termodinámicas en la interfase líquido-gas.

- Volumen específico (V_{esp}) = 0.000793 m³/kg
- Energía interna (U) = 65.43 kJ/kg
- Entalpía (H) = 65.1 kJ/kg
- Entropía (S) = 0.2529 kJ/kg K

Con estos datos y despejando la ecuación C-9 del apéndice C, se obtiene un flujo volumétrico de 0.222 m³/s.

Salida:

Se considera un proceso isobárico, así que se mantiene la presión de entrada, 0.43 MPa. Si se revisa la tabla A-11 (Çengel y Boles, 2018), se constata que la temperatura de la corriente está por encima de la de equilibrio, por lo que se concluye que viene en estado gaseoso con una calidad de 1. Se efectuó una interpolación sencilla para el valor de temperatura de 41 °C utilizando la tabla correspondiente a las presiones de 0.4 y 0.5 MPa. Con los valores obtenidos, se hizo una interpolación para la presión de 0.43 MPa. Es decir, se llevó a cabo una interpolación triple para la presión de 0.43 MPa y 41 °C, tomando en cuenta las tablas para las presiones de 0.4 y 0.5 MPa.

— Volumen específico (V_{esp}) = 0.0056 m³/kg
— Energía interna (U) = 284.69 kJ/kg
— Entalpía (H) = 261.02 kJ/kg
— Entropía (S) = 1.01979 kJ/kg K

Con estos datos y despejando la ecuación C-9 del apéndice C, se obtiene un flujo volumétrico de 0.003 m³/s.

Con el flujo másico y las velocidades de entrada y salida se calculan ambas áreas (utilizando la ecuación C-8), lo cual da como resultado 0.001 y 0.027 m² para entrada y salida, respectivamente. Los diámetros de entrada y salida son 0.027 y 0.186 m y se calculan con la fórmula de área de un círculo (ecuación C-14).

Se calcula la energía cinética de entrada y salida. Para la entrada se cuenta con una energía cinética de 1.46×10^{-2} kJ/kg, y para la salida, de 0.034 kJ/kg (se utilizan las ecuaciones de C-10 a C-10.2).

Se calcula la energía potencial de entrada y salida. Para la entrada se cuenta con un valor de 0.020 kJ/kg, y para la salida, de 0.044 kJ/kg (se utilizan las ecuaciones C-11 y C-11.1).

$$\dot{m}\left(\Delta H + \Delta EK + \Delta Ep\right) = \dot{Q}$$

$$3.9925\frac{kg}{s}\left[\left(284.69\frac{kJ}{kg} - 65.43\frac{kJ}{kg}\right) + \left(0.034\frac{kJ}{kg} - 1.46x10^{-2}\frac{kJ}{kg}\right) + \left(0.044\frac{kJ}{kg} - 0.020\frac{kJ}{kg}\right)\right] = \dot{Q}$$

$$3.9925\frac{kg}{s}\left[\left(219.26\frac{kJ}{kg}\right) + \left(0.019\frac{kJ}{kg}\right) + \left(0.025\frac{kJ}{kg}\right)\right] = 875.564\,kW$$

$$875.564\,kW \approx 875.48\,kW$$

La entropía generada es:

$$S_{gen} = (S_{sal} - S_{ent})_{CC}\, \dot{m}_{CC} + (S_{sal} - S_{ent})_{CF}\, \dot{m}_{CF}$$

$$S_{gen} = \Delta S_{CC} \dot{m}_{CC} + \Delta S_{CC} \dot{m}_{CF}$$

$$S_{gen} = \dot{S}_{CC} + \dot{S}_{CF}$$

$$S_{gen} = 3.062\, \frac{kW}{K} - 1.968\, \frac{kW}{K} = 1.094\, \frac{kW}{K}$$

La tasa de transferencia de calor es de 875.390 kW y la entropía generada es de 1.094 kW/K.

Estos valores se resumen en la siguiente tabla:

	Entrada CC	Salida CC	Entrada CF	Salida CF
i	H_2O	H_2O	R-134a	R-134a
T (°C)	270.000	156.134	10.000	41.000
P (MPa)	0.569	0.560	0.430	0.430
Fase	gas	ELV	líquido	gas
X	1.000	0.700	0.000	1.000
$\dot{m}$ (kg/s)	1.000	1.000	3.9925	3.9925
d (m)	0.288	0.265	0.027	0.186
A (m²)	0.065	0.055	0.001	0.027
u (m³/s)	0.494	0.236	0.003	0.222
S (kJ/kg K)	7.287	5.319	0.25286	1.020
H (kJ/kg)	3000.315	2124.8196	65.43	284.689
U (kJ/kg)	2755.600	1992.5576	65.1	261.020
V_{esp} (m³/kg)	0.493702	0.23637494	0.000793	0.056
ρ_{esp} (kg/m³)	2.026	4.231	1261.034	17.962
V (m/s)	7.600	4.300	5.400	8.200
Ek (kJ/kg)	0.029	9.25E-03	1.46E-02	0.034
Z (m)	3.000	6.000	2.000	4.500
Ep (kJ/kg)	0.029	0.059	0.020	0.044
ΔEk (kJ/kg)	−0.020		0.019	
ΔEp (kJ/kg)	0.029		0.025	
ΔH (kJ/kg)	−875.495		219.259	
ΔS (kJ/kg K)	−1.968		0.767	
$\dot{E}k$ (kW)	−0.020		0.076	
$\dot{E}p$ (kW)	0.029		0.098	
$\dot{H}$ (kW)	−875.495		875.390	
Q (kW)	−875.485		875.564	

Tabla 3.18. Resultados del balance de energía y entropía.

Gráfico de la trayectoria en un diagrama de temperatura-entalpía

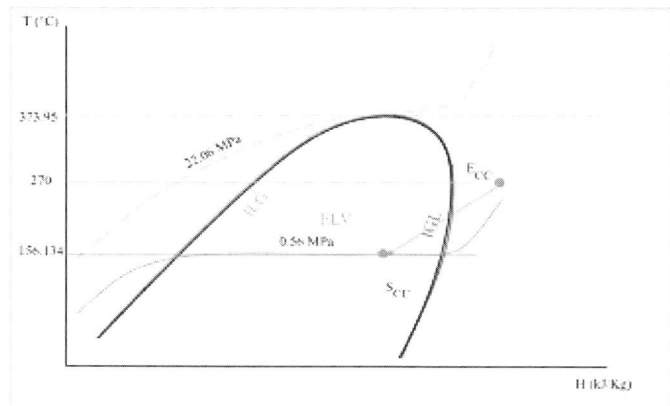

Figura 3.41. Trayectoria de la corriente caliente de agua (ejercicio 3.2.3).

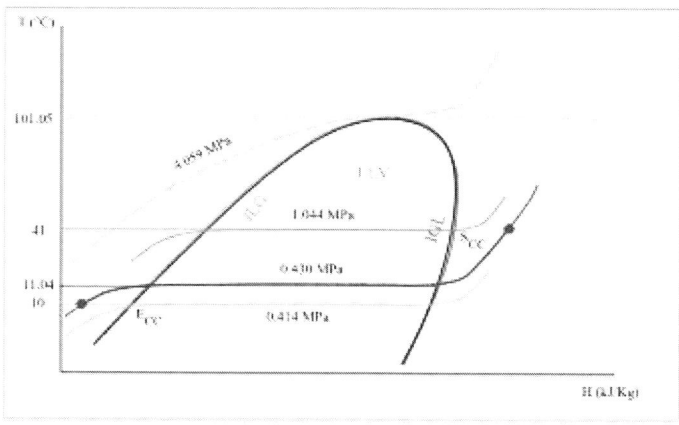

Figura 3.42. Trayectoria de la corriente fría de refrigerante (ejercicio 3.2.3).

3.2.4. Intercambiador de calor que opera con agua y dióxido de carbono

En un intercambiador de calor entra agua a una temperatura de 150 °C con una presión de 0.365 MPa y sale a una temperatura de 100 °C con una presión de 0.270 MPa, con un flujo másico de 0.800 kg/s, un diámetro de 500 cm y una altura de 5.6 m. Tiene una altura de salida de 4.5 metros, un diámetro de 640 cm y una velocidad de entrada de 3.4 m/s y de salida de 3.2 m/s.

Por otra parte, entra agua a 80 °C con una presión de 0.237 MPa, un flujo másico de 1.102 kg/s, un diámetro de 22 cm, una velocidad de 6.2 m/s y una altura de 1.65 m. Sale a una temperatura de 120 °C con una presión de 0.237 MPa, un diámetro de

400 cm, una velocidad de 4.5 m/s y una altura de 3.2 m. Determine la entropía generada y la exergía destruida, así como la eficiencia.

Datos del problema

Corriente caliente

Entrada:
- — Flujo másico: 0.80 kg/s
- — Presión: 365 kPa = 0.365 MPa
- — Temperatura: 150 °C
- — Diámetro: 500 cm = 0.5 m
- — Velocidad: 3.4 m/s
- — Altura respecto al suelo: 5.6 m

Salida:
- — Presión: 270 kPa = 0.270 MPa
- — Temperatura: 100 °C
- — Diámetro: 640 cm = 0.64 m
- — Velocidad: 3.2 m/s
- — Altura respecto al suelo: 4.5 m

Generales:
- — Compuesto: agua.

Corriente fría

Entrada:
- — Presión: 0.237 MPa
- — Temperatura: 80 °C
- — Flujo másico: 1.102 kg/s
- — Velocidad: 6.2 m/s
- — Altura respecto al suelo: 1.65 m
- — Diámetro: 22 cm = 0.022 m

Salida:
- — Temperatura: 120 °C
- — Presión: 0.237 MPa
- — Velocidad: 4.5 m/s
- — Altura respecto al suelo: 3.2 m
- — Diámetro: 400 cm = 0.40 m

Generales:
- — Compuesto: agua.

Resolución del problema

Identificación del sistema, las fronteras y el alrededor

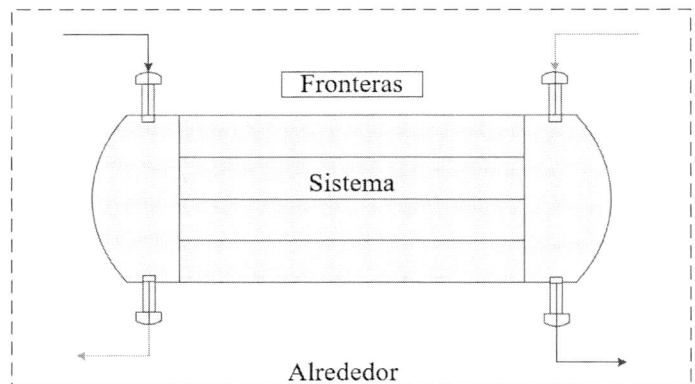

Figura 3.43. Identificación del sistema, las fronteras y el alrededor del intercambiador (ejercicio 3.2.4).

Planteamiento de los balances

$$\frac{dmU_{sis}}{dt} = \sum_{sal} \dot{m}_{sal} \ (U + PV + E_k + E_p)_{sal} - \sum_{ent} \dot{m}_{ent} \ (U + PV + E_k + E_p)_{ent} \pm \dot{Q} \pm \dot{W}$$

Corriente caliente

$$\dot{m}\left[\left(H_{sal} - H_{ent}\right) + \left(Ek_{sal} - Ek_{ent}\right) + \left(Ep_{sal} - Ep_{ent}\right)\right] = -\dot{Q}$$

$$\dot{m}\left(\Delta H + \Delta Ek + \Delta Ep\right) = -\dot{Q}$$

$$\dot{H} + \dot{Ek} + \dot{Ep} = -\dot{Q}$$

Corriente fría

$$\dot{m}\left[\left(H_{sal} - H_{ent}\right) + \left(Ek_{sal} - Ek_{ent}\right) + \left(Ep_{sal} - Ep_{ent}\right)\right] = \dot{Q}$$

$$\dot{m}\left(\Delta H + \Delta Ek + \Delta Ep\right) = \dot{Q}$$

$$\dot{H} + \dot{Ek} + \dot{Ep} = \dot{Q}$$

Balance de entropía

$$\frac{d\left(mS_{sis}\right)}{dt} = \sum_{ent} \dot{m}_{ent}\dot{S}_{ent} - \sum_{sal} \dot{m}_{sal}\dot{S}_{sal} + \sum \frac{Q}{T} + \dot{S}_{gen}$$

$$\dot{m}_{ent} \cdot S_{ent} - \dot{m}_{sal} \cdot S_{sal} + S_{gen} + \frac{Q}{T} = 0$$

$$S_{gen} = \dot{m}\left(S_{sal} - S_{ent}\right) - \frac{Q}{T}$$

Corriente caliente

Entrada:

Si se revisa la tabla A-4 (Çengel y Boles, 2018), se constata que la temperatura de la corriente está por debajo de la de equilibrio, por lo que se concluye que viene en estado líquido con una calidad de 0. Sin embargo, la presión de esta corriente es mucho menor que 5 MPa, por lo que no se puede consultar la tabla A-7 (Çengel y Boles, 2018) para obtener las propiedades termodinámicas. Cuando esto sucede, se aproxima la interfase líquido-gas usando el dato de la temperatura. La temperatura de 145 °C sí viene en la tabla A-4 (Çengel y Boles, 2018), así que simplemente se hace una lectura de propiedades en relación con la ILG. Los resultados son los siguientes:

— Volumen específico (V_{esp}) = 0.001085 m³/kg
— Energía interna (U) = 610.64 kJ/kg
— Entalpía (H) = 610.19 kJ/kg
— Entropía (S) = 1.791 kJ/kg K

Salida:

Para la corriente de salida, se efectúa el mismo procedimiento que para la corriente de entrada, puesto que se encuentra en fase líquida, a menos de 5 MPa de presión, y la temperatura de 100 °C se encuentra dentro de la tabla A-4 (Çengel y Boles, 2018).

— Temperatura: 100 °C
— Volumen específico (V_{esp}) = 0.001043 m³/kg
— Entalpía (H) = 419.17 kJ/kg
— Energía interna (U) = 419.06 kJ/kg
— Entropía (S) = 1.307 kJ/kg-K

Con los diámetros se calculan ambas áreas, lo cual da como resultado 0.196 y 0.322 m² para entrada y salida, respectivamente (utilizando la ecuación C-14).

Se calcula la energía cinética de entrada y salida. Para la entrada se cuenta con una energía cinética de 0.00578 kJ/kg, y para la salida, de 0.00512 kJ/kg (se utilizan las ecuaciones de C-10 a C-10.2).

Se calcula la energía potencial de entrada y salida. Para la entrada se cuenta con un valor de 0.055 kJ/kg, y para la salida, de 0.044 kJ/kg (se utilizan las ecuaciones C-11 y C-11.1).

Se resuelve el balance de energía para la corriente:

$$\dot{m}\left(\Delta H + \Delta EK + \Delta Ep\right) = -\dot{Q}$$

$$0.8\frac{kg}{s}\left[\left(-191.47\frac{kJ}{kg}\right)+\left(-0.001\frac{kJ}{kg}\right)+(-0.011\frac{kJ}{kg})\right]=-\dot{Q}$$

$$\dot{Q} = -153.193\,kW$$

Corriente fría

Entrada:

De acuerdo con los datos de entrada, el estado inicial es líquido, mientras que la corriente de salida se encuentra igualmente en fase líquida.

Para la entrada, al estar en fase líquida, se efectúa el mismo procedimiento que para la entrada y la salida de la corriente caliente, por aproximación de la interfase líquido-gas usando el dato de la temperatura. La temperatura de 80 °C sí viene en la tabla A-4 (Çengel y Boles, 2018), así que simplemente se hace una lectura de propiedades en relación con la ILG. Los resultados son los siguientes:

- Volumen específico (V_{esp}) = 0.001029 m³/kg
- Energía interna (U) = 225.020 kJ/kg
- Entalpía (H) = 334.97 kJ/kg
- Entropía (S) = 1.076 kJ/kg K

Salida:

Se considera que el proceso es isobárico, por lo que la presión de salida es la misma que la presión de entrada. Se aplica lo mismo que en las otras tres corrientes y se aproxima la interfase líquido-gas por medio del valor de temperatura. Se obtiene lo siguiente:

- Temperatura: 120 °C
- Volumen específico (V_{esp}) = 0.001060 m³/kg
- Entalpía (H) = 503.81 kJ/kg
- Energía interna (U) = 503.60 kJ/kg
- Entropía (S) = 1.528 kJ/kg K

Con los diámetros se calculan ambas áreas, lo cual da como resultado 0.000380 y 0.126 m² para entrada y salida, respectivamente (utilizando la ecuación C-14). Se calcula la energía cinética de entrada y salida. Para la entrada se cuenta con una energía cinética de 0.01922 kJ/kg, y para la salida, de 0.01013 kJ/kg (se consultan las ecuaciones de C-10 a C-10.2).

Se calcula la energía potencial de entrada y salida. Para la entrada se cuenta con un valor de 0.016 kJ/kg, y para la salida, de 0.031 kJ/kg (consultando las ecuaciones C-11 y C-11.1).

Se resuelve el balance de energía para la corriente:

$$\dot{m}\left(\Delta H + \Delta EK + \Delta Ep\right) = \dot{Q}$$

$$1.102\frac{\text{kg}}{\text{s}}\left[\left(-168.79\frac{\text{kJ}}{\text{kg}}\right) + \left(-0.009\frac{\text{kJ}}{\text{kg}}\right) + \left(-0.015\frac{\text{kJ}}{\text{kg}}\right)\right] = 186.013\,\text{kW}$$

$$153.193\,\text{kW} \neq 186.013\,\text{kW}$$

La entropía generada es:

$$S_{gen} = (S_{sal} - S_{ent})_{CC}\,\dot{m}_{CC} + (S_{sal} - S_{ent})_{CF}\,\dot{m}_{CF}$$

$$S_{gen} = \Delta S_{CC}\,\dot{m}_{CC} + \Delta S_{CC}\,\dot{m}_{CF}$$

$$S_{gen} = \dot{S}_{CC} + \dot{S}_{CF}$$

$$S_{gen} = -0.387\frac{\text{kW}}{\text{K}} + 0.498\frac{\text{kW}}{\text{K}} = 0.112\frac{\text{kW}}{\text{K}}$$

Energía degradada del alrededor:

$$X_{destruida} = T_0 \cdot S_{gen} = 298.15\,\text{K}\cdot 0.112\frac{\text{kW}}{\text{K}} = 33.26\,\text{kW}$$

La entropía generada es de 0.112 kW/K; la exergía destruida es de 33.26 kW.

Estos valores se resumen en la siguiente tabla:

	Entrada CC	Salida CC	Entrada CF	Salida CF
i	H_2O	H_2O	H_2O	H_2O
T (°C)	145.000	100.000	80.000	120.000
P (MPa)	0.365	0.270	0.237	0.237
Fase	líquido	líquido	líquido	líquido
X	0.000	0.000	0.000	0.000
$\dot{m}$ (kg/s)	0.800	0.800	1.102	1.102
d (m)	0.500	0.640000	0.022	0.400
A (m²)	0.196	0.322	0.000380	0.1257
u (m³/s)	0.001	0.0008	0.001	0.001
S (kJ/kg K)	1.791	1.307	1.076	1.528
H (kJ/kg)	610.640	419.170	335.020	503.810
U (kJ/kg)	610.190	419.060	334.970	503.600
V_{esp} (m³/kg)	0.001085	0.001043	0.001029	0.001060
ρ_{esp} (kg/m³)	921.659	958.773	971.817	943.396
V (m/s)	3.400	3.200	6.200	4.500
Ek (kJ/kg)	0.00578	0.00512	0.01922	0.01013
Z (m)	5.600	4.500	1.650	3.200
Ep (kJ/kg)	0.055	0.044	0.016	0.031
ΔEk (kJ/kg)	−0.001		−0.009	
ΔEp (kJ/kg)	−0.011		0.015	
ΔH (kJ/kg)	−191.470		168.790	
ΔS (kJ/kg K)	−0.484		0.452	
$\dot{Ek}$ (kW)	−0.001		−0.010	
$\dot{Ep}$ (kW)	−0.009		0.017	
$\dot{H}$ (kW)	−153.176		186.007	
Q (kW)	−153.185		186.013	
S (kJ/s K	−0.387		0.498	

Tabla 3.19. Resultados del balance de energía y entropía.

Gráfico de la trayectoria en un diagrama de temperatura-entalpía

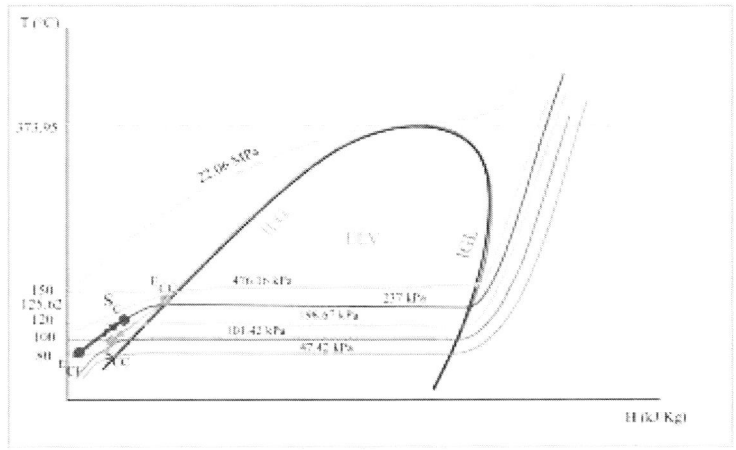

Figura 3.44. Trayectoria de la corriente caliente de agua (ejercicio 3.2.4).

3.3. Análisis del comportamiento de intercambiadores de calor

3.3.1. Intercambiador de calor que opera con agua a diferentes presiones

En un intercambiador de calor entra agua a 200 °C y una presión de 450 kPa, con un flujo másico de 2.4 kg/s, un diámetro de 0.6 m, una velocidad de 5.3 m/s y una altura de 3.7 m. Sale a una temperatura de 180 °C y una presión de 300 kPa, con un diámetro de 900 cm, una velocidad de 3.2 m/s y una altura de 4.5 m. Por otro lado, entra agua a una temperatura de 50 °C con una presión de 305 kPa, un diámetro de 22 cm, una velocidad de 4.3 m/s y una altura de 2.3 m. Esta corriente sale a 106 °C, con un diámetro de 0.4 m, una velocidad de 3.5 m/s y una altura de 4.5 m. Determine la exergía destruida por el sistema. Grafique la trayectoria de cada corriente en un diagrama de temperatura-entalpía.

Datos del problema
Corriente caliente

Entrada:
- Flujo másico: 2.4 kg/s
- Presión: 450 kPa = 0.45 MPa
- Temperatura: 200 °C
- Diámetro: 600 cm = 0.6 m
- Velocidad: 5.3 m/s
- Altura respecto al suelo: 3.7 m

Salida:

— Presión: 300 kPa = 0.300 MPa
— Temperatura: 180 °C
— Diámetro: 900 cm = 0.9 m
— Velocidad: 3.2 m/s
— Altura respecto al suelo: 4.5 m

Generales:

— Compuesto: agua.

Corriente fría

Entrada:

— Presión: 0.305 MPa
— Temperatura: 50 °C
— Flujo másico: 0.38268 kg/s
— Velocidad: 4.3 m/s
— Altura respecto al suelo: 2.3 m
— Diámetro: 22cm = 0.022 m

Salida:

— Temperatura: 106 °C
— Velocidad: 3.5 m/s
— Altura respecto al suelo: 4.5 m
— Diámetro: 400 cm = 0.40 m

Generales:

— Compuesto: agua.

Resolución del problema

Identificación del sistema, las fronteras y el alrededor

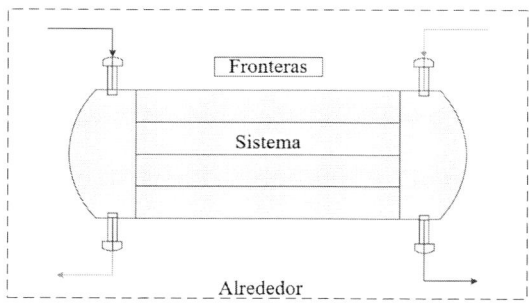

Figura 3.45. Identificación del sistema, las fronteras y el alrededor del intercambiador (ejercicio 3.3.1).

Planteamiento de los balances

$$\frac{dmU_{sis}}{dt} = \sum_{sal} \dot{m}_{sal} \ (U + PV + E_k + E_p)_{sal} - \sum_{ent} \dot{m}_{ent} \ (U + PV + E_k + E_p)_{ent} \pm \dot{Q} \pm \dot{W}$$

Corriente caliente

$$\dot{m}\left[\left(H_{sal} - H_{ent}\right) + \left(Ek_{sal} - Ek_{ent}\right) + \left(Ep_{sal} - Ep_{ent}\right)\right] = -\dot{Q}$$

$$\dot{m}\left(\Delta H + \Delta Ek + \Delta Ep\right) = -\dot{Q}$$

$$\dot{H} + \dot{Ek} + \dot{Ep} = -\dot{Q}$$

Corriente fría

$$\dot{m}\left[\left(H_{sal} - H_{ent}\right) + \left(Ek_{sal} - Ek_{ent}\right) + \left(Ep_{sal} - Ep_{ent}\right)\right] = \dot{Q}$$

$$\dot{m}\left(\Delta H + \Delta Ek + \Delta Ep\right) = \dot{Q}$$

$$\dot{H} + \dot{Ek} + \dot{Ep} = \dot{Q}$$

Balance de entropía

$$\frac{d\left(mS_{sis}\right)}{dt} = \sum_{ent} \dot{m}_{ent}\dot{S}_{ent} - \sum_{sal} \dot{m}_{sal}\dot{S}_{sal} + \sum \frac{Q}{T} + \dot{S}_{gen}$$

$$\dot{m}_{ent} \cdot S_{ent} - \dot{m}_{sal} \cdot S_{sal} + S_{gen} + \frac{Q}{T} = 0$$

$$S_{gen} = \dot{m}\left(S_{sal} - S_{ent}\right) - \frac{Q}{T}$$

Corriente caliente

Entrada:

Se empieza obteniendo las propiedades a la entrada y la salida de la corriente caliente. Si se revisa la tabla A-4 (Çengel y Boles, 2018), se constata que la temperatura de la corriente está por encima de la de equilibrio, por lo que se concluye que viene en estado gaseoso con una calidad de 1. Por lo tanto, las propiedades termodinámicas deben ser obtenidas a partir de la tabla A-6 (Çengel y Boles, 2018). Se observa que en ella no se reportan datos para la presión 0.45 MPa, pero sí hay datos para 0.40 y 0.50 MPa, a 200 °C en ambos casos. Se lleva a cabo una interpolación sencilla (utilizando la ecuación C-3) y se obtienen los siguientes valores:

- — Volumen específico (V_{esp}) = 0.480 m³/kg
- — Entalpía (H) = 2858.35 kJ/kg
- — Energía interna (U) = 2645.25 kJ/kg
- — Entropía (S) = 7.117 kJ/kg K

Salida:

Para la salida, de igual manera, se consulta la tabla A-4 (Çengel y Boles, 2018). Se constata que la temperatura de la corriente está por encima de la de equilibrio, por lo que se concluye que se encuentra en fase gaseosa con una calidad de 1. Por lo tanto, las propiedades termodinámicas deben ser obtenidas a partir de la tabla A-6 (Çengel y Boles, 2018). Se lleva a cabo una interpolación sencilla (utilizando la ecuación C-4) en relación con la presión de 0.30 MPa para la temperatura de 180 °C y se obtienen los siguientes resultados:

- — Temperatura: 180 °C
- — Volumen específico (V_{esp}) = 0.6835 m³/kg
- — Entalpía (H) = 2824.02 kJ/kg
- — Energía interna (U) = 2619.0 kJ/kg
- — Entropía (S) = 7.22 kJ/kg K

Con los diámetros se calculan ambas áreas, lo cual da como resultado 0.283 y 0.636 m² para entrada y salida, respectivamente (utilizando la ecuación C-14).

Se calcula la energía cinética de entrada y salida. Para la entrada se cuenta con una energía cinética de 3.6 kJ/kg, y para la salida, de 0.00512 kJ/kg (se consultan las ecuaciones de C-10 a C-10.2).

Se calcula la energía potencial de entrada y salida. Para la entrada se cuenta con un valor de 0.036 kJ/kg, y para la salida, de 0.044 kJ/kg (se consultan las ecuaciones C-11 y C-11.1).

Se resuelve el balance de energía para la corriente:

$$\dot{m}\left(\Delta H + \Delta EK + \Delta Ep\right) = -\dot{Q}$$

$$2.4\,\frac{kg}{s}\left[\left(-34.330\,\frac{kJ}{kg}\right) + \left(-3.595\,\frac{kJ}{kg}\right) + \left(-0.008\,\frac{kJ}{kg}\right)\right] = -\dot{Q}$$

$$\dot{Q} = -91.001\,kW$$

Corriente fría

Entrada:

Si se revisa la tabla A-4 (Çengel y Boles, 2018), se constata que la temperatura de la corriente está por debajo de la de equilibrio, por lo que se concluye que viene en estado líquido con una calidad de 0. Sin embargo, la presión de esta corriente es mucho menor que 5 MPa, por lo que no se puede consultar la tabla A-7 (Çengel y Boles, 2018) para obtener las propiedades termodinámicas. Cuando esto sucede, se aproxima la interfase líquido-gas usando el dato de la temperatura. La temperatura de 50 °C sí se encuentra dentro de la tabla, por lo que solo se hace una lectura de las propiedades termodinámicas en relación con la interfase líquido-gas. Los resultados son los siguientes:

- Volumen específico (V_{esp}) = 0.001012 m³/kg
- Energía interna (U) = 209.34 kJ/kg
- Entalpía (H) = 209.33 kJ/kg
- Entropía (S) = 0.074 kJ/kg K

Salida:

Como no se menciona presión de salida, se considera que el proceso es isobárico. Si se revisa la tabla A-4 (Çengel y Boles, 2018), se constata que la temperatura de la corriente está por debajo de la de equilibrio, por lo que se concluye que viene en estado líquido con una calidad de 0. Se lleva a cabo el mismo proceso que en la entrada de la corriente fría. Sin embargo, la temperatura de 106 °C no se encuentra dentro de la tabla, por lo que se efectúa una interpolación sencilla (utilizando la ecuación C-4) y los datos obtenidos son los siguientes:

- Temperatura: 106 °C
- Volumen específico (V_{esp}) = 0.001048 m³/kg
- Entalpía (H) = 444.508 kJ/kg
- Energía interna (U) = 444.374 kJ/kg
- Entropía (S) = 1.374 kJ/kg K

Con los diámetros se calculan ambas áreas, lo cual da como resultado 0.000380 y 0.126 m² para entrada y salida, respectivamente (utilizando la ecuación C-14).

Se calcula la energía cinética de entrada y salida. Para la entrada se cuenta con una energía cinética de 9.25X10^{-3} kJ/kg, y para la salida, de 6.13X10^{-3} kJ/kg (se consultan las ecuaciones de C-10 a C-10.2).

Se calcula la energía potencial de entrada y salida. Para la entrada se cuenta con un valor de 0.023 kJ/kg, y para la salida, con uno de 0.044 kJ/kg (consultando las ecuaciones C-11 y C-11.1).

Se resuelve el balance para la corriente:

$$\dot{m}\left(\Delta H + \Delta EK + \Delta Ep\right) = \dot{Q}$$

$$0.38268\frac{kg}{s}\left[\left(235.168\frac{kJ}{kg}\right)+\left(-0.003\frac{kJ}{kg}\right)+\left(0.022\frac{kJ}{kg}\right)\right] = 91.001\,kW$$

$$91.001\,kW = 91.001\,kW$$

La entropía generada es:

$$S_{gen} = (S_{sal} - S_{ent})_{CC}\,\dot{m}_{CC} + (S_{sal} - S_{ent})_{CF}\,\dot{m}_{CF}$$

$$S_{gen} = \Delta S_{CC}\,\dot{m}_{CC} + \Delta S_{CC}\,\dot{m}_{CF}$$

$$S_{gen} = \dot{S}_{CC} + \dot{S}_{CF}$$

$$S_{gen} = 0.247\frac{kW}{K} + 0.247\frac{kW}{K} = 0.504\frac{kW}{K}$$

Energía degradada del alrededor:

$$X_{destruida} = T_0 \cdot S_{gen} = 298.15K \cdot 0.504\frac{kW}{K} = 150.189\,kW$$

La entropía generada es de 0.504 kW/K; la exergía destruida es de 150.189 kW.

Estos valores se resumen en la siguiente tabla:

	Entrada CC	Salida CC	Entrada CF	Salida CF
i	H_2O	H_2O	H_2O	H_2O
T (°C)	200.000	180.000	50.000	106.000
P (MPa)	0.450	0.300	0.305	0.305
Fase	gas	gas	líquido	líquido
X	1.000	1.000	0.000	0.000
$\dot{m}$ (kg/s)	2.400	2.400	0.383	0.383
d (m)	0.600	0.900	0.022	0.400
A (m²)	0.283	0.636	3.80E-04	1.26E-01
u (m³/s)	1.151	1.6403	0.000	0.000
S (kJ/kg K)	7.117	7.220	0.704	1.374
H (kJ/kg)	2858.350	2824.020	209.340	444.508
U (kJ/kg)	2645.250	2619.000	209.330	444.374

	Entrada CC	Salida CC	Entrada CF	Salida CF
V_{esp} (m³/kg)	0.480	0.6835	1.012E-03	0.001
ρ_{esp} (kg/m³)	2.085	1.463	988.142	954.198
V (m/s)	5.300	3.200	4.300	3.500
Ek (kJ/kg)	3.60000	0.00512	9.25E-03	6.13E-03
Z (m)	3.700	4.500	2.300	4.500
Ep (kJ/kg)	0.036	0.044	0.023	0.044
ΔEk (kJ/kg)	−3.595		−0.003	
ΔEp (kJ/kg)	0.008		0.022	
ΔH (kJ/kg)	−34.330		235.168	
ΔS (kJ/kg K)	0.103		0.671	
$\dot{Ek}$ (kW)	−8.628		−0.001	
$\dot{Ep}$ (kW)	0.019		0.008	
$\dot{H}$ (kW)	−82.392		89.994	
Q (kW)	−91.001		90.001	
S (kJ/s K)	0.247		0.257	

Tabla 3.20. Resultados del balance de energía y entropía.

Gráfico de la trayectoria en un diagrama de temperatura-entalpía

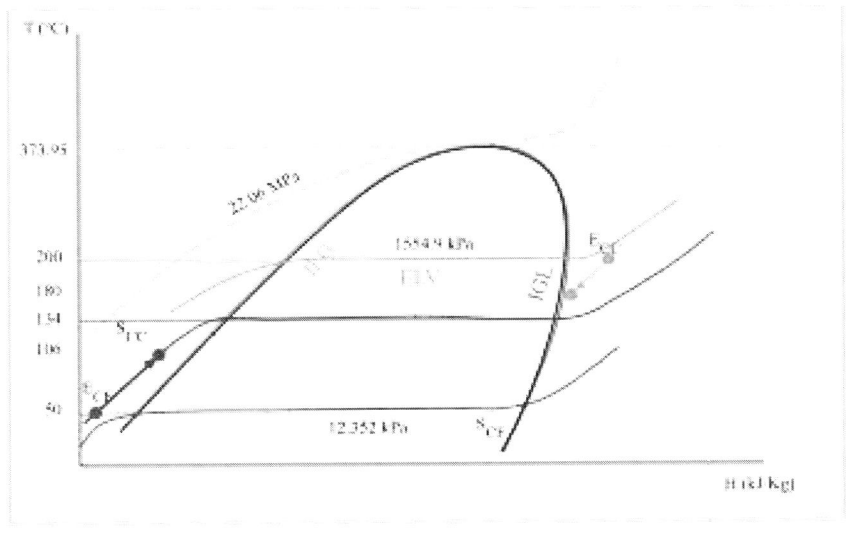

Figura 3.46. Trayectoria de la corriente caliente de agua (ejercicio 3.3.1).

3.3.2. Intercambiador de calor que opera con R-134a a diferentes presiones

En un intercambiador de calor entra agua a 130 °C a una presión de 550 kPa, con un flujo másico de 1 kg/s, un diámetro de 600 cm, una velocidad de 3.4 m/s y una altura de 5.6 m. Esta corriente sale a 70 °C, con un diámetro de 0.9 m, 3.2 m/s de velocidad y 4.5 metros de altura. Entra dióxido de carbono a 1°C y a una presión de 1 MPa, con un flujo másico de 10.11 kg/s, un diámetro de 500 cm, una velocidad de 8 m/s y una altura de 5.8 m. Sale a 30 °C con un diámetro de 340 cm, una velocidad de 6.5 m/s y una altura de 6.4 m. Determine la transferencia de calor del sistema. Grafique la trayectoria de las corrientes de agua en un diagrama de temperatura-entalpía.

Datos del problema

Corriente caliente

Entrada:
— Flujo másico: 1 kg/s
— Presión: 550 kPa = 0.55 MPa
— Temperatura: 130 °C
— Diámetro: 600 cm = 0.6 m
— Velocidad: 3.4 m/s
— Altura respecto al suelo: 5.6 m

Salida:
— Temperatura: 70 °C
— Diámetro: 900 cm = 0.9 m
— Velocidad: 8.3 m/s
— Altura respecto al suelo: 7.8 m

Generales:
— Compuesto: agua.

Corriente fría

Entrada:
— Presión: 1 MPa
— Temperatura: 0 °C
— Flujo másico: 10.11 kg/s
— Velocidad: 8.0 m/s
— Altura respecto al suelo: 5.8 m
— Diámetro: 22 cm = 0.022 m

Salida:

— Temperatura: 30 °C
— Velocidad: 6.5 m/s
— Altura respecto al suelo: 6.4 m
— Diámetro: 340 cm = 0.340 m

Generales:

— Compuesto: dióxido de carbono.

Resolución del problema

Identificación del sistema, las fronteras y el alrededor

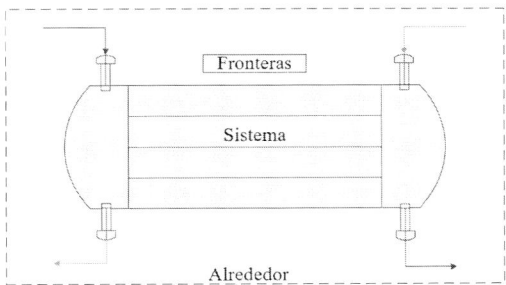

Figura 3.47. Identificación del sistema, las fronteras y el alrededor del intercambiador (ejercicio 3.3.2).

Planteamiento de los balances

$$\frac{dmU_{sis}}{dt} = \sum_{sal} \dot{m}_{sal} \ (U + PV + E_k + E_p)_{sal} - \sum_{ent} \dot{m}_{ent} \ (U + PV + E_k + E_p)_{ent} \pm \dot{Q} \pm \dot{W}$$

Corriente caliente

$$\dot{m}\left[\left(H_{sal} - H_{ent}\right) + \left(Ek_{sal} - Ek_{ent}\right) + \left(Ep_{sal} - Ep_{ent}\right)\right] = -\dot{Q}$$

$$\dot{m}\left(\Delta H + \Delta Ek + \Delta Ep\right) = -\dot{Q}$$

$$\dot{H} + \dot{E}k + \dot{E}p = -\dot{Q}$$

Corriente fría

$$\dot{m}\left[\left(H_{sal} - H_{ent}\right) + \left(Ek_{sal} - Ek_{ent}\right) + \left(Ep_{sal} - Ep_{ent}\right)\right] = \dot{Q}$$

$$\dot{m}\left(\Delta H + \Delta Ek + \Delta Ep\right) = \dot{Q}$$

$$\dot{H} + \dot{E}k + \dot{E}p = \dot{Q}$$

Corriente fría

Entrada:

Debido a que no se cuenta con tablas termodinámicas de datos para el compuesto, se deben determinar las propiedades a través de otros métodos. Primero se busca el estado del compuesto a la entrada y la salida del intercambiador. Utilizando la ecuación de Antoine, se determina la presión y/o la temperatura de saturación:

$$Ln\,P\left(kPa\right) = A - \frac{B}{T\left(K\right)+C}$$

$$A = 15.3768 \quad B = 1956.25 \quad C = -2.117$$

Despejando para la temperatura, a una presión de 1 MPa (1000 kPa), la temperatura de saturación para el dióxido de carbono es de −40.05 °C (233 K), por lo que a temperaturas mayores que esta, y de acuerdo con un diagrama PT, se puede considerar que el compuesto está en estado gaseoso.

Por otra parte, el cambio en la entalpía de un sistema simple compresible asociado con un cambio de estado de (T1, P1) a (T2, P2) se determina mediante integración:

$$h_2 - h_1 = \int_{T_1}^{T_2} c_p\, dT + \int_{T_1}^{T_2} \left[V - T \left(\frac{\delta V}{\delta T} \right)_P \right] dP$$

Debido a que el sistema se encuentra a presión constante, el segundo término de la ecuación se cancela, de lo cual resulta, siendo T2 la temperatura de salida y T1 la de entrada:

$$h_2 - h_1 = \int_{T_1}^{T_2} c_p\, dT$$

Para determinar el calor específico, se pueden buscar los valores en la bibliografía o calcularlo en función de la temperatura considerándolo como gas ideal, de lo cual resulta la siguiente ecuación:

$$h_2 - h_1 \left(\frac{kJ}{kmol} \right) = a\Delta T\left(K\right) + \frac{b}{2}\Delta T\left(K\right)^2 + \frac{c}{3}\Delta T\left(K\right)^3 + \frac{d}{4}\Delta T\left(K\right)^4$$

$$a = 22.26 \quad b = 5.981x10^{-2} \quad c = 3.501x10^{-5} \quad d = 7.469x10^{-9}$$

Desarrollando la ecuación anterior para un $\Delta T = 30$ K, el cambio de entalpías del sistema es de 25.06 kJ/kg. De igual forma, es posible calcular la entalpía a la entrada y la salida, con un resultado de T1 cero para la entrada y T2 cero para la salida en la integral de entalpía. De esta forma, es posible calcular la entalpía en ambos estados.

Es importante mencionar que, para tener la entalpía en kJ/kg, es necesario multiplicar el resultado entre el peso molecular del compuesto, 44.01 kg/kmol.

Entrada:
— Fase: gas
— Calidad: 1.0
— Entalpía (H) = 183.688 kJ/kg

Salida:
— Fase: gas
— Calidad: 1.0
— Temperatura: 120 °C
— Entalpía (H) = 208.749 kJ/kg

Con los diámetros se calculan ambas áreas, lo cual da como resultado 0.196 y 0.091 m² para entrada y salida, respectivamente (utilizando la ecuación C-14). Se calcula la energía cinética de entrada y salida. Para la entrada se cuenta con una energía cinética de 0.032 kJ/kg, y para la salida, de 0.0211 kJ/kg (se consultan las ecuaciones de C-10 a C-10.2). Se calcula la energía potencial de entrada y salida. Para la entrada se cuenta con un valor de 0.057 kJ/kg, y para la salida, de 0.063 kJ/kg (se consultan las ecuaciones C-11 y C-11.1).

Corriente caliente

Entrada:
De acuerdo con los datos de entrada, tanto el estado inicial como el final se encuentran en estado líquido. Debido a que no se menciona presión de salida, se asume que el proceso es isobárico. Puesto que para este problema en particular solo nos interesa la entalpía del compuesto, mediante la lectura de la tablas termodinámicas se obtiene lo siguiente:

Entrada:
— Fase: líquido
— Calidad: 1.0
— Entalpía (H) = 546.38 kJ/kg

Salida:
— Fase: líquido
— Calidad: 1.0
— Entalpía (H) = 293.07 kJ/kg

Con los diámetros se calculan ambas áreas, lo cual da como resultado 0.283 y 0.636 m² para entrada y salida, respectivamente (utilizando la ecuación C-14). Se calcula la energía cinética de entrada y salida. Para la entrada se cuenta con una energía cinética de 5.78X10-3 kJ/kg, y para la salida de 0.03445 kJ/kg (se consultan las ecuaciones de C-10 a C-10.2). Se calcula la energía potencial de entrada y salida. Para la entrada se cuenta con un valor de 0.055 kJ/kg, y para la salida, de 0.077 kJ/kg (se consultan las ecuaciones C-11 y C-11.1).

Resolución del balance de energía para la corriente caliente:

$$\dot{m}\left(\Delta H + \Delta EK + \Delta Ep\right) = \dot{Q}$$

$$1\frac{kg}{s}\left[\left(-253.3103\frac{kJ}{kg}\right) + \left(0.0029\frac{kJ}{kg}\right) + \left(0.022\frac{kJ}{kg}\right)\right] = -253.26\,kW$$

Resolución del balance de energía para la corriente fría:

$$\dot{m}\left(\Delta H + \Delta EK + \Delta Ep\right) = \dot{Q}$$

$$10.11\frac{kg}{s}\left[\left(25.061\frac{kJ}{kg}\right) + \left(-0.0011\frac{kJ}{kg}\right) + \left(0.006\frac{kJ}{kg}\right)\right] = 253.31\ kW$$

$$253.26\,kW = 253.31\,kW$$

La tasa de transferencia de calor es de 253.321 kW.

Estos valores se resumen en la siguiente tabla:

	Entrada CC	Salida CC	Entrada CF	Salida CF
i	H_2O	H_2O	CO_2	CO_2
T (°C)	130.000	70	1.000	30.000
P (MPa)	0.550	0.550	1.000	1.000
Fase	gas	gas	gas	gas
X	1.000	1	1.000	1.000
$\dot{m}$ (kg/s)	1.0	1.0	10.11	10.11
d (m)	0.600	0.900	0.500	0.340
A (m²)	0.283	0.636	0.196	0.091
H (kJ/kg)	546.380	293.07	183.69	208.75
V (m/s)	3.400	8.300	8.000	6.500
Ek (kJ/kg)	0.00578	0.03445	0.0320	0.0211
Z (m)	5.600	7.800	5.800	6.400

	Entrada CC	Salida CC	Entrada CF	Salida CF
Ep (kJ/kg)	0.055	0.077	0.057	0.063
ΔEk (kJ/kg)	0.029		-0.011	
ΔEp (kJ/kg)	0.022		0.006	
ΔH (kJ/kg)	-253.310		25.061	
$\dot{E}k$ (kW)	0.029		-0.110	
$\dot{E}p$ (kW)	0.022		0.060	
$\dot{H}$ (kW)	-253.310		253.363	
Q (kW)	-253.260		253.312	

Tabla 3.21. Resultados del balance de energía.

Gráfico de la trayectoria en un diagrama de temperatura-entalpia

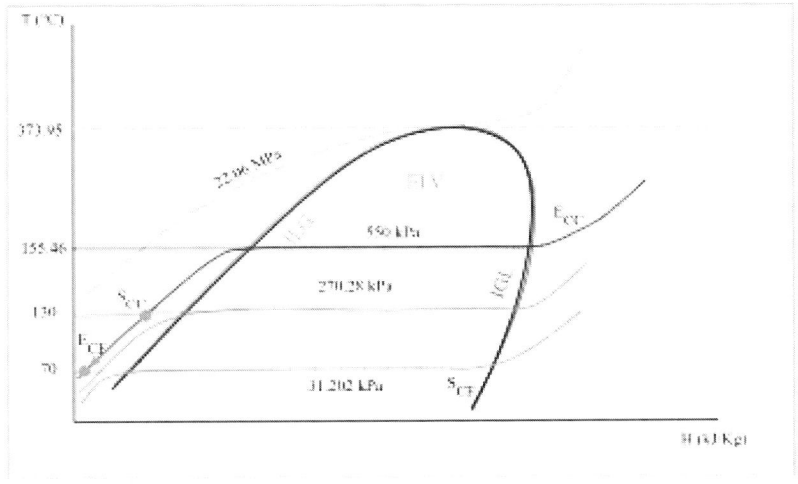

Figura 3.48. Trayectoria de la corriente caliente de agua (ejercicio 3.3.2).

4

Ciclos termodinámicos

En cada ejercicio, se debe identificar el sistema, las fronteras y el alrededor de los equipos, plantear los balances general y particular de energía y/o entropía de cada equipo, y elaborar una tabla con los datos y propiedades termodinámicas de cada corriente. De igual manera, se debe indicar la entropía generada y la energía degradada en los casos aplicables. Los equipos de turbina y bomba son los únicos a los que se les debe aplicar entropía cuando así se indique en el problema. La resolución de los problemas solo incluye los problemas seleccionados.

4.1. Ciclos de potencia ideales

4.1.1. Ciclo de potencia de vapor

En un ciclo de potencia, una bomba es alimentada con 0.3 kg/s de agua a 56 °C en interfase líquido-gas que sale a una presión de 5.6 MPa (el cambio de temperatura en la bomba es negligible). La salida de la anterior corriente es la entrada a una caldera que genera vapor a 323 °C y tiene una caída de presión de 0.2 MPa. La corriente de entrada del condensador está a 186.01 °C y una calidad (X) de 0.876. En todo el sistema se utilizaron tuberías de 2″ de diámetro y los equipos se encuentran a la misma altura. ¿Qué potencia genera la turbina y qué potencia requiere la bomba? ¿Cuáles son las cargas térmicas de la caldera y el condensador? Grafique todas las trayectorias del proceso en un diagrama de temperatura-entalpía.

Datos del problema

Generales:
— Compuesto: agua.
— Flujo másico: 0.3 kg/s.
— El proceso es reversible.
— Diámetro de tubería: 2″.

Bomba:
— Temperatura de entrada: 56 °C
— Estado de entrada: interfase líquido-gas
— Presión de salida: 5.6 MPa
— Temperatura de salida: 56 °C

Caldera:
— Temperatura de salida: 323 °C
— Presión de salida: 5.4 MPa

Condensador:
— Temperatura de entrada: 186.01 °C
— Calidad de entrada: 0.876

Resolución del problema

Identificación del sistema, las fronteras y el alrededor

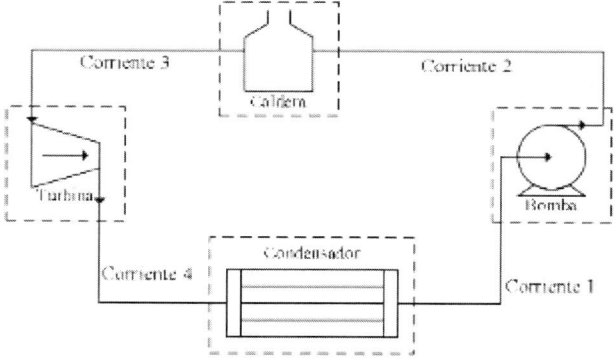

Figura 4.1. Identificación del sistema, las fronteras y alrededor del ciclo de potencia (ejercicio 4.1.1).

Planteamiento de los balances

$$\frac{dmU_{sis}}{dt} = \sum_{sal} \dot{m}_{sal}\ \left(U + PV + E_k + E_p\right)_{sal} - \sum_{ent} \dot{m}_{ent}\ \left(U + PV + E_k + E_p\right)_{ent} \pm \dot{Q} \pm \dot{W}$$

Bomba

$$\dot{m}\left[\left(H_{sal} - H_{ent}\right) + \left(Ek_{sal} - Ek_{ent}\right)\right] = \dot{W}$$

$$\dot{m}\left(\Delta H + \Delta Ek\right) = \dot{W}$$

$$\dot{H} + \dot{Ek} = \dot{W}$$

Caldera

$$\dot{m}\left[\left(H_{sal} - H_{ent}\right) + \left(Ek_{sal} - Ek_{ent}\right)\right] = \dot{Q}$$

$$\dot{m}\left(\Delta H + \Delta Ek\right) = \dot{Q}$$

$$\dot{H} + \dot{Ek} = \dot{Q}$$

Turbina

$$\dot{m}\left[\left(H_{sal} - H_{ent}\right) + \left(Ek_{sal} - Ek_{ent}\right)\right] = -\dot{W}$$

$$\dot{m}\left(\Delta H + \Delta Ek\right) = -\dot{W}$$

$$\dot{H} + \dot{Ek} = -\dot{W}$$

Condensador

$$\dot{m}\left[\left(H_{sal} - H_{ent}\right) + \left(Ek_{sal} - Ek_{ent}\right)\right] = -\dot{Q}$$

$$\dot{m}\left(\Delta H + \Delta Ek\right) = -\dot{Q}$$

$$\dot{H} + \dot{Ek} = -\dot{Q}$$

Bomba

Corriente 1 (entrada de la bomba-salida del condensador):

En cuanto al estado de la corriente, se indica en el problema que se encuentra en interfase líquido-gas, por lo que se sabe que viene saturada con una calidad de 0. Mediante la tabla A-4 (Çengel y Boles, 2018), se obtienen las propiedades termodinámicas del agua a 56 °C efectuando una interpolación con las propiedades de equilibrio a 55 y 60 °C. Los datos obtenidos son:

— Presión (P) = 0.01659 MPa
— Volumen específico (V_{esp}) = 0.0010154 m³/kg
— Energía interna (U) = 234.424 kJ/kg
— Entalpía (H) = 234.444 kJ/kg

Con estos datos y despejando la ecuación C-9 del apéndice C, se obtiene un flujo volumétrico de 0.00031 m³/s. A su vez, usando las ecuaciones C-14 y C-8, se puede obtener la velocidad a partir del diámetro de la tubería. Finalmente, con las ecuaciones C-10 y C-10.1 del apéndice C, se calcula una energía cinética de 1.13E-05 kJ/kg.

Caldera

Corriente 2 (entrada de la caldera-salida de la bomba):

El problema menciona que la temperatura no se ve afectada por la bomba y que la presión de salida es de 5.6 MPa, la cual es mayor que la presión de equilibrio del agua a 56 °C, por lo que se concluye que viene en estado líquido con una calidad de 0. Al estar en fase líquida, se debe consultar la tabla A-7 (Çengel y Boles, 2018). Se observa que ni la presión ni la temperatura se encuentran en ella, y por tanto se debe llevar a cabo una interpolación triple. El valor a interpolar es la temperatura de 56 °C a las presiones de 5 y 10 MPa, por lo que los valores de la tabla utilizados son todas las propiedades termodinámicas correspondientes a las temperaturas de 40 y 60 °C. Los resultados son los siguientes:

5 MPa
 — Volumen específico (V_{esp}) = 0.00101 m³/kg
 — Energía interna (U) = 233.616 kJ/kg
 — Entalpía (H) = 238.678 kJ/kg

10 MPa
 — Volumen específico (V_{esp}) = 0.00101 m³/kg
 — Energía interna (U) = 232.81 kJ/kg
 — Entalpía (H) = 242.914 kJ/kg

Estos resultados son los que deben ser interpolados para una presión de 0.3 MPa. Los resultados finales para la corriente son los siguientes:

 — Volumen específico (V_{esp}) = 0.00101 m³/kg
 — Energía interna (U) = 233.519 kJ/kg
 — Entalpía (H) = 239.186 kJ/kg

Con estos datos y despejando la ecuación C-9 del apéndice C, se obtiene un flujo volumétrico de 0.00031 m³/s. A su vez, usando las ecuaciones C-14 y C-8, se puede obtener la velocidad a partir del diámetro de la tubería. Finalmente, mediante las ecuaciones C-10 y C-10.1 del apéndice C, se calcula una energía cinética de 1.13E-05 kJ/kg.

Turbina

Corriente 3 (entrada de la turbina-salida de la caldera):

Para esta corriente el problema menciona que está a una temperatura de 323 °C y que hay una caída de presión de 0.2 MPa, lo cual da una presión de 5.4 MPa. La presión del sistema es menor que la presión de saturación, de modo que la corriente sale en estado gaseoso y con una calidad de 1. La tabla que debe ser consultada es la A-6 (Çengel y Boles, 2018). Se observa que ni la presión ni la temperatura se encuentran en ella, por lo que se debe llevar a cabo una interpolación triple. El valor a interpolar es la temperatura de 323 °C a las presiones de 5 y 6 MPa, y por tanto los valores de la tabla utilizados son todas las propiedades termodinámicas correspondientes a las temperaturas de 300 y 350 °C. Los resultados son los siguientes:

5 MPa
— Volumen específico (V_{esp}) = 0.0484 m³/kg
— Energía interna (U) = 2749.83 kJ/kg
— Entalpía (H) = 2991.756 kJ/kg

6 MPa
— Volumen específico (V_{esp}) = 0.0390 m³/kg
— Energía interna (U) = 2724.52 kJ/kg
— Entalpía (H) = 2958.418 kJ/kg

Estos resultados son los que deben ser interpolados para una presión de 5.4 MPa. Los datos finales para la corriente son los siguientes:

— Volumen específico (V_{esp}) = 0.04463 m³/kg
— Energía interna (U) = 2739.706 kJ/kg
— Entalpía (H) = 2978.421 kJ/kg

Con estos datos y despejando la ecuación C-9 del apéndice C, se obtiene un flujo volumétrico de 0.0134 m³/s. A su vez, usando las ecuaciones C-14 y C-8, se puede obtener la velocidad a partir del diámetro de la tubería. Finalmente, mediante las ecuaciones C-10 y C-10.1 del apéndice C, se calcula una energía cinética de 0.02182 kJ/kg.

Condensador

Corriente 4 (entrada del condensador-salida de la turbina):

El problema indica que esta corriente se encuentra a una temperatura de 186.01 °C en equilibrio líquido-vapor con un valor de calidad de 0.876, así que las propiedades de la corriente se obtienen a partir de la tabla A-4 (Çengel y Boles, 2018). Para conseguir las propiedades en equilibrio se debe hacer uso de la ecuación C-6 del apéndice C. Sin embargo, en la tabla A-4 (Çengel y Boles, 2018) no viene la temperatura de la corriente, por lo que los datos de equilibrio deberán ser obtenidos a partir de una interpolación. Una vez hecha, y aplicando la ecuación C-6, se obtienen las siguientes propiedades para la corriente:

- — Volumen específico (V_{esp}) = 0.1494 m³/kg
- — Energía interna (U) = 2363.625 kJ/kg
- — Entalpía (H) = 2535.117 kJ/kg

Con estos datos y despejando la ecuación C-9 del apéndice C, se obtiene un flujo volumétrico de 0.04481 m³/s. A su vez, usando las ecuaciones C-14 y C-8, se puede obtener la velocidad a partir del diámetro de la tubería. Finalmente, mediante las ecuaciones C-10 y C-10.1 del apéndice C, se calcula una energía cinética de 0.2226 kJ/kg.

Una vez conseguidos estos valores, se puede calcular un balance de energía para cada equipo.

Resultados

Bomba

$$\dot{m}\left(\Delta H + \Delta Ek\right) = \dot{W}$$

$$0.3\frac{kg}{s}\left[\left(239.186\frac{kJ}{kg} - 234.444\frac{kJ}{kg}\right) + \left(1.12x10^{-5}\frac{kJ}{kg} - 1.13x10^{-5}\frac{kJ}{kg}\right)\right] = \dot{W}$$

$$\dot{W} = 1.423\,kW$$

Caldera

$$\dot{m}\left(\Delta H + \Delta Ek\right) = \dot{Q}$$

$$0.3\frac{kg}{s}\left[\left(2978.421\frac{kJ}{kg} - 239.186\frac{kJ}{kg}\right) + \left(0.022\frac{kJ}{kg} - 1.12x10^{-5}\frac{kJ}{kg}\right)\right] = \dot{Q}$$

$$\dot{Q} = 821.78\,kW$$

Turbina

$$\dot{m}\left(\Delta H + \Delta Ek\right) = -\dot{W}$$

$$0.3\frac{kg}{s}\left[\left(2535.171\frac{kJ}{kg} - 2978.421\frac{kJ}{kg}\right) + \left(0.224\frac{kJ}{kg} - 0.022\frac{kJ}{kg}\right)\right] = -\dot{W}$$

$$\dot{W} = 132.91\,kW$$

Condensador

$$\dot{m}\left(\Delta H + \Delta Ek\right) = -\dot{Q}$$

$$0.3\frac{kg}{s}\left[\left(234.444\frac{kJ}{kg} - 2535.171\frac{kJ}{kg}\right) + \left(1.13x10^{-5}\frac{kJ}{kg} - 0.224\frac{kJ}{kg}\right)\right] = -\dot{Q}$$

$$\dot{Q} = 690.29\,kW$$

Estos valores se resumen en la siguiente tabla:

	Corriente 1	Corriente 2	Corriente 3	Corriente 4
	Salida condens.	Entrada caldera	Salida caldera	Entrada condensador
	Entrada bomba	Salida bomba	Entrada turbina	Salida turbina
i	H_2O	H_2O	H_2O	H_2O
T (°C)	56	56	323	186.01
P (MPa)	0.0165998	5.6	5.4	1150.1034
Fase	ILG	líquido	gas	ELV
X	0	0	1	0.876
$\dot{m}$ (kg/s)	0.3	0.3	0.3	0.3
u (m³/s)	0.00030462	0.000303839	0.013388448	0.044812036
V_{esp} (m³/kg)	0.0010154	0.001012796	0.04462816	0.149373453
ρ_{esp} (kg/m³)	984.8335631	987.3656689	22.40737687	6.694629991
U (kJ/kg)	234.424	233.51928	2739.706	2363.625006
H (kJ/kg)	234.444	239.18632	2978.4208	2535.11714
d(m)	0.0508	0.0508	0.0508	0.0508
A (m²)	0.00202683	0.00202683	0.00202683	0.00202683
V (m/s)	0.150293815	0.149908385	6.605610018	22.10942103
Ek (kJ/kg)	1.12941E-05	1.12363E-05	0.021817042	0.244413249
ΔH (kJ/kg)	−2300.67314	4.74232	2739.23448	−443.3036597
ΔEk (kJ/kg)	−0.244401955	−5.78534E-08	0.021805806	0.222596207
W (kW)		1.422695983		132.924319
Q (kW)	690.2752627		821.7768857	

Tabla 4.1. Resultados del balance de energía.

Gráfico de la trayectoria en un diagrama de temperatura-entalpía

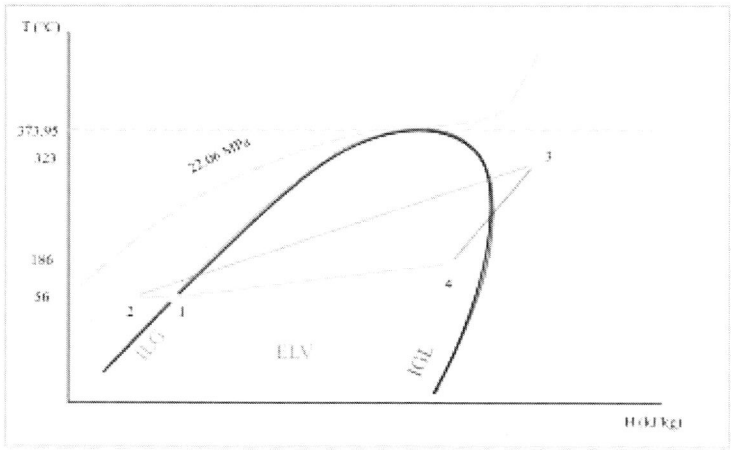

Figura 4.2. Trayectoria del ciclo de potencia (ejercicio 4.1.1).

4.2. Ciclos de potencia con generación de entropía

4.2.1. Requerimiento de agua de enfriamiento en un ciclo de potencia

Se tiene un ciclo de potencia con un flujo de agua de 109 kg/s. La entrada de la caldera es de 10 MPa y 43 °C; a la salida la temperatura es de 520 °C. El condensador total tiene una entrada de 8 kPa con calidad del 90 %. Los intercambiadores son isóbaros. Determine las eficiencias de la turbina y la bomba, además de los flujos de calor generados. Si el condensador tiene una entrada de agua de enfriamiento a 20 °C y 35 °C de salida, ¿cuál es el flujo requerido? Suponga una interfase líquido-gas. Grafique todas las trayectorias del proceso en un diagrama de presión-entalpía.

Datos del problema

Generales:
— Compuesto: agua.
— Flujo másico: 109 kg/s.
— El proceso no es reversible.
— Las alturas y las velocidades son negligible.

Caldera:
— Presión de entrada: 10 MPa
— Temperatura de entrada: 43 °C
— Temperatura de salida: 520 °C
— Isóbara

Condensador:
- — Presión de entrada: 8 kPa = 0.008 MPa
- — Calidad de entrada: 0.9
- — Isóbaro
- — Condensador total (salida en interfase líquido-gas)

Agua de enfriamiento:
- — Temperatura de entrada: 20 °C
- — Temperatura de salida: 35 °C

Resolución del problema

Identificación del sistema, las fronteras y el alrededor

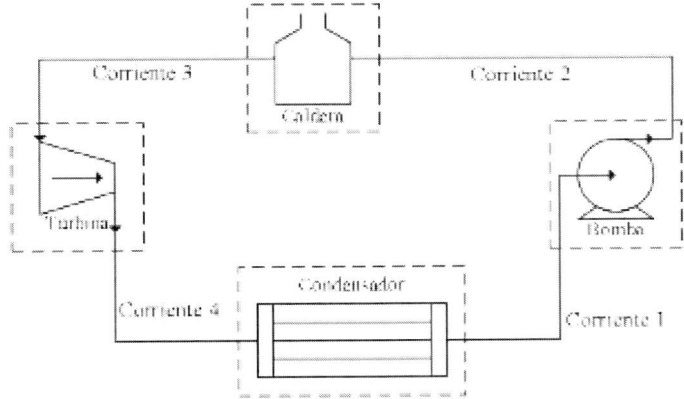

Figura 4.3. Identificación del sistema, las fronteras y alrededor del ciclo de potencia (ejercicio 4.2.1).

Planteamiento de los balances

Balance general de energía:

$$\frac{dmU_{sis}}{dt} = \sum_{sal} \dot{m}_{sal} \left(U + PV + E_k + E_p\right)_{sal} - \sum_{ent} \dot{m}_{ent} \left(U + PV + E_k + E_p\right)_{ent} \pm \dot{Q} \pm \dot{W}$$

Bomba

$$\dot{m}\left[\left(H_{sal} - H_{ent}\right)\right] = \dot{W}$$

$$\dot{m}\left(\Delta H\right) = \dot{W}$$

$$\dot{H} = \dot{W}$$

Caldera

$$\dot{m}\left[\left(H_{sal}-H_{ent}\right)\right]=\dot{Q}$$

$$\dot{m}\left(\Delta H\right)=\dot{Q}$$

$$\dot{H}=\dot{Q}$$

Turbina

$$\dot{m}\left[\left(H_{sal}-H_{ent}\right)\right]=-\dot{W}$$

$$\dot{m}\left(\Delta H\right)=-\dot{W}$$

$$\dot{H}=-\dot{W}$$

Condensador

$$\dot{m}\left[\left(H_{sal}-H_{ent}\right)\right]=-\dot{Q}$$

$$\dot{m}\left(\Delta H\right)=-\dot{Q}$$

$$\dot{H}=-\dot{Q}$$

Balance de entropía

$$\frac{d\left(mS_{sis}\right)}{dt}=\sum_{ent}\dot{m}_{ent}\cdot S_{ent}-\sum_{sal}\dot{m}_{sal}\cdot S_{sal}+\sum\frac{Q}{T}+S_{gen}$$

Bomba

$$\dot{m}_{ent}\cdot S_{ent}-\dot{m}_{sal}\cdot S_{sal}+\frac{Q}{T}+S_{gen}=0$$

$$S_{gen}=\dot{m}\left(S_{sal}-S_{ent}\right)-\frac{Q}{T}$$

Turbina

$$\dot{m}_{ent}\cdot S_{ent}-\dot{m}_{sal}\cdot S_{sal}+\frac{Q}{T}+S_{gen}=0$$

$$S_{gen}=\dot{m}\left(S_{sal}-S_{ent}\right)-\frac{Q}{T}$$

Bomba

Corriente 1 (entrada de la bomba-salida del condensador):

Se sabe que el condensador es isóbaro, por lo que la presión de esta corriente es la misma que la de entrada del condensador. De igual manera, se establece que el condensador es total, de modo que a su salida la corriente se encontrará en interfase líquido-gas. Observando la tabla A-5 (Çengel y Boles, 2018), se constata que en ella no se encuentra la presión del sistema, por lo que se deben interpolar los datos de equilibrio. Se obtienen las propiedades del agua a 7.5 y 10 kPa para así conseguir los datos a 8 kPa. Los resultados son los siguientes:

- — Temperatura (T) = 41.394 °C
- — Volumen específico (V_{esp}) = 0.0010 m³/kg
- — Energía interna (U) = 173.35 kJ/kg
- — Entalpía (H) = 173.362 kJ/kg
- — Entropía (S) = 0.5909 kJ/kg k

Despejando la ecuación C-9 del apéndice C, se obtiene un flujo volumétrico de 0.1099 m³/s.

Caldera

Corriente 2 (entrada de la caldera-salida de la bomba):

De acuerdo con el balance de entropía, no hay entropía generada. Entropía de entrada = entropía de salida:

$$\text{entropía de entrada (S)} = 0.5909 \text{ kJ/kg} = \text{entropía de salida (S)}$$

Teniendo este valor, así como la presión de salida, es posible determinar la fase de la corriente. Esta sale en fase líquida y con una calidad de 0. Al observar nuevamente la tabla A-7 (Çengel y Boles, 2018), se constata que la entropía no se encuentra en ella, por lo que se debe llevar a cabo una interpolación sencilla. Los resultados son los siguientes:

- — Temperatura (T) = 41.738 °C
- — Volumen específico (V_{esp}) = 0.0010 m³/kg
- — Energía interna (U) = 173.552 kJ/kg
- — Entalpía (H) = 183.599 kJ/kg

Despejando la ecuación C-9 del apéndice C, se obtiene un flujo volumétrico de 0.1095 m³/s.

Entrada de la caldera-salida real de la bomba:

Para el caso real, el problema ya indicó los datos de la corriente. Se especifica que la salida real está a 10 MPa y a 43 °C. Con estos datos se establece que la corriente está en estado líquido con una calidad de 0. Al observar la tabla A-7 (Çengel y Boles, 2018), se constata que la temperatura no se encuentra en ella, por lo que se debe llevar a cabo una interpolación sencilla. Los resultados son los siguientes:

— Volumen específico (V_{esp}) = 0.00100 m³/kg
— Energía interna (U) = 178.795 kJ/kg
— Entalpía (H) = 188.847 kJ/kg
— Entropía (S) = 0.6071 kJ/kg K

Con estos datos y despejando la ecuación C-9 del apéndice C, se obtiene un flujo volumétrico de 0.1095 m³/s.

Turbina

Corriente 3 (entrada de la turbina-salida de la caldera):

Como se sabe, de la caldera sale vapor sobrecalentado a 520 °C sin caídas de presión. Mediante estos datos es posible determinar la fase de la corriente, lo cual da como resultado fase vapor con calidad de 1. La temperatura no se encuentra en la tabla A-6 (Çengel y Boles, 2018), por lo que se debe llevar a cabo una interpolación sencilla. Los resultados son los siguientes:

— Volumen específico (V_{esp}) = 0.0339 m³/kg
— Energía interna (U) = 3086.36 kJ/kg
— Entalpía (H) = 3425.86 kJ/kg
— Entropía (S) = 6.6631 kJ/kg K

Con estos datos y despejando la ecuación C-9 del apéndice C, se obtiene un flujo volumétrico de 3.7004 m³/s.

Condensador

Corriente 4 (entrada del condensador-salida de la turbina):

De acuerdo con el balance de entropía, no hay entropía generada. Entropía de entrada = entropía de salida:

entropía de entrada (S) = 6.6631 kJ/kg = entropía de salida (S)

Conseguido este valor, así como la presión de salida, es posible determinar la fase de la corriente (se sabe que la presión de esta corriente es de 8 kPa, ya que el condensador es isóbaro). La corriente sale en equilibrio líquido-vapor y con una calidad desconocida. Sin embargo, sí se cuenta con un valor de entropía, con el cual se puede determinar la calidad de la corriente. Aplicando las ecuaciones C-5 del apéndice C para ELV, la calidad obtenida es de 0.795. Con este valor es posible calcular el resto de las propiedades termodinámicas con la ecuación C-6 del apéndice C, lo cual da los siguientes resultados:

- Temperatura (T) = 41.394 °C
- Volumen específico (V_{esp}) = 14.563 m³/kg
- Energía interna (U) = 1968.182 kJ/kg
- Entalpía (H) = 2083.206 kJ/kg

Con estos datos y despejando la ecuación C-9 del apéndice C, se obtiene un flujo volumétrico de 1587.380 m³/s.

Entrada del condensador-salida real de la turbina:

Para el caso real, el problema ya indicó los datos de la corriente. Se especifica que la salida real está a 8 kPa y en equilibrio líquido-vapor con calidad de 0.9. Haciendo uso de la ecuación C-6 del apéndice C, así como de los datos de equilibrio a 8 kPa anteriormente calculados, es posible obtener las propiedades de esta corriente. Los resultados son los siguientes:

- Volumen específico (V_{esp}) = 16.489 m³/kg
- Energía interna (U) = 2205.487 kJ/kg
- Entalpía (H) = 2335.7182 kJ/kg
- Entropía (S) = 7.4659 kJ/kg K

Despejando la ecuación C-9 del apéndice C, se obtiene un flujo volumétrico de 1797.24 m³/s.

Una vez conseguidos estos valores, se puede elaborar un balance de energía para cada equipo.

Resultados

Bomba:

Salida ideal

$$\dot{m}\left(\Delta H\right) = \dot{W}$$

$$109\frac{kg}{s}\left[183.599\frac{kJ}{kg} - 173.362\frac{kJ}{kg}\right] = \dot{W}$$

$$\dot{W} = 1115.876\,kW$$

Salida real

$$\dot{m}\left(\Delta H\right) = \dot{W}$$

$$109\frac{kg}{s}\left[188.847\frac{kJ}{kg} - 173.362\frac{kJ}{kg}\right] = \dot{W}$$

$$\dot{W} = 1687.865\ kW$$

Eficiencia : 66.1 %

Caldera:

$$\dot{m}\left(\Delta H\right) = \dot{Q}$$

$$109\frac{kg}{s}\left[3425.86\frac{kJ}{kg} - 188.847\frac{kJ}{kg}\right] = \dot{Q}$$

$$\dot{Q} = 352834.417\,kW$$

Turbina:

Salida ideal

$$\dot{m}\left(\Delta H\right) = -\dot{W}$$

$$109\frac{kg}{s}\left[2083.206\frac{kJ}{kg} - 3425.86\frac{kJ}{kg}\right] = -\dot{W}$$

$$\dot{W} = 146349.231\,kW$$

Salida real

$$\dot{m}\left(\Delta H\right) = -\dot{W}$$

$$109\frac{kg}{s}\left[2335.718\frac{kJ}{kg} - 3425.86\frac{kJ}{kg}\right] = -\dot{W}$$

$$\dot{W} = 118825.456\,kW$$

Eficiencia : 81.2%

Condensador:

$$\dot{m}\left(\Delta H\right) = -\dot{Q}$$

$$109\,\frac{\text{kg}}{\text{s}}\left[173.362\,\frac{\text{kJ}}{\text{kg}} - 2335.718\,\frac{\text{kJ}}{\text{kg}}\right] = -\dot{Q}$$

$$\dot{Q} = 235696.826\,\text{kW}$$

Bomba

La entropía generada es:

$$S_{gen} = \dot{m}\left(S_{sal} - S_{ent}\right)$$

$$S_{gen} = 109\,\frac{\text{kg}}{\text{s}}\left(0.6071\,\frac{\text{kJ}}{\text{kg}\cdot\text{K}} - 0.5909\,\frac{\text{kJ}}{\text{kg}\cdot\text{K}}\right) = 1.7707\,\frac{\text{kJ}}{\text{kg}\cdot\text{K}}$$

Energía degradada del sistema:

$$1.7707\,\frac{\text{kJ}}{\text{kg}\cdot\text{K}}\cdot 316.15\,\text{K} = 559.808\,\frac{\text{kJ}}{\text{s}}$$

Energía degradada del alrededor:

$$1.7707\,\frac{\text{kJ}}{\text{kg}\cdot\text{K}}\cdot 298.15\,\text{K} = 527.936\,\frac{\text{kJ}}{\text{s}}$$

Turbina

La entropía generada es:

$$S_{gen} = \dot{m}\left(S_{sal} - S_{ent}\right)$$

$$S_{gen} = 109\,\frac{\text{kg}}{\text{s}}\left(7.4659\,\frac{\text{kJ}}{\text{kg}\cdot\text{K}} - 6.6631\,\frac{\text{kJ}}{\text{kg}\cdot\text{K}}\right) = 87.509\,\frac{\text{kJ}}{\text{kg}\cdot\text{K}}$$

Energía degradada del sistema:

$$87.509\,\frac{\text{kJ}}{\text{kg}\cdot\text{K}}\cdot 314.544\,\text{K} = 27525.744\,\frac{\text{kJ}}{\text{s}}$$

Energía degradada alrededor:

$$87.509\,\frac{\text{kJ}}{\text{kg}\cdot\text{K}}\cdot 298.15\,\text{K} = 26091.105\,\frac{\text{kJ}}{\text{s}}$$

Estos valores se resumen en la siguiente tabla:

	Corriente 1		Corriente 2	Corriente 3	Corriente 4	
	Salida condensador	Entrada caldera	Entrada caldera	Salida caldera	Entrada condens.	Entrada condens.
	Entrada bomba	Salida ideal bomba	Salida real bomba	Entrada turbina	Salida ideal turbina	Salida real turbina
i	H_2O	H_2O	H_2O	H_2O	H_2O	H_2O
T (°C)	41.394	41.73825	43	520	41.394	41.394
P (MPa)	0.008	10	10	10	0.008	0.008
Fase	ILG	líquido	líquido	gas	ELV	ELV
X	0	0	0	1	0.7949	0.9
$\dot{m}$ (kg/s)	109	109	109	109	109	109
u (m³/s)	0.1099	0.109468	0.10953	3.7003	1587.379	1797.242
V_{esp} (m³/kg)	0.0010	0.0010	0.00100	0.0339	14.56311	16.48846
ρ_{esp} (kg/m³)	991.6699	995.7188	995.1436	29.45629	0.068666	0.060648
U (kJ/kg)	173.35	173.5524	178.795	3086.36	1968.181	2205.487
H (kJ/kg)	173.362	183.5993	188.847	3425.86	2083.206	2335.718
S (kJ/kg K)	0.59088	0.59088	0.60712	6.6631	6.6631	7.465
ΔH (kJ/kg)	−2162.3562	10.23739	15.485	3237.013	−1342.653	−1090.141
W (kW)		1115.875	1687.865		146349.2	118825.5
Q (kW)	235696.83			352834.42		

Tabla 4.2. Resultados del balance de energía y entropía.

Para la obtención del flujo másico del agua de enfriamiento, se debe hacer un balance de energía alrededor de la corriente fría del condensador.

$$\dot{m}\left[\left(H_{sal} - H_{ent}\right)\right] = \dot{Q}$$

El calor retirado por el condensador es el mismo que se transmitió al agua, por lo que el valor de Q ya se conoce. A partir de la tabla A-4 (Çengel y Boles, 2018) se pueden obtener los valores de entalpía de salida a 35 °C y de entrada a 20 °C. Una vez conseguidos, se despeja el flujo másico:

$$\dot{m} = \frac{\dot{Q}}{\left(H_{sal} - H_{ent}\right)}$$

$$\dot{m} = \frac{235696\,\text{kW}}{\left(146.64\,\dfrac{\text{kJ}}{\text{kg}} - 83.915\,\dfrac{\text{kJ}}{\text{kg}}\right)}$$

$$\dot{m} = 3757.622\,\text{kg/s}$$

Gráfico de la trayectoria en un diagrama de presión-entalpía

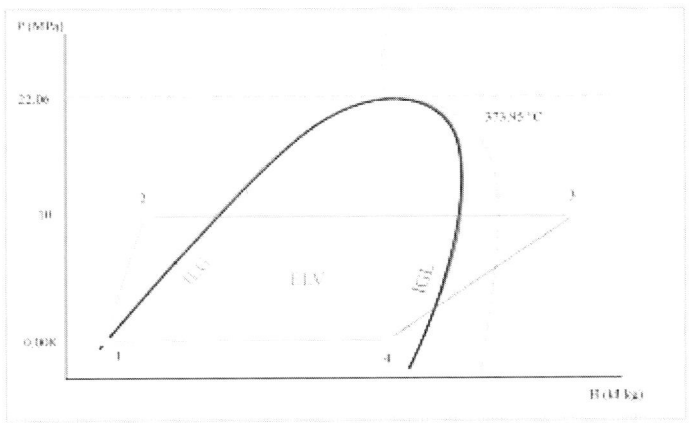

Figura 4.4. Trayectoria del ciclo de potencia (ejercicio 4.2.1).

4.2.2. Ciclo de potencia que opera con diferentes diámetros de tubería

En un ciclo de potencia, la bomba es alimentada con 0.54 kg/s de agua en interfase líquido-gas a 53 °C. Entra en la caldera a 14350 kPa y tiene una pérdida de presión de 110 kPa. Entra en la turbina a 465 °C y sale a 10230 kPa. La salida de la bomba se encuentra a una altura de 0.5 metros; la salida de la caldera está a 0.75 metros; finalmente, la entrada del condensador está a 0.3 metros. El ciclo utiliza una tubería de 3″ de la salida del condensador a la entrada de la caldera y el resto del sistema utiliza 2″. Para calcular el caso real, la eficiencia de la turbina es 0.73 y la de la bomba es 0.768. ¿Qué potencias hay en la bomba y la turbina? Grafique todas las trayectorias del proceso en un diagrama de temperatura-entalpía.

Datos del problema

Generales:
— Compuesto: agua.
— Flujo másico: 0.54 kg/s.
— Proceso no reversible.

Bomba:
— Temperatura de entrada: 53 °C
— Estado de entrada: interfase líquido-gas
— Altura de salida: 0.5 metros
— Eficiencia: 76.8 %

Caldera:
— Presión de entrada: 14.35 MPa
— Diámetro a la entrada: 0.0762 metros
— Presión de salida: 14.24 MPa
— Altura de salida: 0.75 metros

Turbina:
— Temperatura de entrada: 465 °C
— Diámetro de entrada: 0.0508 metros
— Presión de salida: 10.230 MPa
— Eficiencia: 73 %

Condensador:
— Diámetro de entrada: 0.0508 metros
— Altura de entrada: 0.3 metros
— Diámetro de salida: 0.74232 metros
— Altura de salida: 0 metros

Resolución del problema

Identificación del sistema, las fronteras y el alrededor

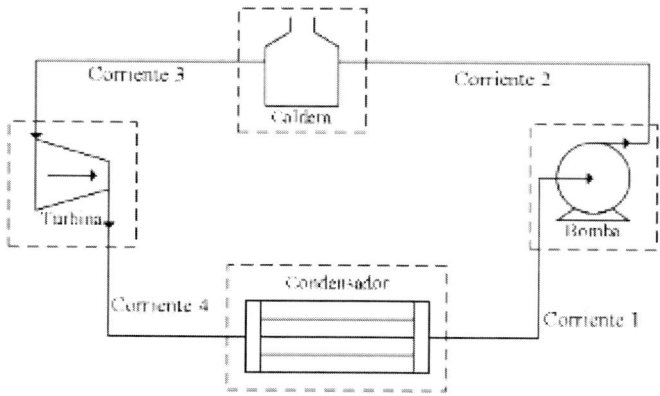

Figura 4.5. Identificación del sistema, las fronteras y alrededor del ciclo de potencia (ejercicio 4.2.2).

Planteamiento de los balances

Balance general de energía:

$$\frac{dmU_{sis}}{dt} = \sum_{sal} \dot{m}_{sal} \ (U + PV + E_k + E_p)_{sal} - \sum_{ent} \dot{m}_{ent} \ (U + PV + E_k + E_p)_{ent} \pm \dot{Q} \pm \dot{W}$$

Bomba

$$\dot{m}\left[\left(H_{sal} - H_{ent}\right) + \left(Ek_{sal} - Ek_{ent}\right) + \left(Ep_{sal} - Ep_{ent}\right)\right] = \dot{W}$$

$$\dot{m}\left(\Delta H + \Delta Ek + \Delta Ep\right) = \dot{W}$$

$$\dot{H} + \dot{Ek} + \dot{Ep} = \dot{W}$$

Caldera

$$\dot{m}\left[\left(H_{sal} - H_{ent}\right) + \left(Ek_{sal} - Ek_{ent}\right) + \left(Ep_{sal} - Ep_{ent}\right)\right] = \dot{Q}$$

$$\dot{m}\left(\Delta H + \Delta Ek + \Delta Ep\right) = \dot{Q}$$

$$\dot{H} + \dot{Ek} + \dot{Ep} = \dot{Q}$$

Turbina

$$\dot{m}\left[\left(H_{sal} - H_{ent}\right) + \left(Ek_{sal} - Ek_{ent}\right) + \left(Ep_{sal} - Ep_{ent}\right)\right] = -\dot{W}$$

$$\dot{m}\left(\Delta H + \Delta Ek + \Delta Ep\right) = -\dot{W}$$

$$\dot{H} + \dot{Ek} + \dot{Ep} = -\dot{W}$$

Condensador

$$\dot{m}\left[\left(H_{sal} - H_{ent}\right) + \left(Ek_{sal} - Ek_{ent}\right) + \left(Ep_{sal} - Ep_{ent}\right)\right] = -\dot{Q}$$

$$\dot{m}\left(\Delta H + \Delta Ek + \Delta Ep\right) = -\dot{Q}$$

$$\dot{H} + \dot{Ek} + \dot{Ep} = -\dot{Q}$$

Balance de entropía:

$$\frac{d\left(mS_{sis}\right)}{dt} = \sum_{ent} \dot{m}_{ent} \dot{S}_{ent} - \sum_{sal} \dot{m}_{sal} \dot{S}_{sal} + \sum \frac{Q}{T} + \dot{S}_{gen}$$

Bomba

$$\dot{m}_{ent} \cdot S_{ent} - \dot{m}_{sal} \cdot S_{sal} + \frac{Q}{T} + S_{gen} = 0$$

$$S_{gen} = \dot{m}\left(S_{sal} - S_{ent}\right) - \frac{Q}{T}$$

Turbina

$$\dot{m}_{ent} \cdot S_{ent} - \dot{m}_{sal} \cdot S_{sal} + \frac{Q}{T} + S_{gen} = 0$$

$$S_{gen} = \dot{m}\left(S_{sal} - S_{ent}\right) - \frac{Q}{T}$$

Bomba

Corriente 1 (entrada de la bomba-salida del condensador):

El problema indica que la temperatura es de 53 °C en interfase líquido-gas. Al observar la tabla A-4 (Çengel y Boles, 2018), no se encuentra la temperatura del sistema, por lo que se deben interpolar los datos de equilibrio. Se toman las propiedades del agua a 50 y 55 °C para así obtener los datos a 53 °C. Los resultados son los siguientes:

— Presión (P) = 0.0144 MPa
— Volumen específico (V_{esp}) = 0.001014 m³/kg
— Energía interna (U) = 221.876 kJ/kg
— Entalpía (H) = 221.892 kJ/kg
— Entropía (S) = 0.7423 kJ/kg k

Con estos datos y despejando la ecuación C-9 del apéndice C, se obtiene un flujo volumétrico de 0.00055 m³/s. A su vez, usando las ecuaciones C-14 y C-8, se puede obtener la velocidad a partir del diámetro de la tubería. A partir de aquí, con las ecuaciones C-10 y C-10.1 del apéndice C, se calcula una energía cinética de 7.206E-06 kJ/kg.

Caldera

Corriente 2 (entrada de la caldera-salida de la bomba):

De acuerdo con el balance de entropía, no hay entropía generada. Entropía de entrada = entropía de salida:

entropía de entrada (S) = 0.7423 kJ/kg = entropía de salida (S)

Mediante este valor, así como la presión de salida, es posible determinar la fase de la corriente. Esta sale en fase líquida y con una calidad de 0. Al observar nuevamente la tabla A-7 (Çengel y Boles, 2018), se constata que ni la presión ni la entropía se encuentran en ella, por lo que se debe llevar a cabo una interpolación triple. El valor a interpolar es la entropía de 0.7423 kJ/kg K a las presiones de 10 y 15 MPa. Los resultados son los siguientes:

10 MPa
  — Temperatura (T) = 53.501 °C
  — Volumen específico (V_{esp}) = 0.0010 m³/kg
  — Energía interna (U) = 222.425 kJ/kg
  — Entalpía (H) = 232.519 kJ/kg

15 MPa
  — Temperatura (T) = 53.685 °C
  — Volumen específico (V_{esp}) = 0.0010 m³/kg
  — Energía interna (U) = 222.428 kJ/kg
  — Entalpía (H) = 237.544 kJ/kg

Estos resultados son los que deben ser interpolados para una presión de 14.35 MPa. Los resultados finales para la corriente son los siguientes:

  — Temperatura (T) = 53.66 °C
  — Volumen específico (V_{esp}) = 0.001007 m³/kg
  — Energía interna (U) = 222.428 kJ/kg
  — Entalpía (H) = 236.890 kJ/kg

Con estos datos y despejando la ecuación C-9 del apéndice C, se obtiene un flujo volumétrico de 0.00054 m³/s. A su vez, usando las ecuaciones C-14 y C-8, se puede obtener la velocidad a partir del diámetro de la tubería. Finalmente, mediante las ecuaciones C-10 y C-10.1 del apéndice C, se calcula una energía cinética de 7.12E-06 kJ/kg. Finalmente, utilizando las ecuaciones C-11 y C-11.1, se calcula una energía potencial de 0.0049 kJ/kg.

De acuerdo con el balance de energía:

$$\dot{m}\left(\Delta H + \Delta Ek + \Delta Ep\right) = \dot{W}$$

$$0.54\,\frac{kg}{s}\left[\left(236.89\,\frac{kJ}{kg} - 221.892\,\frac{kJ}{kg}\right) + \left(7.12x10^{-6}\,\frac{kJ}{kg} - 7.21x10^{-6}\,\frac{kJ}{kg}\right) + \left(4.9x10^{-3}\,\frac{kJ}{kg} - 0\,\frac{kJ}{kg}\right)\right] = \dot{W}$$

Considerando el 100 % de eficiencia: $\dot{W} = 8.102\,kW$

Entrada de la caldera-salida real de la bomba:

Para el caso real, la entropía generada no es igual a cero. Sin embargo, el problema ya está dando un valor de eficiencia, así que es posible determinar la potencia real de la bomba:

$$\text{Considerando el 76.8 \% de eficiencia: } \dot{W} = 10.549\,\text{kW}$$

A partir de este valor y del balance de energía, es posible obtener la entalpía de la corriente real:

$$H_{sal} = \frac{10.549\,\text{kJ}}{0.54\,\text{kg/s}} - 7.12x10^{-6}\,\frac{\text{kJ}}{\text{kg}} - 0.0049\,\frac{\text{kJ}}{\text{kg}} + 221.892\,\frac{\text{kJ}}{\text{kg}} = 241.2448\,\frac{\text{kJ}}{\text{kg}}$$

La fase de salida real del vapor de agua continúa siendo líquida, por lo que las propiedades termodinámicas se obtuvieron de la tabla A-7 (Çengel y Boles, 2018). Nuevamente se constata que ni la presión ni la entalpía se encuentran en ella, y por tanto se debe llevar a cabo una interpolación triple. El valor a interpolar es la entalpía de 241.4228 kJ/kg a las presiones de 10 y 15 MPa. Los resultados son los siguientes:

10 MPa
— Temperatura (T) = 55.641 °C
— Volumen específico (V_{esp}) = 0.0010 m³/kg
— Energía interna (U) = 231.32 kJ/kg
— Entropía (S) = 0.770 kJ/kg K

15 MPa
— Temperatura (T) = 54.620 °C
— Volumen específico (V_{esp}) = 0.0010 m³/kg
— Energía interna (U) = 226.300 kJ/kg
— Entropía (S) = 0.7543 kJ/kg K

Estos resultados son los que deben ser interpolados para una presión de 14.35 MPa. Los datos finales para la corriente son los siguientes:

— Temperatura (T) = 54.753 °C
— Volumen específico (V_{esp}) = 0.001008 m³/kg
— Energía interna (U) = 226.9530 kJ/kg
— Entropía (S) = 0.7564 kJ/kg K

Con estos datos y despejando la ecuación C-9 del apéndice C, se obtiene un flujo volumétrico de 0.00055 m³/s. A su vez, usando las ecuaciones C-14 y C-8, se calcula la velocidad a partir del diámetro de la tubería. Finalmente, con las ecuaciones C-10 y C-10.1 del apéndice C, se calcula una energía cinética de 7.13E-06 kJ/kg.

Finalmente, mediante las ecuaciones C-11 y C-11.1, se determina una energía potencial de 0.0049 kJ/kg.

Turbina

Corriente 3 (entrada de la turbina-salida de la caldera):

Como se sabe, de la caldera sale vapor sobrecalentado a 465 °C con una caída de presión de 0.11 MPa. Teniendo estos datos, es posible determinar la fase de la corriente, lo cual da como resultado fase vapor con calidad de 1. Observando la tabla A-6 (Çengel y Boles, 2018), se constata que ni la presión ni la temperatura se encuentran en ella, por lo que se debe llevar a cabo una interpolación triple. El valor a interpolar es la temperatura de 465 °C a las presiones de 12.5 y 15 MPa. Los resultados son los siguientes:

12.5 MPa

- Volumen específico (V_{esp}) = 0.0238 m³/kg
- Energía interna (U) = 2946.55 kJ/kg
- Entalpía (H) = 3244.13 kJ/kg
- Entropía (S) = 6.332 kJ/kg K

15 MPa

- Volumen específico (V_{esp}) = 0.0192 m³/kg
- Energía interna (U) = 2916.08 kJ/kg
- Entalpía (H) = 3203.77 kJ/kg
- Entropía (S) = 6.20478 kJ/kg K

Estos resultados son los que deben ser interpolados para una presión de 14.24 MPa. Los datos finales para la corriente son los siguientes:

- Volumen específico (V_{esp}) = 0.0206 m³/kg
- Energía interna (U) = 2925.343 kJ/kg
- Entalpía (H) = 3215.039 kJ/kg
- Entropía (S) = 6.2434 kJ/kg K

Con estos datos y despejando la ecuación C-9 del apéndice C, se obtiene un flujo volumétrico de 0.0111 m³/s. A su vez, usando las ecuaciones C-14 y C-8, se puede calcular la velocidad a partir del diámetro de la tubería. Finalmente, con las ecuaciones C-10 y C-10.1 del apéndice C, se calcula una energía cinética de 0.0150 kJ/kg. Finalmente, mediante las ecuaciones C-11 y C-11.1, se determina una energía potencial de 0.00736 kJ/kg.

Condensador

Corriente 4 (entrada de la condensador-salida de la turbina):

De acuerdo con el balance de entropía, no hay entropía generada. Entropía de entrada = entropía de salida:

$$\text{entropía de entrada (S)} = 6.2434 \text{ kJ/kg} = \text{entropía de salida (S)}$$

Conseguido este valor, así como la presión de salida, es posible determinar la fase de la corriente. Esta sale en fase vapor y con una calidad de 1. Al observar nuevamente la tabla A-6 (Çengel y Boles, 2018), se constata que ni la presión ni la entropía se encuentran en ella, por lo que se debe llevar a cabo una interpolación triple. El valor a interpolar es la entropía de 6.2434 kJ/kg K a las presiones de 10 y 12.5 MPa. Los resultados son los siguientes:

10 MPa

— Temperatura (T) = 407.060 °C
— Volumen específico (V_{esp}) = 0.0269 m³/kg
— Energía interna (U) = 2848.83 kJ/kg
— Entalpía (H) = 3117.961 kJ/kg

12.5 MPa

— Temperatura (T) = 443.209 °C
— Volumen específico (V_{esp}) = 0.0226 m³/kg
— Energía interna (U) = 2896.844 kJ/kg
— Entalpía (H) = 3179.564 kJ/kg

Estos resultados son los que deben ser interpolados para una presión de 10.23 MPa. Los datos finales para la corriente son los siguientes:

— Temperatura (T) = 410.386 °C
— Volumen específico (V_{esp}) = 0.0265 m³/kg
— Energía interna (U) = 2853.248 kJ/kg
— Entalpía (H) = 3123.628 kJ/kg

Con estos datos y despejando la ecuación C-9 del apéndice C, se obtiene un flujo volumétrico de 0.01432 m³/s. A su vez, usando las ecuaciones C-14 y C-8, se calcula la velocidad a partir del diámetro de la tubería. A continuación, con las ecuaciones C-10 y C-10.1 del apéndice C, se calcula una energía cinética de 0.0250 kJ/kg. Finalmente, mediante las ecuaciones C-11 y C-11.1, se determina una energía potencial de 0.00294 kJ/kg.

$$\dot{m}\left(\Delta H + \Delta Ek + \Delta Ep\right) = \dot{W}$$

$$0.54\,\frac{\text{kg}}{\text{s}}\left[\left(3123.6\,\frac{\text{kJ}}{\text{kg}} - 3216\,\frac{\text{kJ}}{\text{kg}}\right) + \left(0.025\,\frac{\text{kJ}}{\text{kg}} - 0.015\,\frac{\text{kJ}}{\text{kg}}\right) + \left(2.94x10^{-3}\,\frac{\text{kJ}}{\text{kg}} - 7.35x10^{-3}\,\frac{\text{kJ}}{\text{kg}}\right)\right] = \dot{W}$$

Considerando el 100 % de eficiencia: $\dot{W} = 49.899\,\text{kW}$

Entrada del condensador-salida real de la turbina:

Para el caso real, la entropía generada no es igual a cero. Sin embargo, el problema ya está dando un valor de eficiencia, así que es posible determinar la potencia real de la bomba:

Considerando el 73 % de eficiencia: $\dot{W} = 36.426\,\text{kW}$

A partir de este valor y del balance de energía, es posible obtener la entalpía de la corriente real:

$$H_{sal} = \frac{-49.899\,\text{kJ}}{0.54\ \text{kg/s}} - 0.0249\,\frac{\text{kJ}}{\text{kg}} - 0.0029\,\frac{\text{kJ}}{\text{kg}} + 3216.039\,\frac{\text{kJ}}{\text{kg}} = 3148.578\,\frac{\text{kJ}}{\text{kg}}$$

La fase de salida real del vapor continúa siendo gas, por lo que las propiedades termodinámicas se obtuvieron de la tabla A-6 (Çengel y Boles, 2018). Se constata que ni la presión ni la entalpía se encuentran en ella, por lo que se debe hacer una interpolación triple. El valor a interpolar es la entalpía de 3148.578 kJ/kg a las presiones de 10 y 12.5 MPa. Los resultados son los siguientes:

10 MPa

 — Temperatura (T) = 417.625 °C
 — Volumen específico (V_{esp}) = 0.0276 m³/kg
 — Energía interna (U) = 2872.369 kJ/kg
 — Entropía (S) = 6.287 kJ/kg K

12.5 MPa

 — Temperatura (T) = 433.615 °C
 — Volumen específico (V_{esp}) = 0.022 m³/kg
 — Energía interna (U) = 2873.034 kJ/kg
 — Entropía (S) = 6.199 kJ/kg K

Estos resultados son los que deben ser interpolados para una presión de 10.230 MPa. Los datos finales para la corriente son los siguientes:

- Temperatura (T) = 419.0963 °C
- Volumen específico (V_{esp}) = 0.0271 m³/kg
- Energía interna (U) = 2872.430 kJ/kg
- Entropía (S) = 6.2792 kJ/kg K

Con estos datos y despejando la ecuación C-9 del apéndice C, se obtiene un flujo volumétrico de 0.0146 m³/s. A su vez, usando las ecuaciones C-14 y C-8, se calcula la velocidad a partir del diámetro de la tubería. A continuación, con las ecuaciones C-10 y C-10.1 del apéndice C, se calcula una energía cinética de 0.0261 kJ/kg. Finalmente, mediante las ecuaciones C-11 y C-11.1, se obtiene una energía potencial de 0.00294 kJ/kg. Una vez conseguidos estos valores, se puede llevar a cabo un balance de energía para los equipos restantes.

Resultados

Caldera

$$\dot{m}\left(\Delta H + \Delta Ek + \Delta Ep\right) = \dot{Q}$$

$$0.54\,\frac{kg}{s}\left[\begin{array}{l}\left(3216\,\frac{kJ}{kg} - 236.9\,\frac{kJ}{kg}\right) + \left(0.015\,\frac{kJ}{kg} - 7.12x10^{-6}\,\frac{kJ}{kg}\right) \\ + \left(7.35x10^{-3}\,\frac{kJ}{kg} - 4.9x10^{-3}\,\frac{kJ}{kg}\right)\end{array}\right] = 1606.30\,kW$$

Condensador

$$\dot{m}\left(\Delta H + \Delta Ek + \Delta Ep\right) = \dot{Q}$$

$$0.54\,\frac{kg}{s}\left[\begin{array}{l}\left(221.892\,\frac{kJ}{kg} - 3148.58\,\frac{kJ}{kg}\right) + \left(7.12x10^{-6}\,\frac{kJ}{kg} - 0.0261\,\frac{kJ}{kg}\right) \\ + \left(0\,\frac{kJ}{kg} - 0.0029\,\frac{kJ}{kg}\right)\end{array}\right] = 1580.426\,kW$$

Bomba

La entropía generada es:

$$S_{gen} = \dot{m}\left(S_{sal} - S_{ent}\right)$$

$$S_{gen} = 0.54\,\frac{kg}{s}\left(0.7563\,\frac{kJ}{kg \cdot K} - 0.7423\,\frac{kJ}{kg \cdot K}\right) = 0.00758\,\frac{kJ}{kg \cdot K}$$

Energía degradada del sistema:

$$0.00758\,\frac{\text{kJ}}{\text{kg} \cdot \text{K}} \cdot 337.903\,\text{K} = 2.4840\,\frac{\text{kJ}}{\text{s}}$$

Energía degradada del alrededor:

$$0.00758\,\frac{\text{kJ}}{\text{kg} \cdot \text{K}} \cdot 298.15\,\text{K} = 2.2586\,\frac{\text{kJ}}{\text{s}}$$

Turbina

La entropía generada es:

$$S_{gen} = \dot{m}\left(S_{sal} - S_{ent}\right)$$

$$S_{gen} = 0.54\,\frac{\text{kg}}{\text{s}}\left(6.279\,\frac{\text{kJ}}{\text{kg} \cdot \text{K}} - 6.243\,\frac{\text{kJ}}{\text{kg} \cdot \text{K}}\right) = 0.0193\,\frac{\text{kJ}}{\text{kg} \cdot \text{K}}$$

Energía degradada del sistema:

$$0.0193\,\frac{\text{kJ}}{\text{kg} \cdot \text{K}} \cdot 692.246\,\text{K} = 13.375\,\frac{\text{kJ}}{\text{s}}$$

Energía degradada del alrededor:

$$0.0193\,\frac{\text{kJ}}{\text{kg} \cdot \text{K}} \cdot 298.15\,\text{K} = 5.761\,\frac{\text{kJ}}{\text{s}}$$

Estos valores se resumen en la siguiente tabla:

	Corriente 1	Corriente 2		Corriente 3	Corriente 4	
	Salida condensador	Entrada caldera	Entrada caldera	Salida caldera	Entrada condens.	Entrada condens.
	Entrada bomba	Salida ideal bomba	Salida real bomba	Entrada turbina	Salida ideal turbina	Salida real turbina
i	H_2O	H_2O	H_2O	H_2O	H_2O	H_2O
T (°C)	53	53.66133	54.75314	465	410.385	419.0963
P (MPa)	0.0143	14.35	14.35	14.24	10.23	10.23
Fase	ILG	líquido	líquido	gas	gas	gas
X	0	0	0	1	1	1

	Corriente 1		Corriente 2		Corriente 3		Corriente 4
$\dot{m}$ (kg/s)	0.54	0.54	0.54	0.54	0.54	0.54
u (m³/s)	0.000547	0.00054	0.000544	0.011116	0.014317	0.014635
V_{esp} (m³/kg)	0.0010	0.00100	0.001008	0.02058	0.026513	0.027102
ρ_{esp} (kg/m³)	986.3878	992.1912	991.6970	48.57486	37.71692	36.89697
U (kJ/kg)	221.876	222.4275	226.9529	2925.34	2853.24	2872.430
H (kJ/kg)	221.892	236.8905	241.422	3216.03	3123.628	3148.577
S (kJ/kg K)	0.74232	0.74232	0.756348	6.24344	6.24344	6.279222
z (m)	0	0.5	0.5	0.75	0.3	0.3
d (m)	0.0762	0.0762	0.0762	0.0508	0.0508	0.0508
A (m²)	0.004560	0.004560	0.004560	0.00202	0.00202	0.00202
V (m/s)	0.120045	0.119343	0.119402	5.484851	7.063828	7.220805
Ep (kJ/kg)	0	0.0049	0.0049	0.0073	0.0029	0.0029
Ek (kJ/kg)	7.21E-06	7.12E-06	7.13E-06	0.015041	0.024948	0.026070
ΔH (kJ/kg)	−2926.685	14.99848	19.53076	2974.616	−92.41110	−67.4615
ΔEp (kJ/kg)	−0.0029	0.0049	0.0049	0.0024	−0.0044	−0.0044
ΔEk (kJ/kg)	−0.026062	−8.40E-08	−7.69E-08	0.01503	0.009907	0.011028
W (kW)		8.101831	10.54925		49.89903	36.42629
Q (kW)	1580.426			1606.303		

Tabla 4.3. Resultados del balance de energía y entropía.

Gráfico de la trayectoria en un diagrama de temperatura-entalpía

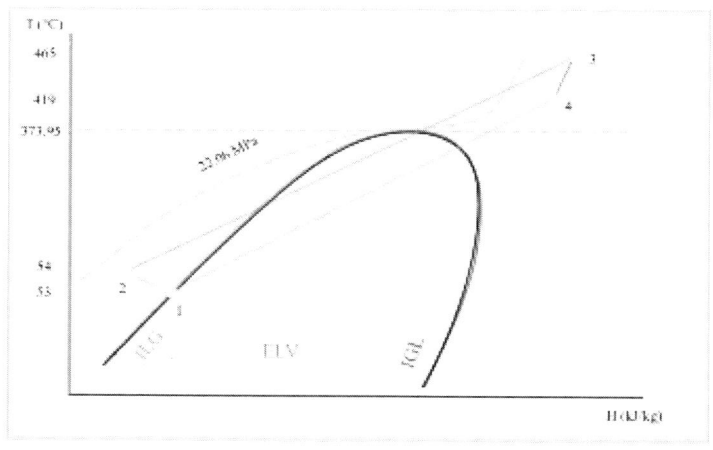

Figura 4.6. Trayectoria del ciclo de potencia (ejercicio 4.2.2).

4.3. Ciclos de refrigeración

En cada ejercicio, se debe identificar el sistema, las fronteras y el alrededor de los equipos, plantear los balances general y particular de energía y/o entropía según lo requiera cada equipo, y elaborar una tabla con los datos y propiedades termodinámicas de cada corriente. De igual manera, se debe indicar la entropía generada y la energía degradada en los casos aplicables. El compresor es el único equipo al que se debe aplicar entropía cuando así se indique en el problema. La resolución de los problemas solo incluye los problemas seleccionados.

4.3.1. Ciclo de refrigeración con intercambiadores de calor isóbaros

En un compresor entra refrigerante R-134a a 0.5 kg/s y 0.9 MPa de presión, y con una calidad de 1 (corriente 1). La corriente de salida (corriente 2) se encuentra a 1.4 MPa y tiene un volumen específico de 0.02 m³/kg. Posteriormente, la corriente 2 entra en un condensador total (intercambiador de calor, x = 0, isóbaro). La corriente de salida de este condensador (corriente 3) pasa por una válvula de expansión (corriente 4) y entra en un evaporador (intercambiador de calor isóbaro). La corriente de salida del evaporador es nuevamente la corriente de entrada (corriente 1) del compresor. Grafique las trayectorias en un diagrama de presión-volumen específico.

Datos del problema

Generales:
— Compuesto: R-134a.
— Flujo másico: 0.5 kg/s.
— El proceso es reversible.
— Las alturas y las velocidades son negligible.

Compresor:
— Presión de entrada: 0.9 MPa
— Estado de entrada: interfase gas-líquido
— Presión de salida: 1.4 MPa
— Volumen específico: 0.02 m³/kg

Condensador:
— Estado de salida: interfase líquido-gas
— Isóbaro

Válvula:
— Isoentálpica

Evaporador:
— Isóbaro

Resolución del problema

Identificación del sistema, las fronteras y el alrededor

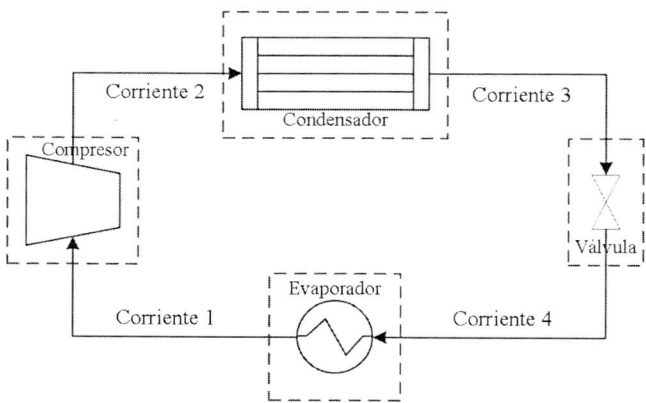

Figura 4.7. Identificación del sistema, las fronteras y alrededor del ciclo de refrigeración (ejercicio 4.3.1).

Planteamiento de los balances

$$\frac{dmU_{sis}}{dt} = \sum_{sal} \dot{m}_{sal} \ (U + PV + E_k + E_p)_{sal} - \sum_{ent} \dot{m}_{ent} \ (U + PV + E_k + E_p)_{ent} \pm \dot{Q} \pm \dot{W}$$

Compresor

$$\dot{m}\left[\left(H_{sal} - H_{ent}\right)\right] = \dot{W}$$

$$\dot{m}\left(\Delta H\right) = \dot{W}$$

$$\dot{H} = \dot{W}$$

Condensador

$$\dot{m}\left[\left(H_{sal} - H_{ent}\right)\right] = -\dot{Q}$$

$$\dot{m}\left(\Delta H\right) = -\dot{Q}$$

$$\dot{H} = -\dot{Q}$$

Válvula

$$\dot{m}\left[\left(H_{sal} - H_{ent}\right)\right] = 0$$

$$\dot{m}\left(\Delta H\right) = 0$$

$$H_{sal} = H_{ent}$$

Evaporador

$$\dot{m}\left[\left(H_{sal} - H_{ent}\right)\right] = \dot{Q}$$

$$\dot{m}\left(\Delta H\right) = \dot{Q}$$

$$\dot{H} = \dot{Q}$$

Compresor

Corriente 1 (entrada del compresor-salida del evaporador):

En la entrada del compresor sabemos que la corriente se encuentra a 0.9 MPa y en interfase gas-líquido con calidad de 1, por lo que obtenemos los datos en la tabla A-12 (Çengel y Boles, 2018). Los datos vienen en la tabla, y por tanto no se requiere conseguirlos por medio de cálculos. Son los siguientes:

— Volumen específico (V_{esp}) = 0.0227 m³/kg
— Energía interna (U) = 248.85 kJ/kg
— Entalpía (H) = 269.26 kJ/kg

Despejando la ecuación C-9 del apéndice C, se obtiene un flujo volumétrico de 0.0113 m³/s.

Condensador

Corriente 2 (entrada del condensador-salida del compresor):

El compresor aumenta la presión y se sabe que el volumen específico (V_{esp}) es de 0.02 m³/kg, lo que permite determinar la fase en la que se encuentra el R-134a. Con estos valores, se establece que se encuentra en fase gas con calidad de 1. Se buscan los valores en la tabla A-13 (Çengel y Boles, 2018), en el cuadro correspondiente a 1.4 MPa. Para coincidir con el valor de volumen específico y conocer la temperatura, se debe llevar a cabo una interpolación sencilla (ecuación C-3) entre 110 y 120 °C. Los resultados son los siguientes:

— Temperatura (T) = 115.09 °C
— Energía interna (U) = 318.7478 kJ/kg
— Entalpía (H) = 346.7434 kJ/kg

Despejando la ecuación C-9 del apéndice C, se obtiene un flujo volumétrico de 0.0100 m³/s.

Válvula

Corriente 3 (entrada de la válvula-salida del condensador):

El condensador es total, por lo que lleva el R-134a de la fase gas a la interfase líquido-gas. Se conserva la presión (el proceso es isóbaro). De esta manera, ya se sabe la presión y el estado en el que se encuentra. Se buscan los datos en la tabla A-12 (Çengel y Boles, 2018), con base en la presión y en la fase en la que se encuentra. Los datos vienen en la tabla, por lo que no se requiere obtenerlos por medio de cálculos. Son los siguientes:

- Volumen específico (V_{esp}) = 0.0009 m³/kg
- Energía interna (U) = 125.94 kJ/kg
- Entalpía (H) = 127.22 kJ/kg

Despejando la ecuación C-9 del apéndice C, se obtiene un flujo volumétrico de 0.0005 m³/s.

Evaporador

Corriente 4 (entrada del evaporador-salida de la válvula):

El R-134a proviene de la válvula. Se sabe que la válvula es isoentálpica, por lo que conserva el valor de entalpía y en ella disminuye la presión. Además, se sabe que la salida del evaporador es la entrada del compresor y que el evaporador es isóbaro. Por lo tanto, debe operar a una presión de 0.9 MPa. Con los valores de entalpía y presión fijados, se pueden conocer las demás propiedades termodinámicas. Se buscan los valores en la tabla A-12 (Çengel y Boles, 2018). Para la presión de 900 kPa, el valor de entalpía se encuentra en ELV. Se utiliza la fórmula C-5 para obtener la calidad y a continuación, con la fórmula C-6, determinar las demás propiedades. Los resultados son los siguientes:

- Temperatura (T) = 35.51 °C
- Energía interna (U) = 123.4413 kJ/kg
- Entalpía (H) = 127.2200 kJ/kg
- Volumen específico (V_{esp}) = 0.0042 m³/kg

Despejando la ecuación C-9 del apéndice C, se obtiene un flujo volumétrico de 0.0021 m³/s. Una vez conseguidos estos valores, se puede elaborar un balance de energía para cada equipo.

Resultados

Compresor

$$\dot{m}\left(\Delta H\right) = \dot{W}$$

$$0.5\frac{kg}{s}\left[346.7433\frac{kJ}{kg} - 269.26\frac{kJ}{kg}\right] = \dot{W}$$

$$\dot{W} = 38.7417\,kW$$

Condensador

$$\dot{m}\left(\Delta H\right) = -\dot{Q}$$

$$0.5\frac{kg}{s}\left[127.22\frac{kJ}{kg} - 346.7433\frac{kJ}{kg}\right] = -\dot{Q}$$

$$\dot{Q} = -109.7617\,kW$$

Evaporador

$$\dot{m}\left(\Delta H\right) = \dot{Q}$$

$$0.5\frac{kg}{s}\left[269.26\frac{kJ}{kg} - 127.22\frac{kJ}{kg}\right] = \dot{Q}$$

$$\dot{Q} = 71.0200\,kW$$

Estos valores se resumen en la siguiente tabla:

	Corriente 1	Corriente 2	Corriente 3	Corriente 4
	Entrada compresor	Salida compresor	Entrada válvula	Salida válvula
	Salida evaporador	Entrada condensador	Salida condensador	Entrada evaporador
I	R-134a	R-134a	R-134a	R-134a
T (°C)	35.51	115.09	52.40	35.51
P (MPa)	0.9	1.4	1.4	0.9
Fase	IGL	gas	ILG	ELV
X	1	1	0	0.15278
$\dot{m}$ (kg/s)	0.5	0.5	0.5	0.5
u (m³/s)	0.0113	0.0100	0.0005	0.0021
V_{esp} (m³/kg)	0.0226	0.0200	0.0009	0.0042

	Corriente 1	Corriente 2	Corriente 3	Corriente 4
ρ_{esp} (kg/m³)	44.0859	50.0000	1090.9884	238.5519
U (kJ/kg)	248.8500	318.7478	125.9400	123.4413
H (kJ/kg)	269.2600	346.7434	127.2200	127.2200
ΔH (kJ/kg)	142.0400	77.4834	−219.5234	0.0000
$\dot{H}$. (kW)	71.0200	38.74167	−109.7617	0.0000
Q (kW)	71.0200		−109.7617	
W (kW)		38.74167509		—

Tabla 4.4. Resultados del balance de energía.

Gráfico de la trayectoria en un diagrama de presión-volumen específico

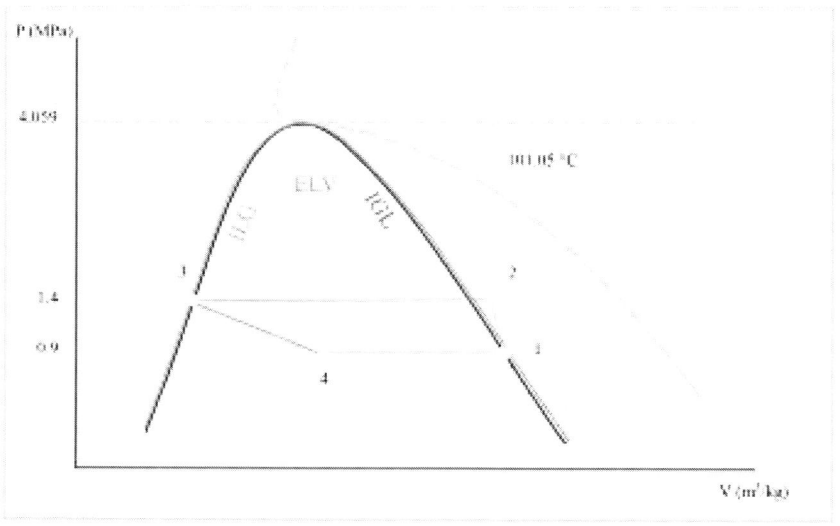

Figura 4.8. Trayectoria del ciclo de refrigeración (ejercicio 4.3.1).

4.3.2. Ciclo de refrigeración con condensador total

En un compresor entra refrigerante R-134a a 1 kg/s, a 876 kPa de presión y con una calidad de 1 (corriente 1). La corriente de salida (corriente 2) se encuentra a 1521 kPa y 210 °C. Posteriormente, la corriente 2 entra en un condensador total (intercambiador de calor, x = 0, isóbaro). La corriente de salida del condensador total (corriente 3) pasa por una válvula de expansión (corriente 4) y entra en un evaporador (intercambiador de calor isóbaro). La corriente de salida del evaporador es nuevamente la corriente de entrada (corriente 1) del compresor. Grafique las trayectorias en un diagrama de presión-entalpía.

Datos del problema

Generales:
- Compuesto: R-134a.
- Flujo másico: 1.0 kg/s.
- El proceso es reversible.
- Las alturas y las velocidades son negligible.

Compresor:
- Presión de entrada: 0.876 MPa
- Estado de entrada: interfase gas-líquido
- Presión de salida: 1.521 MPa
- Temperatura de salida: 210 °C

Condensador:
- Estado de salida: interfase líquido-gas
- Isóbaro

Válvula:
- Isoentálpica

Evaporador:
- Isóbaro

Resolución del problema

Identificación del sistema, las fronteras y el alrededor

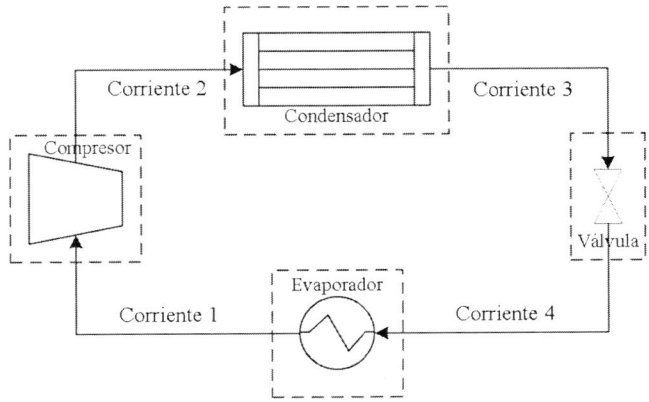

Figura 4.9. Identificación del sistema, las fronteras y alrededor del ciclo de refrigeración (ejercicio 4.3.2).

Planteamiento de los balances

$$\frac{dmU_{sis}}{dt} = \sum_{sal} \dot{m}_{sal} \left(U + PV + E_k + E_p \right)_{sal} - \sum_{ent} \dot{m}_{ent} \left(U + PV + E_k + E_p \right)_{ent} \pm \dot{Q} \pm \dot{W}$$

Compresor

$$\dot{m}\left[\left(H_{sal} - H_{ent} \right) \right] = \dot{W}$$

$$\dot{m}\left(\Delta H \right) = \dot{W}$$

$$\dot{H} = \dot{W}$$

Condensador

$$\dot{m}\left[\left(H_{sal} - H_{ent} \right) \right] = -\dot{Q}$$

$$\dot{m}\left(\Delta H \right) = -\dot{Q}$$

$$\dot{H} = -\dot{Q}$$

Válvula

$$\dot{m}\left[\left(H_{sal} - H_{ent} \right) \right] = 0$$

$$\dot{m}\left(\Delta H \right) = 0$$

$$H_{sal} = H_{ent}$$

Evaporador

$$\dot{m}\left[\left(H_{sal} - H_{ent} \right) \right] = \dot{Q}$$

$$\dot{m}\left(\Delta H \right) = \dot{Q}$$

$$\dot{H} = \dot{Q}$$

Compresor

Corriente 1 (entrada del compresor-salida del evaporador):

En la entrada del compresor sabemos que la corriente se encuentra a 876 kPa y en interfase gas-líquido, por lo que obtenemos los datos en la tabla A-12 (Çengel y Boles, 2018). Los datos no están presentes en ella, de modo que debemos conseguirlos por medio de cálculos. Se lleva a cabo una interpolación sencilla (utilizando la ecuación C-3) entre 850 y 900 kPa, y se toman los datos para la interfase gas-líquido. Son los siguientes:

- Temperatura (T) = 34.52 °C
- Volumen específico (V_{esp}) = 0.0233 m³/kg
- Energía interna (U) = 248.3700 kJ/kg
- Entalpía (H) = 268.8040 kJ/kg

Despejando la ecuación C-9 del apéndice C, se obtiene un flujo volumétrico de 0.0233 m³/s.

Condensador

Corriente 2 (entrada del condensador-salida del compresor):

El compresor aumenta la presión de 876 kPa a 1521 kPa y se sabe que la temperatura es de 210 °C, por lo que se determina la fase en la que se encuentra el R-134a. Con esos valores de presión y temperatura, se determina que se encuentra en fase gas con calidad de 1. Se buscan los valores en la tabla A-13 (Çengel y Boles, 2018). Sin embargo, es necesario hacer una extrapolación larga con una interpolación simple. En primera instancia, se extrapolan los datos para la temperatura de 210 °C con los cuadros de 1.4 y 1.6 MPa, respectivamente. Al hacer una correlación lineal de cada propiedad con la temperatura, y usando la temperatura de 210 °C, se obtienen las siguientes propiedades:

1.4 MPa

- Volumen específico (V_{esp}) = 0.0275 m³/kg
- Energía interna (U) = 413.2529 kJ/kg
- Entalpía (H) = 451.8137 kJ/kg

1.6 MPa

- Volumen específico (V_{esp}) = 0.0275 m³/kg
- Energía interna (U) = 413.2529 kJ/kg
- Entalpía (H) = 451.8137 kJ/kg

Estos resultados son los que deben ser interpolados para una presión de 1.521 MPa. Los datos finales para la corriente son los siguientes:

- Volumen específico (V_{esp}) = 0.0254 m³/kg
- Energía interna (U) = 413.2269 kJ/kg
- Entalpía (H) = 451.7537 kJ/kg

Despejando la ecuación C-9 del apéndice C, se obtiene un flujo volumétrico de 0.0254 m³/s.

Válvula

Corriente 3 (entrada de la válvula-salida del condensador):

El condensador es total, por lo que lleva el R-134a de la fase gas a la interfase líquido-gas. Se conserva la presión (el proceso es isóbaro). De esta manera, ya se sabe la presión y el estado en el que se encuentra la corriente. Se buscan los datos en la tabla A-12 (Çengel y Boles, 2018) con base en la presión (1521 kPa) y en la fase de la corriente. Los datos no vienen directamente en ella, por lo que se deben conseguir por medio de cálculos. Se hace una interpolación simple entre 1400 y 1600 kPa para obtenerlos a la presión de 1521 kPa y se reportan en la interfase líquido-gas. Son los siguientes:

- — Volumen específico (V_{esp}) = 0.0009 m³/kg
- — Energía interna (U) = 131.0765 kJ/kg
- — Entalpía (H) = 132.4896 kJ/kg

Con estos datos y despejando la ecuación C-9 del apéndice C, se obtiene un flujo volumétrico de 0.0009 m³/s.

Evaporador

Corriente 4 (entrada del evaporador-salida de la válvula):

El R-134a proviene de la válvula. Se sabe que la válvula es isoentálpica, por lo que conserva el valor de entalpía de 132.4896 kJ/kg y disminuye la presión. Además, se sabe que la salida del evaporador es la entrada del compresor y que el evaporador es isóbaro, por lo que debe operar a una presión de 876 kPa. Con los valores de entalpía y presión fijados, se pueden conocer las demás propiedades termodinámicas. Se buscan los valores en la tabla A-12 (Çengel y Boles, 2018). Para la presión de 900 kPa, el valor de entalpía se encuentra en ELV. Se utiliza la fórmula C-5 para obtener la calidad y a continuación, con la fórmula C-6, se determinan las demás propiedades. Los resultados son los siguientes:

- — Temperatura (T) = 34.52 °C
- — Volumen específico (V_{esp}) = 0.0052 m³/kg
- — Energía interna (U) = 127.9617 kJ/kg
- — Entalpía (H) = 132.4896 kJ/kg

Con estos datos y despejando la ecuación C-9 del apéndice C, se obtiene un flujo volumétrico de 0.0052 m³/s.

Una vez teniendo estos valores, se puede elaborar un balance de energía para cada equipo.

Resultados

Compresor

$$\dot{m}\left(\Delta H\right) = \dot{W}$$

$$1.0\frac{\text{kg}}{\text{s}}\left[451.7537\frac{\text{kJ}}{\text{kg}} - 268.804\frac{\text{kJ}}{\text{kg}}\right] = \dot{W}$$

$$\dot{W} = 182.9497\,\text{kW}$$

Condensador

$$\dot{m}\left(\Delta H\right) = -\dot{Q}$$

$$1\frac{\text{kg}}{\text{s}}\left[132.4895\frac{\text{kJ}}{\text{kg}} - 451.7537\frac{\text{kJ}}{\text{kg}}\right] = -\dot{Q}$$

$$\dot{Q} = -319.2642\,\text{kW}$$

Evaporador

$$\dot{m}\left(\Delta H\right) = \dot{Q}$$

$$1.0\frac{\text{kg}}{\text{s}}\left[268.894\frac{\text{kJ}}{\text{kg}} - 132.4895\frac{\text{kJ}}{\text{kg}}\right] = \dot{Q}$$

$$\dot{Q} = 136.3145\,kW$$

Estos valores se resumen en la siguiente tabla:

	Corriente 1	**Corriente 2**	**Corriente 3**	**Corriente 4**
	Entrada compresor	Salida compresor	Entrada válvula	Salida válvula
	Salida evaporador	Entrada condensador	Salida condensador	Entrada evaporador
i	R-134a	R-134a	R-134a	R-134a
T (°C)	34.5212	210	55.7154	34.5212
P (MPa)	0.876	1.521	1.521	0.876
Fase	IGL	gas	ILG	ELV
X	1	1	0	0.1917
$\dot{m}$ (kg/s)	1	1	1	1
u (m³/s)	0.0233	0.0254	0.0009	0.0052
V_{esp} (m³/kg)	0.0233	0.0254	0.0009	0.0052
ρ_{esp} (kg/m³)	42.8297	39.3085	1074.3943	193.5522

	Corriente 1	Corriente 2	Corriente 3	Corriente 4
U (kJ/kg)	248.3700	413.2269	131.0765	127.9617
H (kJ/kg)	268.8040	451.7537	132.4896	132.4896
ΔH (kJ/kg)	136.3145	182.9497	−319.2642	0.0000
$\dot{H}$ (kW)	136.3145	182.9497	−319.2642	0.0000
Q (kW)	136.3145		−319.2642	
W (kW)		182.9497		

Tabla 4.5. Resultados del balance de energía.

Gráfico de la trayectoria en un diagrama de presión-entalpía

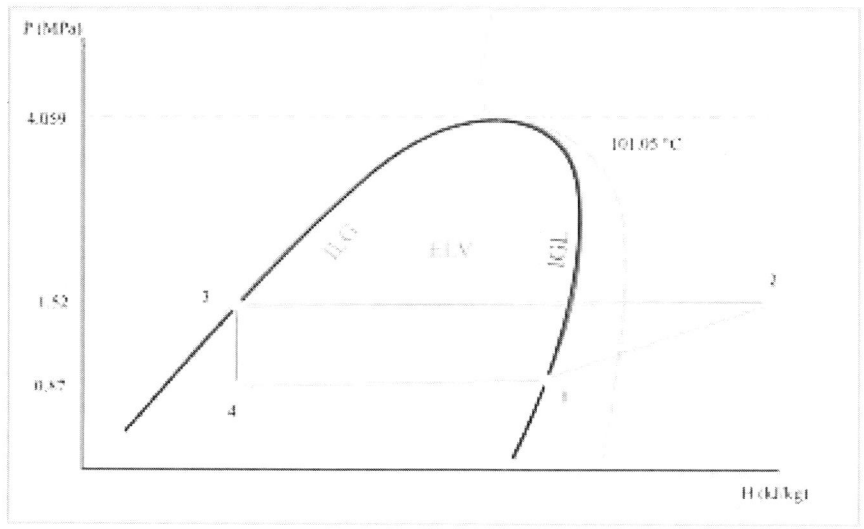

Figura 4.10. Trayectoria del ciclo de refrigeración (ejercicio 4.3.2).

4.3.3. Ciclo de refrigeración con caídas de presión

Un ciclo de refrigeración con una corriente de R-134a es alimentado a una razón de 10.5 kg/s en la entrada del compresor a 210 kPa. Si se aumenta la presión a 630 kPa, ¿cuál es la eficiencia del compresor? ¿Cuáles son los flujos de calor del sistema? Se debe considerar que el evaporador es total y a la salida de la válvula se cuenta con una energía interna de 78.41 kJ/kg. Si se tiene un calor retirado en el condensador de 2170 kW, ¿cuál es el calor necesario en el evaporador? Los intercambiadores tienen una caída de presión del 5 %. Grafique todas las trayectorias en diagrama de temperatura-volumen específico.

Datos del problema

Generales:
— Compuesto: R-134a.
— Flujo másico: 10.5 kg/s.
— El proceso es reversible.
— Las alturas y las velocidades son   negligible.

Compresor:
— Presión de entrada: 210 kPa
— Presión de salida: 630 kPa

Condensador:
— Presión de operación: 630 kPa
— Calor retirado: 2170 kW
— Caída de presión del 5 %

Válvula:
— Energía interna de salida: 78.41 kJ/kg
— Isoentálpica

Evaporador:
— Evaporador total, salida en interfase gas-líquido
— Caída de presión del 5 %

Resolución del problema

Identificación del sistema, las fronteras y el alrededor

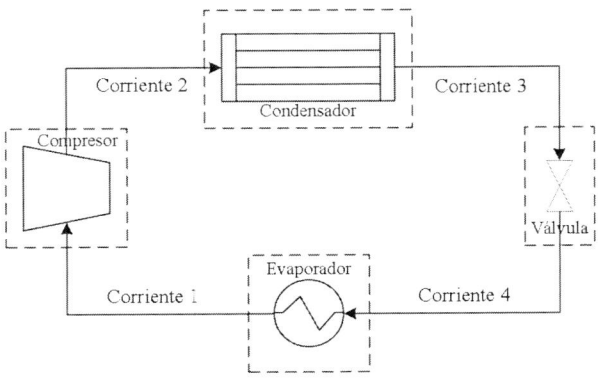

Figura 4.11. Identificación del sistema, las fronteras y alrededor del ciclo de refrigeración (ejercicio 4.3.3).

Planteamiento de los balances

$$\frac{dmU_{sis}}{dt} = \sum_{sal} \dot{m}_{sal}\ (U + PV + E_k + E_p)_{sal} - \sum_{ent} \dot{m}_{ent}\ (U + PV + E_k + E_p)_{ent} \pm \dot{Q} \pm \dot{W}$$

Compresor

$$\dot{m}\left[\left(H_{sal} - H_{ent}\right)\right] = \dot{W}$$

$$\dot{m}\left(\Delta H\right) = \dot{W}$$

$$\dot{H} = \dot{W}$$

Condensador

$$\dot{m}\left[\left(H_{sal} - H_{ent}\right)\right] = -\dot{Q}$$

$$\dot{m}\left(\Delta H\right) = -\dot{Q}$$

$$\dot{H} = -\dot{Q}$$

Válvula

$$\dot{m}\left[\left(H_{sal} - H_{ent}\right)\right] = 0$$

$$\dot{m}\left(\Delta H\right) = 0$$

$$H_{sal} = H_{ent}$$

Evaporador

$$\dot{m}\left[\left(H_{sal} - H_{ent}\right)\right] = \dot{Q}$$

$$\dot{m}\left(\Delta H\right) = \dot{Q}$$

$$\dot{H} = \dot{Q}$$

Balance de entropía

$$\frac{d\left(mS_{sis}\right)}{dt} = \sum_{ent} \dot{m}_{ent} \cdot S_{ent} - \sum_{sal} \dot{m}_{sal} \cdot S_{sal} + \sum \frac{Q}{T} + S_{gen}$$

Compresor

$$\dot{m}_{ent} \cdot S_{ent} - \dot{m}_{sal} \cdot S_{sal} + \frac{Q}{T} + S_{gen} = 0$$

$$S_{gen} = \dot{m}\left(S_{sal} - S_{ent}\right)$$

Compresor

Corriente 1 (entrada del compresor-salida del evaporador):

Se sabe que la presión en la entrada del compresor es de 210 kPa y que el evaporador predecesor es total, por lo que el R-134a se encuentra en IGL. Se debe hacer una interpolación sencilla (utilizando la ecuación C-3) mediante la tabla A-12 (Çengel y Boles, 2018). Se interpola entre los valores de 200 y 240 kPa y se toman los datos en IGL. Son los siguientes:

 — Temperatura (T) = −8.91 °C
 — Volumen específico (V_{esp}) = 0.09587 m³/kg
 — Energía interna (U) = 225.1450 kJ/kg
 — Entalpía (H) = 245.1650 kJ/kg
 — Entropía (S) = 0.9369 kJ/kg K

Despejando la ecuación C-9 del apéndice C, se obtiene un flujo volumétrico de 1.0066 m³/s.

Condensador

Corriente 2 (entrada del condensador-salida del compresor):

De acuerdo con el balance de entropía, no hay entropía generada. Entropía de entrada = entropía de salida:

entropía de entrada (S) = 0.9369 kJ/kg = entropía de salida (S)

Conseguido este valor, así como la presión de salida, es posible determinar la fase de la corriente. El compresor aumenta la presión a 630 kPa, por lo que esta es la presión de entrada del condensador. A partir de estos dos valores, se determina que el R-134a se encuentra en fase gas y se debe consultar la tabla A-13 (Çengel y Boles, 2018). Se constata que ni la presión ni la entropía se encuentran en ella, y por tanto se debe llevar a cabo una interpolación triple (utilizando la ecuación C-3). Primero entre la temperatura de saturación, que es de 21.55 °C, y 30 °C para el cuadro de 0.6 MPa. Luego, en el cuadro de 0.7 MPa, se interpola entre los valores de 30 y 40 °C. Se toma como referencia el valor de entropía de 0.9369 kJ/kg K. Los valores obtenidos se reportan a continuación:

0.6 MPa
 — Temperatura (T) = 26.1035 °C
 — Volumen específico (V_{esp}) = 0.03521 m³/kg
 — Energía interna (U) = 245.8123 kJ/kg
 — Entalpía (H) = 266.9319 kJ/kg

0.7 MPa
  — Temperatura (T) = 31.7203 °C
  — Volumen específico (V_{esp}) = 0.03026 m³/kg
  — Energía interna (U) = 249.0127 kJ/kg
  — Entalpía (H) = 270.1909 kJ/kg

Finalmente, con los valores interpolados anteriores, se interpola para 0.63. Los datos obtenidos son los siguientes:

  — Temperatura (T) = 27.79 °C
  — Volumen específico (V_{esp}) = 0.03372 m³/kg
  — Energía interna (U) = 246.7725 kJ/kg
  — Entalpía (H) = 267.9097 kJ/kg

Despejando la ecuación C-9 del apéndice C, se obtiene un flujo volumétrico de 0.3541 m³/s.

Entrada del condensador-salida real del compresor:

Para obtener la corriente 2, en estado real (entrada del condensador), es necesario tomar en cuenta el valor de calor retirado en el condensador de 2170 kW. A partir de este valor y usando como referencia el balance de energía, es posible obtener la entalpía de la corriente real:

$$H_{sal} = \frac{2170\,\text{kW}}{10.5\,\text{kg/s}} + 82.5554\,\frac{\text{kJ}}{\text{kg}} = 289.222\,\frac{\text{kJ}}{\text{kg}}$$

Al conocer el valor de entalpía y que la presión es de 630 kPa, se obtienen las demás propiedades termodinámicas. A partir de estos dos valores, se determina que el R-134a se encuentra en fase gas y se debe consultar la tabla A-13 (Çengel y Boles, 2018). Se debe llevar a cabo una interpolación triple (utilizando la ecuación C-3). Primero entre la temperatura de 40 y 50 °C para el cuadro de 0.6 MPa. Luego, en el cuadro de 0.7 MPa, entre las temperaturas de 50 y 60 °C. Se toma como valor de referencia la entalpía de 289.2220 kJ/kg. Los valores obtenidos se reportan a continuación:

0.6 MPa
  — Temperatura (T) = 48.91 °C
  — Volumen específico (V_{esp}) = 0.03946 m³/kg
  — Energía interna (U) = 265.5404 kJ/kg
  — Entropía (H) = 1.0088 kJ/kg

0.7 MPa
- — Temperatura (T) = 50.7004 °C
- — Volumen específico (V_{esp}) = 0.03343 m³/kg
- — Energía interna (U) = 265.8170 kJ/kg
- — Entropía (H) = 0.9975 kJ/kg

Finalmente, con los valores interpolados anteriores, se interpola para 0.63 MPa. Los datos obtenidos son los siguientes:

- — Temperatura (T) = 49.4471 °C
- — Volumen específico (V_{esp}) = 0.03765 m³/kg
- — Energía interna (U) = 265.6234 kJ/kg
- — Entalpía (H) = 1.0054 kJ/kg

Válvula

Corriente 3 (entrada de la válvula-salida del condensador):

Para conocer la presión de entrada de la válvula, debemos considerar la presión de entrada y salida del condensador. Se sabe que la presión de entrada es de 630 kPa y que existe una caída de presión del 5 % en el condensador. La presión de salida de este (presión de entrada de la válvula) se obtiene de la siguiente manera:

$$\text{Presión salida condensador} \left(kPa\right) = 0.95 \cdot \text{Presión de entrada condensador}$$

Con la ecuación anterior se obtiene una presión de entrada a la válvula de 598.5 kPa. Además, se sabe que la válvula es isoentálpica: la entalpía de entrada es igual a la entalpía de salida. La salida de la válvula es la entrada del evaporador, y esta presenta un valor de entalpía de 82.5542 kJ/kg, que es el mismo para la entrada. A partir de estos dos valores, se obtienen las demás propiedades termodinámicas. Se consulta la la tabla A-12 (Çengel y Boles, 2018) y se hace una interpolación sencilla (utilizando la ecuación C-3) para obtener las propiedades a 598.5 kPa para ambas interfases:

- — Temperatura (T) = 21.4654 °C

Interfase líquido-gas

- — Volumen específico = 8.19E-04 m³/kg
- — Energía interna = 80.9024 kJ/kg
- — Entalpía = 81.3909 kJ/kg
- — Entropía = 0.3076 kJ/kg K

Interfase gas-líquido

— Volumen específico = 0.034 m³/kg
— Energía interna = 241.786 kJ/kg
— Entalpía = 262.3556 kJ/kg
— Entropía = 0.9218 kJ/kg K

Hay que notar que el valor de entalpía se encuentra entre los valores de ILG e IGL, por lo que se necesita determinar la calidad a partir de la ecuación C-5 para obtener las demás propiedades termodinámicas. Con la ecuación C-5 y los valores de energía interna, se calcula una calidad de 0.006435. Los datos a la presión de 598.5 kPa y a la calidad obtenida son:

— Temperatura (T) = 21.4654 °C
— Volumen específico (V_{esp}) = 0.01036 m³/kg
— Energía interna (U) = 81.9377 kJ/kg
— Entropía (S) = 0.3115 kJ/kg-K

Con estos datos y despejando la ecuación C-9 del apéndice C, se obtiene un flujo volumétrico de 0.01087 m³/s.

Evaporador

Corriente 4 (entrada del evaporador-salida de la válvula):

En la descripción del problema se menciona que los intercambiadores tienen una caída de presión del 5 %. A partir de este dato, se obtiene la presión del evaporador, tomando en cuenta la presión conocida de la entrada del compresor (presión de salida del evaporador), mediante la siguiente operación:

$$\text{Presión entrada evaporador}\left(kPa\right) = \frac{\text{Presión salida evaporador}\left(kPa\right)}{0.95}$$

De esta manera, se obtiene una presión de 221.1 kPa en la entrada del evaporador. Por otra parte, se indica que el valor de energía interna a la salida de la válvula (entrada del evaporador) es de 78.41 kJ/kg. A partir de estos dos valores, se pueden conocer las demás propiedades de la corriente. Se consulta la tabla A-12 (Çengel y Boles, 2018) y se hace una interpolación sencilla (utilizando la ecuación C-3) para obtener las propiedades a 221.1 kPa para ambas interfases.

— Temperatura (T) = −7.6110 °C

Interfase líquido-gas

- — Volumen específico = 7.58E-04 m³/kg
- — Energía interna = 41.5431 kJ/kg
- — Entalpía = 41.7089kJ/kg
- — Entropía = 0.1669 kJ/kg- K

Interfase gas-líquido

- — Volumen específico = 0.09146 m³/kg
- — Energía interna = 225.88 kJ/kg
- — Entalpía = 245.9442 kJ/kg
- — Entropía = 0.9361 kJ/kg- K

Hay que notar que el valor de energía interna se encuentra entre los valores de ILG e IGL, por lo que se necesita obtener la calidad mediante la ecuación C-5 para calcular las demás propiedades termodinámicas. Con la ecuación C-5 y los valores de energía interna, se obtiene una calidad de 0.2. Los datos en relación con la presión de 221.1 kPa y con la calidad obtenida son:

- — Temperatura (T) = −7.6110 °C
- — Volumen específico (V_{esp}) = 0.01889 m³/kg
- — Entalpía (H) = 82.5554 kJ/kg
- — Entropía (S) = 0.3207 kJ/kg- K

Con estos datos y despejando la ecuación C-9 del apéndice C, se obtiene un flujo volumétrico de 0.1984 m³/s.

Una vez conseguidos estos valores, se puede elaborar un balance de energía para cada equipo.

Resultados

Evaporador

$$\dot{m}\left(\Delta H\right) = \dot{Q}$$

$$10.5\frac{\text{kg}}{\text{s}}\left[245.1650\frac{\text{kJ}}{\text{kg}} - 82.554\frac{\text{kJ}}{\text{kg}}\right] = \dot{Q}$$

$$\dot{Q} = 1707.40\,\text{kW}$$

Compresor

— Salida ideal:

$$\dot{m}\left(\Delta H\right) = -\dot{W}$$

$$10.5\frac{\text{kg}}{\text{s}}\left[267.9097\frac{\text{kJ}}{\text{kg}} - 245.1650\frac{\text{kJ}}{\text{kg}}\right] = -\dot{W}$$

$$\dot{W} = 238.8189\,\text{kW}$$

— *Salida real:*

$$\dot{m}\left(\Delta H\right) = -\dot{W}$$

$$10.5\frac{\text{kg}}{\text{s}}\left[289.2221\frac{\text{kJ}}{\text{kg}} - 245.1650\frac{\text{kJ}}{\text{kg}}\right] = -\dot{W}$$

$$\dot{W} = 426.5994\,\text{kW}$$

La entropía generada es:

$$S_{gen} = \dot{m}\left(S_{sal} - S_{ent}\right)$$

$$S_{gen} = 10.5\frac{\text{kg}}{\text{s}}\left(1.0054\frac{\text{kJ}}{\text{kg}\cdot\text{K}} - 0.9369\frac{\text{kJ}}{\text{kg}\cdot\text{K}}\right) = 0.1788\frac{\text{kJ}}{\text{kg}\cdot\text{K}}$$

Energía degradada del sistema:

$$0.1788\frac{\text{kJ}}{\text{kg}\cdot\text{K}}\cdot 322.60\,\text{K} = 231.8749\frac{\text{kJ}}{\text{s}}$$

Energía degradada del alrededor:

$$0.1788\frac{\text{kJ}}{\text{kg}\cdot\text{K}}\cdot 298.15\,\text{K} = 214.3029\frac{\text{kJ}}{\text{s}}$$

Estos valores se resumen en la siguiente tabla:

	Corriente 1	Corriente 2	Corriente 3	Corriente 4
	Entrada compresor	Salida ideal compresor	Salida real compresor	Entrada válvula	Salida válvula
	Salida evaporador	Entrada condensador	Entrada condensador	Salida condensador	Entrada evaporador
i	R-134a	R-134a	R-134a	R-134a	R-134a
T (°C)	−8.91	27.79	49.45	21.47	−7.61
P (MPa)	210	630	630	598.5	221.1
Fase	IGL	gas	gas	ELV	ELV
X	1	1	1	0.0064	0.2
$\dot{m}$ (kg/s)	10.5	10.5	10.5	10.5	10.5
u (m³/s)	1.0067	0.3541	0.3954	0.0109	0.1984
V_{esp} (m³/kg)	0.0959	0.0337	0.0377	0.001	0.0189
ρ_{esp} (kg/m³)	10.4303	29.6536	26.5579	965.5222	52.9146
U (kJ/kg)	225.145	246.7725	265.6234	81.9377	78.41
H (kJ/kg)	245.165	267.9097	289.2221	82.5554	82.5554
S (kJ/kg K	0.9369	0.9369	1.0054	0.3115	0.3207
ΔH (kJ/kg)	162.6096	22.7447	44.0571	−206.6667	—
ΔS (kJ/kg K)	0.6162	0	0.0685	0.0092	0.0092
Q (kW)	1707.4006			2170	
W (kW)		238.8189	462.5994		—

Tabla 4.6. Resultados del balance de energía.

Gráfico de la trayectoria en un diagrama de temperatura-volumen específico

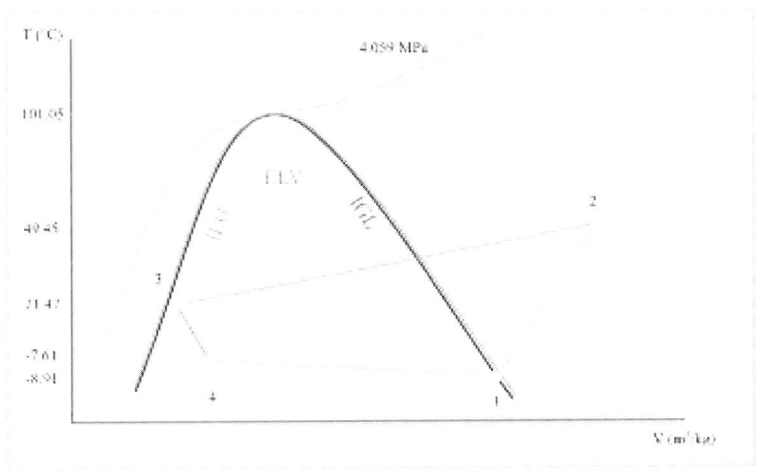

Figura 4.12. Trayectoria del ciclo de refrigeración (ejercicio 4.3.3).

Apéndices

Apéndice A: Nomenclatura

Generales

A   área

D   diámetro

V   velocidad

h   altura

m   masa

g   gravedad, 9.81 m/s^2 o 32.16 ft/s^2

η   eficiencia

M_i propiedad termodinámica

M^i propiedad termodinámica

Propiedades termodinámicas

T   temperatura

P   presión

V_{esp} volumen específico

ρ   densidad

U   energía interna

H   entalpía

S   entropía

u   flujo volumétrico

$\dot{m}$ flujo másico

$\dot{H}$ flujo entálpico

$\dot{Ek}$ flujo cinético

$\dot{Ep}$ flujo potencial

$\dot{W}$ flujo de trabajo

$\dot{Q}$ flujo de calor

$\dot{S}$ flujo de entropía

Equilibrio líquido-vapor

x   calidad

ILG   interfase líquido-gas

IGL   interfase gas-líquido

ELV   equilibrio líquido-vapor

Apéndice B: Unidades

Masa

kg   kilogramo

lb   libra masa

Tiempo

h   hora

s   segundo

Distancia

m   metro

cm   centímetro

km   kilómetro

ft   pie

in   pulgada

mi   milla

Área

m²   metros cuadrados

cm² centímetros cuadrados

ft²   pies cuadrados

in²   pulgadas cuadradas

Velocidad

m/s   metro/segundo

m/h   metro/hora

cm/s   centímetro/segundo

cm/h   centímetro/hora

ft/s   pie/segundo

ft/h   pie/hora

in/s   pulgada/segundo

in/h   pulgada/hora

Presión

kPa   kilopascal

MPa   megapascal

psia   psia (libra de fuerza por pulgada cuadrada)

atm   atmósferas

bar   bares

mm Hg   milímetros de mercurio

in Hg   pulgadas de mercurio

Temperatura

K   grado Kelvin

°C   grado centígrado

°F   grado Fahrenheit

R   escala Rankine

Flujo másico

kg/s   kilogramo/segundo

lbm/s   libra masa/segundo

kg/min   kilogramo/minuto

lbm/min   libra masa/minuto

Flujo volumétrico

m^3/s metro cúbico/segundo

ft^3/s pie cúbico/segundo

Densidad

kg/m^3 kilogramo/metro cúbico

lb/ft^3 libra masa/pie cúbico

Volumen específico

m^3/kg metro cúbico/kilogramo

ft^3/lb pie cúbico/libra masa

Potencia, trabajo, energía, velocidad de transferencia de calor

J   joule o julio

HP   caballo de fuerza (*horsepower*)

BTU   *British thermal unit*

W   watt o vatio

kW   *kilowatt* o kilovatio

BTU/s   *British thermal unit*/segundo

BTU/h   *British thermal unit*/hora

kJ/kg   kilojoule/kilogramo

BTU/lbm   *British thermal unit*/libra masa

kJ/kg-K   kilojoule/kilogramo-kelvin

BTU/lbm-K *British thermal unit*/libra masa-kelvin

kJ/K-s   kilojoule/segundo-kelvin

Apéndice C: Fórmulas

Balance general de energía

C-1

$$\frac{dmU_{sis}}{dt} = \sum_{sal} \dot{m}_{sal} \ (U + PV + E_k + E_p)_{sal} - \sum_{ent} \dot{m}_{ent} \ (U + PV + E_k + E_p)_{ent} \pm \dot{Q} \pm \dot{W}$$

Balance general de entropía

C-2

$$\frac{d\left(mS_{sis}\right)}{dt} = \sum_{ent} \dot{m}_{ent} \dot{S}_{ent} - \sum_{sal} \dot{m}_{sal} \dot{S}_{sal} + \sum \frac{Q}{T} + \dot{S}_{gen}$$

Ecuación de interpolación simple

C-3

$$M = M_1 \cdot \left(\frac{X_2 - X}{X_2 - X_1}\right) + M_2 \cdot \left(\frac{X - X_1}{X_2 - X_1}\right)$$

Ecuación de extrapolación corta

C-4

$$M_3 = M_1 + \left(\frac{X_3 - X_1}{X_2 - X_1}\right) \cdot \left(M_2 - M_1\right)$$

Calidad

C-5

$$x = \frac{M^{ELV} - M^{ILG}}{M^{IGL} - M^{ILG}}$$

C-5.1

$$x = \frac{M_{gas}}{M_{total}}$$

Propiedad termodinámica en ELV

C-6

$$M^{ELV} = \left(1 - x\right) \cdot M^{ILG} + \left(x\right) \cdot M^{IGL}$$

Relación de densidad (ρ) y volumen específico (V_esp)

C-7

$$\rho = \frac{1}{V_{esp}}$$

Flujo másico

C-8

$$\dot{m} = \rho \cdot A \cdot V$$

Relación flujo másico-flujo volumétrico

C-9

$$\dot{m} = u \cdot \rho$$

Energía cinética

C-10

$$Ek = \frac{V^2}{2}$$

Conversión

C-10.1

$$1\left(\frac{kJ}{kg}\right) = 1000\,\frac{m^2}{s^2}$$

C-10.2

$$Ek\left(\frac{kJ}{kg}\right) = \frac{V^2}{2000}$$

Energía potencial

C-11

$$Ep = g \cdot h$$

Conversión

C-11.1

$$1\left(\frac{kJ}{kg}\right) = 1000\,\frac{m^2}{s^2}$$

C-11.2

$$Ep\left(\frac{\text{kJ}}{\text{kg}}\right) = \frac{g \cdot h}{1000}$$

Eficiencia de turbina

C-12

$$\eta = \frac{\dot{W}REAL}{\dot{W}MAX\,ideal\,isoentrópico}$$

Eficiencia de compresor

C-13

$$\eta = \frac{\dot{W}\,MIN\,ideal\,isoentrópico}{\dot{W}\,REAL}$$

Área de tubería circular

C-14

$$A = \pi \cdot r^2$$

Ecuación de la recta para extrapolación larga

$$y = mx + b$$

y = propiedad termodinámica extrapolada

m = pendiente de la recta generada

x = valor conocido de la propiedad de referencia

b = intersección en el eje y

Apéndice D: Manual de extrapolación corta

Manejamos las tablas termodinámicas de Çengel y Boles, 2018, apéndice 1 y tabla A-6. Se quiere obtener el valor del volumen específico, la energía interna, la entalpía y la entropía de vapor de agua sobrecalentado a 1700 °C y 6 MPa.

Para ello se debe hacer una extrapolación corta con base en los datos presentes en la tabla, que estarán por debajo de 1200 y 1300 °C.

Paso 1. Obtener datos de tablas termodinámicas.

Los datos para las propiedades termodinámicas a dichas temperaturas son los mostrados en la tabla F-1.

Temperatura	Presión saturación	Energía interna	
		kJ/kg	
T °C	P sat kPa	Liq. sat.	Vapor sat.
60	19.947	251.16	2455.9
65	25.043	272.09	2462.4

Tabla A.1. Resultados del balance de energía.

	A	B	C	D	E	F
1						
2				*Energía interna*		
3		Temp.,	Pres. sat.,	*kJ/kg*		
4		*T* °C	*P* sat kPa	Líq. sat.,	Vapor sat.,	
5		60	19.947	251.16	2455.9	
6		65	25.043	272.09	2462.4	
7						

Figura A.1. Valores de energía interna, apéndice 1, tabla A-4.

Paso 2. Insertar una fila entre las temperaturas.

	A	B	C	D	E	F
1						
2				*Energía interna*		
3		Temp.,	Pres. sat.,	*kJ/kg*		
4		*T* °C	*P* sat kPa	Líq. sat.,	Vapor sat.,	
5		60	19.947	251.16	2455.9	
6						
7		65	25.043	272.09	2462.4	
8						

Figura A.2. Inserción de una fila.

Paso 3. Colocar el valor conocido de la propiedad de referencia (en este caso es T) en relación con la cual se quiere interpolar.

	A	B	C	D	E	F
1						
2				**Energía interna**		
3		Temp..	Pres. sat..	*kJ/kg*		
4		*T* °C	*P* sat kPa	Liq. sat..	Vapor sat..	
5		60	19.947	251.16	2455.9	
6		62				
7		65	25.043	272.09	2462.4	
8						

Figura A.3. Colocación del valor conocido de la propiedad.

Paso 4. Introducir la fórmula de interpolación sencilla en la celda C6. [=(((B7-B6)/(B7-B5))*C5)+(((B6-B5)/(B7-B5))*C7)]

	A	B	C	D	E	F
1						
2				**Energía interna**		
3		Temp..	Pres. sat..	*kJ/kg*		
4		*T* °C	*P* sat kPa	Liq. sat..	Vapor sat..	
5		60	19.947	251.16	2455.9	
6		62	21.985			
7		65	25.043	272.09	2462.4	
8						

Figura A.4. Introducción de la fórmula de interpolación sencilla.

Ecuación de interpolación simple

$$P = P_1 \cdot \left(\frac{X_2 - X}{X_2 - X_1} \right) + P_2 \cdot \left(\frac{X - X_1}{X_2 - X_1} \right)$$

$P1$ = propiedad termodinámica correspondiente al límite inferior

$P2$ = propiedad termodinámica correspondiente al límite superior

P = propiedad termodinámica interpolada

$X1$ = valor inferior conocido de la propiedad de referencia

$X2$ = valor superior conocido de la propiedad de referencia

X = valor conocido de la propiedad de referencia

Paso 5. Dentro de la celda C6, fijar el valor inferior conocido de la propiedad de referencia y el valor superior conocido de la propiedad de referencia, presionando una vez la tecla F4.
[=(((B7-B6)/(B7-B5))*C5)+(((B6-B5)/(B7-B5))*C7)]

	A	B	C	D	E	F
1						
2				*Energía interna*		
3		Temp.,	Pres. sat.,	*kJ/kg*		
4		*T* °C	*P* sat kPa	Liq. sat.,	Vapor sat.,	
5		60	19.947	251.16	2455.9	
6		62	21.985			
7		65	25.043	272.09	2462.4	
8						

Figura A.5. Fijación de valores conocidos.

Paso 6. Arrastrar la fórmula hacia las celdas D6 y E6. Los valores obtenidos son el resultado de la interpolación simple.

	A	B	C	D	E	F
1						
2				*Energía interna*		
3		Temp.,	Pres. sat.,	*kJ/kg*		
4		*T* °C	*P* sat kPa	Liq. sat.,	Vapor sat.,	
5		60	19.947	251.16	2455.9	
6		62	21.985	259.532	2458.500	
7		65	25.043	272.09	2462.4	
8						

Figura A.6. Arrastre de la fórmula al resto de las celdas.